水文与水利工程规划建设及运行管理研究

宋秋英　李永敏　胡玉海◎著

吉林科学技术出版社

图书在版编目（CIP）数据

水文与水利工程规划建设及运行管理研究 / 宋秋英，李永敏，胡玉海著. -- 长春 : 吉林科学技术出版社，2021.6

ISBN 978-7-5578-8238-9

Ⅰ. ①水… Ⅱ. ①宋… ②李… ③胡… Ⅲ. ①工程水文学－研究②水利建设－研究③水利工程管理－研究 Ⅳ. ①TV

中国版本图书馆 CIP 数据核字(2021)第 118549 号

水文与水利工程规划建设及运行管理研究

SHUIWEN YU SHUILI GONGCHENG GUIHUA JIANSHE JI YUNXING GUANLI YANJIU

著　宋秋英　李永敏　胡玉海
责任编辑　李永百
开　　本　185mm×260mm　1/16
字　　数　383千字
印　　张　16.75
版　　次　2022年8月第1版
印　　次　2022年8月第1次印刷

出　　版　吉林科学技术出版社
发　　行　吉林科学技术出版社
地　　址　长春市净月区福祉大路 5788 号
邮　　编　130118
发行部电话/传真　0431-81629529　81629530　81629531
81629532　81629533　81629534
储运部电话　0431-86059116
编辑部电话　0431-81629518
印　　刷　北京四海锦诚印刷技术有限公司

书　　号　ISBN 978-7-5578-8238-9
定　　价　68.00 元

版权所有 翻印必究 举报电话：0431-81629508

前言

水是生命之源，地球上的万物都离不开水资源，作为地球主宰者的人类，应该对水资源进行合理地利用和规划。建立完善的工程水文及水利规划体系至关重要，直接涉及一个国家的经济发展前途。一个国家的工农业发展和人们的日常生活以及电力等诸多行业都需要以完善的水利系统为基础才能够正常运转下去。

水利工程的顺利开展，离不开水文水资源管理工作的有效运行，事实上，水文水资源管理工作除了对水利工程开展的相关数据资料进行收集之外，还需要向水利工程提供更准确可靠的相关资料，以确保水利工程的精准运行。近几年，我国的经济发展迅速，水利工程已经占据了我国经济发展中的重要地位，水利工程在促进我国经济发展的同时，也有效减轻了因自然灾害而造成的水资源短缺，在日常运行过程中极大程度上满足了国民的用水需求，可见水利工程在我国经济发展过程中的重要作用，因此，在这种时代发展背景下，在水利工程中起到重要作用的水文水资源管理工作也应当成为我国经济发展过程中的重点关注对象，要求相关工作人员在收集资料的过程中，确保数据的准确性与可靠性，从根本上确保水利工程的建设质量，为我国的经济发展打下良好的基础。

经过几十年的发展，我国的水利工程事业取得了可喜的成效，极大地改善了农业农村生产用水、居民生活用水和工业生产用水的现状。但同时还存在着一定的不足，如工程建设与管理缺乏政策支持和法律保护，工程管理维护费用短缺以及缺乏合理有效的管理体系等问题。要想更好地促进水利工程建设与运行管理，促进我国水利事业的良性发展，就必须对我国现行的水利工程建设与运行管理体制机制进行改革创新。

作者在编写本书过程中，参考和借鉴了一些知名学者和专家的观点及论著，在此向他们表示深深的感谢。

由于作者水平有限，书中难免会出现不足之处，希望各位读者和专家能够提出宝贵意见，以待进一步修改，使之更加完善。

目录

第一章
水利工程管理的基本理论

第一节 工程

一、工程的定义

工程是应用科学、经济、社会和实践知识，以创造、设计、建造、维护、研究、完善结构、机器、设备、系统、材料和工艺。术语“工程”（engineering）是从拉丁语“ingenium”和“ingeniare”派生而来的，前者意指“聪明”，后者指“图谋、制定”。工程也就是科学和数学的某种应用，通过这一应用，使自然界的物质和资源的特性能够通过各种结构、机器、产品、系统和过程，以最短的时间和精而少的人力做出高效、可靠且对人类有用的东西。

18 世纪，欧洲创造了“工程”一词，其本来含义是有关兵器制造、具有军事目的的各项劳作，后扩展到许多领域，如建筑屋宇、制造机器、架桥修路等。

随着人类文明的发展，人们可以建造出比单一产品更大、更复杂的产品，这些产品不再是结构或功能单一的东西，而是各种各样的所谓“人造系统”（比如建筑物、轮船、铁路工程、海上工程、地下工程、飞机等），于是工程的概念就产生了，并且它逐渐发展为一门独立的学科和技艺。

二、工程的内涵和外延

从工程的定义可知，工程的内涵包括两个方面：各种知识的应用和材料、人力等某种组合以达到一定功效的过程。在现代社会中，“工程”一词有广义和狭义之分。就狭义而言，工程定义为“以某组设想的目标为依据，应用有关的科学知识和技术手段，通过有组织的一群人将某个（或某些）现有实体（自然的或人造的）转化为具有预期使用价值的人造产品过程”。就广义而言，工程则定义为由一群人为达到某种目的，在一个较长时间周期内进行协作活动的过程。工程学即指将自然科学的理论应用到具体工农业生产过程中形成的各学科的总称。根据工程特征，传统工程可分为四类：化学工程、土木工程（水利工程是其一个分支）、电气工程、机械工程。随着科学技术的发展和新领域的出现，产生了新的工程分支，如人类工程、地球系统工程等。实际建设工程是以上这些工程的综合。

三、主要职能

工程的主要依据是数学、物理学、化学，以及由此产生的材料科学、固体力学、流体力学、热力学、输运过程和系统分析等。依照工程对科学的关系，工程的所有分支领域都有如下主要职能：

（一）研究

应用数学和自然科学概念、原理、实验技术等，探求新的工作原理和方法。

（二）开发

解决把研究成果应用于实际过程中所遇到的各种问题。

（三）设计

选择不同的方法、特定的材料并确定符合技术要求和性能规格的设计方案，以满足结构或产品的要求。

（四）施工

包括准备场地、材料存放、选定既经济又安全并能达到质量要求的工作步骤，以及人员的组织和设备利用。

（五）生产

在考虑人和经济因素的情况下，选择工厂布局、生产设备、工具、材料、元件和工艺流程，进行产品的试验和检查。

（六）操作

管理机器、设备以及动力供应、运输和通信，使各类设备经济可靠地运行。

四、相关分类

第一，指将自然科学的理论应用到具体工农业生产过程中形成的各学科的总称。如：水利工程、化学工程、土木建筑工程、遗传工程、系统工程、生物工程、海洋工程、环境微生物工程。

第二，指需较多的人力、物力来进行较大而复杂的工作，要一个较长时间周期内来完成。如：城市改建工程、京九铁路工程、菜篮子工程。

第三，关于工程的研究——称为“工程学”。

第四，关于工程的立项——称为“工程项目”。

第五，一个全面的、大型的、复杂的包含各子项目的工程——称为“系统工程”。

第二节 水利工程

一、水利工程的含义

水利工程是用于控制和调配自然界的地表水和地下水，达到除害兴利目的而修建的工程，也称为水工程，包括防洪、排涝、灌溉、水力发电、引（供）水、滩涂治理、水土保持、水资源保护等各类工程。水是人类生产和生活必不可少的宝贵资源，但其自然存在的状态并不完全符合人类的需要。只有修建水利工程，才能控制水流，防止洪涝灾害，并进行水量的调节和分配，以满足人民生活和生产对水资源的需要。水利工程主要服务于防洪、排水、灌溉、发电、水运、水产、工业用水、生活用水和改善环境等方面。

二、我国水利工程的分类

水利工程的分类可以有两种方式：从投资和功能进行分类。

（一）按照工程功能或服务对象可分为以下六大类：

1. 防洪工程

防止洪水灾害的防洪工程。

2. 农业生产水利工程

为农业、渔业服务的水利工程总称，具体包括以下几类：

（1）农田水利工程

防止旱、涝、渍灾，为农业生产服务的农田水利工程（或称灌溉和排水工程）；

（2）渔业水利工程

保护和促进渔业生产的渔业水利工程；

（3）海涂围垦工程

围海造田，满足工农业生产或交通运输需要的海涂围垦工程等。

3. 水力发电工程

将水能转化为电能的水力发电工程。

4. 航道和港口工程

改善和创建航运条件的航道和港口工程。

5. 供（排）水工程

为工业和生活用水服务，并处理和排除污水和雨水的城镇供水和排水工程。

6. 环境水利工程

防止水土流失和水质污染，维护生态平衡的水土保持工程和环境水利工程。

一项水利工程同时为防洪、灌溉、发电、航运等多种目标服务的，称为综合利用水利工程。

（二）按照水利工程投资主体的不同性质分类

水利工程可以区分这样几种不同的情况：

1. 中央政府投资的水利工程

这种投资也称国有工程项目，这样的水利工程一般都是跨地区、跨流域，建设周期长、投资数额巨大的水利工程，对社会和群众的影响范围广大而深远，在国民经济的投资中占有一定比重，其产生的社会效益和经济效益也非常明显。如黄河小浪底水利枢纽工程、长江三峡水利枢纽工程、南水北调工程等。

2. 地方政府投资兴建的水利工程

有一些水利工程属地方政府投资的，也属国有性质，仅限于小流域、小范围的中型水利工程，但其作用并不小，在当地发挥的作用相当大，不可忽视。也有一部分是国家投资兴建的，之后又交给地方管理的项目，这也属于地方管辖的水利工程。如陆浑水库、尖岗水库等。

3. 集体兴建的水利工程

这是计划经济时期大集体兴建的项目，由于农村经济体制改革，又加上长年疏于管理，这些工程有的已经废弃，有的处于半废状态，只有一小部分还在发挥着作用。其实大大小小、星罗棋布的小型水利设施，仍在防洪抗旱方面发挥着不小的作用。例如以前修的引黄干渠，农闲季节开挖的排水小河、水沟等。

4. 个体兴建的水利工程

这是在改革开放之后，特别是在20世纪90年代之后才出现的。这种工程虽然不大，但一经出现便表现出很强的生命力，既有防洪、灌溉功能，又有恢复生态的功能，还有旅游观光的功能，工程项目管理得良好，这正是我们局部地区应当提倡和兴建的水利工程。但是政府在这方面要加强宏观调控，防止盲目重复上马。

三、我国水利工程的特征

水利工程原是土木工程的一个分支，但随着水利工程本身的发展，逐渐具有自己的特点，以及在国民经济中的地位日益重要，并已成为一门相对独立的技术学科，具有以下几大特征。

（一）规模大，工程复杂

水利工程一般规模大，工程复杂，工期较长。工作中涉及天文地理等自然知识的积累和实施，其中又涉及各种水的推力、渗透力等专业知识与各地区的人文风情。传统水利工程的建设时间很长，需要几年甚至更长的时间准备和筹划，人力物力的消耗也大。例如丹江口水利枢纽工程、三峡工程等。

（二）综合性强，影响大

水利工程的建设会给当地居民带来很多好处，消除自然灾害。可是由于兴建会导致人与动物的迁徙，有一定的生态破坏，同时也要与其他各项水利有机组合，符合国民经济的政策，为了使损失和影响面缩小，就需要在工程规划设计阶段系统性、综合性地进行分析研究，从全局出发，统筹兼顾，达到经济和社会环境的最佳组合。

（三）效益具有随机性

每年的水文状况或其他外部条件的改变会导致整体的经济效益的变化。农田水利工程还与气象条件的变化有密切联系。

（四）对生态环境有很大影响

水利工程不仅对所在地区的经济和社会产生影响，而且对江河、湖泊以及附近地区的、生态环境、自然景观都将产生不同程度的影响。甚至会改变当地的气候和动物的生存环境，这种影响有利有弊。

从正面影响来说，主要是有利于改善当地水文生态环境，修建水库可以将原来的陆地变为水体，增大水面面积，增加蒸发量，缓解局部地区在温度和湿度上的剧烈变化，在干旱和严寒地区尤为适用；可以调节流域局部小气候，主要表现在降雨、气温、风等方面，由于水利工程会改变水文和径流状态，因此会影响水质、水温和泥沙条件、从而改变地下水补给，提高地下水位，影响土地利用。

从负面影响来说，由于工程对自然环境进行改造，势必会产生一定的负面影响。以水库为例，兴建水库会直接改变水循环和径流情况。从国内外水库运行经验来看，蓄水后的消落区可能出现滞流缓流，从而形成岸边污染带；水库水位降落侵蚀，会导致水土流失严重，加剧地质灾害发生；周围生物链改变、物种变异，影响生态系统稳定

任何事情都有利有弊，关键在于如何最大限度地削弱负面影响，随着技术的进步，水利工程，不仅要满足日益增长的人民生活和工农业生产发展对水资源的需要，而且要更多地为保护和改善环境服务。

第三节 水利工程管理

一、水利工程管理的概念

从专业角度看，水利工程管理分为狭义水利工程管理和广义水利工程管理。狭义的水利工程管理是指对已建成的水利工程进行检查观测、养护修理和调度运用，保障工程正常运行并发挥设计效益的工作。广义的水利工程管理是指除以上技术管理工作外，还包括水利工程行政管理、经济管理和法制管理等方面，例如水利事权的划分。显然，我们更关注广义水利工程管理，即在深入区别各种水利工程的性质和具体作用的基础上，尽最大可能趋利避害，充分发挥水利工程的社会效益、经济效益和生态效益，加强对水利工程的引导和管理，只有通过科学管理，才能发挥水利工程最佳的综合效益；保护和合理运用已建成的水利工程设施，调节水资源，为社会经济发展和人民生活服务。

二、工程技术视角下我国水利工程管理的主要内容

从利用和保障水利工程的功能出发，我国水利工程管理工作的主要内容包括：水利工程的使用，水利工程的养护工作，水利工程的检测工作，水利工程的防汛抢险工作，水利工程扩建和改建工作。

（一）水利工程的使用

水利工程与河川径流有着密切的关系，其变化同河川径流一样是随机的，具有多变性和复杂性，但径流在一定范围内有一定的变化规律，要根据其变化规律，对工程进行合理运用，确保工程的安全和发挥最大效益。工程的合理运用主要是制订合理的工程防汛调度计划和工程管理运行方案等。

（二）水利工程的养护工作

由于各种主观原因和客观条件的限制，水利工程建筑物在规划、设计和施工过程中难免会存在薄弱环节，使其在运用过程中出现这样或那样的缺陷和问题：特别是水利工程长期处在水下工作，自然条件的变化和管理运用不当，将会使工程发生意外变化。所以，要对工程进行长期监护，发现问题及时维修，消除隐患，保持工程的完好状态和安全运行，以发挥其应有的作用。

（三）水利工程的检测工作

水利工程的检测工作也是水利工程的重要工作内容。要做到定期对水利工程进行检查，在检查中发现问题，要及时进行分析，找出问题的根源，尽快进行整改，以此来提高工程的运用条件，从而不断提高科学技术管理水平。

（四）水利工程的防汛抢险工作

防汛抢险是水利工程的一项重点工作。特别是对于那些大中型的病险工程，要注意日常的维护，以避免险情的发生。同时，防汛抢险工作要立足于大洪水，提前做好防护工作，确保水利工程的安全。

（五）水利工程扩建和改建工作

对于原有水工建筑物不能满足新技术、新设备、新的管理水平的要求时，在运用过程中发现建筑物有重大缺陷需要消除时，应对原有建筑物进行改建和扩建，从而提高工程的基础能力，满足工程的运行管理的发展和需求。

基于我国水利工程的特点及分类，水利工程管理也成立了相应的机构、制定了相应的管理规则。从流域来说，成立了七大流域管理局，负责相应流域水行政管理职责，包括长江水利委员会、黄河水利委员会、淮河水利委员会、海河水利委员会、松辽水利委员会、珠江水利委员会、太湖流域管理局。对于特大型水利工程成立专门管理机构，如三峡工程建设委员会、小浪底水利枢纽管理中心、南水北调办公室等，以及针对各种水利设施的管理，如农村农田水利灌溉管理、水库大坝安全管理等。

三、科学管理视角下我国水利工程管理的主要内容

从科学管理的视角出发，我国水利工程管理的主要内容是指水利事权的划分。水利事权即处理水利事务的职权和责任。我国水旱灾害频发，兴水利、除水害，历来是安邦治国的重大任务。合理划分各级政府的水利事权是我国全面深化水利改革的重要内容和有效制度保障，历史上水利工程事权、财权划分格局主要表现为两个特征：一是政府组织建设与管理关系国计民生的重要公益性水利工程，例如防洪工程；二是政府与受益群

众分担投入具有服务性质的一些工程，例如农田水利工程。新中国成立后，由于水利部门职能的转变，水利事权也在不断发生着变化，大致分为以下四个阶段：

第一阶段（1949—1996 年），中央、地方分级负责，中央主要负责兴建重大水利工程以治理大江大河，其他水利工程建设与管理主要以地方与群众集体的力量为主，国家支援为辅。

第二阶段（1997—2002 年），根据 1997 年国务院印发的《水利产业政策》，水利工程项目按事权被划分为中央项目和地方项目；按效益被区分为甲类（以社会效益为主）和乙类（以经济效益为主），或者说公益性项目与经营性项目。国家主要负责跨省（自治区、直辖市）、对国民经济全局有重大影响的项目，局部受益的地方项目由地方负责。具体为中央项目的投资由中央和受益省（自治区、直辖市）按受益程度、受益范围、经济实力共同分担，其中重点水土流失区的治理主要由地方负责，中央适当给予补助。

第三阶段（2002—2011 年），根据国务院转发的《水利工程管理体制改革实施意见》，水利基本建设项目被区分为公益性、准公益性和经营性三类；中央项目在第二阶段的基础上扩大到对国民经济全局、社会稳定和生态与环境有重大影响的项目，或中央认为负有直接建设责任的项目，从而解决了准公益性项目的管理问题。

第四阶段（2011 年至今），根据中央 1 号文件《关于加快水利改革发展的决定》，以及水利部印发的《关于深化水利改革的指导意见》，水利事权划分进入全面深化改革阶段。中央事权被进一步明确为“国家水安全战略和重大水利规划、政策、标准制定，跨流域、跨国界河流湖泊以及事关流域全局的水利建设、水资源管理、河湖管理等涉水活动管理”；地方事权具体为“区域水利建设项目、水利社会管理和公共服务”以及“由地方管理更方便有效的水利事项”。中央和地方共同事权被确定为“跨区域重大水利项目建设维护等”；同时，企业和社会组织的事权也得以明确，即“对适合市场、社会组织承担的水利公共服务，要引入竞争机制，通过合同、委托等方式交给市场和社会组织承担”。

四、我国水利工程管理的目标

水利工程管理的目标是确保项目质量安全，延长工程使用寿命，保证设施正常运转，做好工程使用全程维护，充分发挥工程和水资源的综合效益，逐步实现工程管理科学化、规范化，为国民经济建设提供更好的服务。

（一）确保项目的质量安全

因水利工程涉及防洪、抗旱、治涝、发电、调水、农业灌溉、居民用水、水产经济、水运、工业用水、环境保护等重要内容，一旦出现工程质量问题，所有与水利相关的生活生产活动都将受到阻碍，沿区上游和下游都将受到威胁。因此工程的质量安全不仅关系着一方经济的发展，更承担着人民身体健康与安全。

（二）延长工程的使用寿命

由于水利工程消耗资金较多，施工规模较大，影响范围较广，所以一项工程的运转就是百年大计。因此水利工程管理要贯穿项目的始末，从图纸设计到施工内容、竣工验收、工程使用等各个方面在科学合理的范围内对如何延长使用寿命进行管理，以减少资源的浪费，充分发挥最大效益。

（三）保证设施的正常运转

水利工程管理具有综合性、系统性特征，因此水利工程项目的正常运转需要各个环节的控制、调节与搭配，正确操作器械和设备，协调多样功能的发挥，提高工作效率、加强经营管理，提高经济效益，减少事故发生，确保各项事业不受影响。

（四）做好工程使用的全程维护

对于综合性的大型项目或大型组合式机械设备来说，都需要定期进行保养与维护。由于设备某一部分或单一零件出现问题，都会对工程的使用和寿命造成影响，因此水利工程管理工作还要对出现的问题在使用的整个过程中进行维护，更换零部件，及时发现隐患，促进工程的正常使用。

（五）最大限度地发挥水利工程的综合效益

除了从工程方面保障水利工程的正常运行和安全外，水利工程管理还应当通过不断深化改革，最大限度地发挥水利工程的综合效益，正如水利部印发的《关于深化水利改革的指导意见》所提出的，我国必须“坚持社会主义市场经济改革方向，充分考虑水利公益性、基础性、战略性特点，构建有利于增强水利保障能力、提升水利社会管理水平、加快水生态文明建设的科学完善的水利制度体系”。

第二章 水利基础知识

第一节 水文知识

一、河流和流域

地表上较大的天然水流称为河流。河流是陆地上最重要的水资源和水能资源，是自然界中水文循环的主要通道。我国的主要河流一般发源于山地，最终流入海洋、湖泊或洼地。沿着水流的方向，一条河流可以分为河源、上游、中游、下游和河口几段。我国最长的河流是长江，其河源发源于青海的唐古拉山，湖北宜昌以上河段为上游，长江的上游主要在深山峡谷中，水流湍急，水面坡降大。自湖北宜昌至安徽安庆的河段为中游，河道蜿蜒弯曲，水面坡降小，水面明显宽敞。安庆以下河段为下游，长江下游段河流受海潮顶托作用。河口位于上海市。

在水利水电枢纽工程中，为了便于工作，习惯上以面向河流下游为准，左手侧河岸称为左岸，右手侧称为右岸。我国的主要河流中，多数流入太平洋，如长江、黄河、珠江等。少数流入印度洋（怒江、雅鲁藏布江等）和北冰洋。沙漠中的少数河流只有在雨季存在，称为季节河。

直接流入海洋或内陆湖的河流称为干流，流入干流的河流为一级支流，流入一级支流的河流为二级支流，依此类推。河流的干流、支流、溪涧和流域内的湖泊彼此连接所形成的庞大脉络系统，称为河系，或水系。如长江水系、黄河水系、太湖水系。

一个水系的干流及其支流的全部集水区域称为流域。在同一个流域内的降水，最终通过同一个河口注入海洋，如长江流域、珠江流域。较大的支流或湖泊也能称为流域，如汉水流域、清江流域、洞庭湖流域、太湖流域。两个流域之间的分界线称为分水线，是分隔两个流域的界限。在山区，分水线通常为山岭或山脊，所以又称分水岭，如秦岭为长江和黄河的分水岭。在平原地区，流域的分界线则不甚明显。特殊的情况如黄河下游，其北岸为海河流域，南岸为淮河流域，黄河两岸大堤成为黄河流域与其他流域的分水线。流域的地表分水线与地下分水线有时并不完全重合，一般以地表分水线作为流域分水线。在平原地区，要划分明确的分水线往往是较为困难的。

描述流域形状特征的主要几何形态指标有以下几个。

第一，流域面积F，流域的封闭分水线内区域在平面上的投影面积。

第二，流域长度L，流域的轴线长度。以流域出口为中心画许多同心圆，由每个同心圆与分水线相交作割线，各割线中点顺序连线的长度即为流域长度。$L=\sum L_i$。流域长度通常可用干流长度代替。

第三，流域平均宽度B，流域面积与流域长度的比值，B=F / L。

第四，流域形状系数K_F，流域宽度与流域长度的比值，$K_F=B/L$。

影响河流水文特性的主要因素包括：流域内的气象条件（降水、蒸发等），地形和地质条件（山地、丘陵、平原、岩石、湖泊、湿地等），流域的形状特征（形状、面积、坡度、长度、宽度等），地理位置（纬度、海拔、临海等），植被条件和湖泊分布，人类活动等。

二、河（渠）道的水文学和水力学指标

（一）河（渠）道横断面

垂直于河流方向的河道断面地形。天然河道的横断面形状多种多样，常见的有V形、U形、复式等。人工渠道的横断面形状则比较规则，一般为矩形、梯形。河道水面以下部分的横断面为过水断面。过水断面的面积随河水水面涨落变化，与河道流量相关。

（二）河道纵断面

沿河道纵向最大水深线切取的断面。

（三）水位

河道水面在某一时刻的高程，即相对于海平面的高度差。我国目前采用黄海海平面作为基准海平面。

（四）河流长度

河流自河源开始，沿河道最大水深线至河口的距离。

（五）落差

河流两个过水断面之间的水位差。

（六）纵比降

水面落差与此段河流长度之比。河道水面纵比降与河道纵断面基本上是一致的，在某些河段并不完全一致，与河道断面面积变化、洪水流量有关。

河水在涨落过程中，水面纵比降随洪水过程的时间变化而变化。在涨水过程中，水面纵比降较大，落水过程中则相对较小。

（七）水深

水面某一点到河底的垂直深度。河道断面水深指河道横断面上水位 Z 与最深点的高程差。

（八）流量

单位时间内通过某一河道（渠道、管道）的水体体积，单位 m^3/s。

（九）流速

流速单位 m/s。在河道过水断面上，各点流速不一致。一般情况下，过水断面上水面流速大于河底流速。常用断面平均流速作为其特征指标。

（十）水头

水中某一点相对于另一水平参照面所具有的水能。

三、河川径流

径流是指河川中流动的水流量。在我国，河川径流多由降雨所形成。

河川径流形成的过程是指自降水开始，到河水从海口断面流出的整个过程。这个过程非常复杂，一般要经历降水、蓄渗（入渗）、产流和汇流几个阶段。

降雨初期，雨水降落到地面后，除了一部分被植被的枝叶或洼地截留外，大部分渗入土壤中。如果降雨强度小于土壤入渗率，雨水不断渗入土壤中，不会产生地表径流。在土壤中的水分达到饱和以后，多余部分在地面形成坡面漫流。当降水强度大于土壤的入渗率时，土壤中的水分来不及被降水完全饱和。一部分雨水在继续不断地渗入土壤的同时，另一部分雨水即开始在坡面形成流动。初始流动沿坡面最大坡降方向漫流。坡面水流顺坡面逐渐汇集到沟槽、溪涧中，形成溪流。从涓涓细流汇流形成小溪、小河，最后归于大江大河。渗入土壤的水分中，一部分将通过土壤和植物蒸发到空中，另一部分通过渗流缓慢地从地下渗出，形成地下径流。相当一部分地下径流将补充注入高程较低的河道内，成为河川径流的一部分。

降雨形成的河川径流与流域的地形、地质、土壤、植被，降雨强度、时间、季节，以及降雨区域在流域中的位置等因素有关。因此，河川径流具有循环性、不重复性和地区性。

表示径流的特征值主要有以下几点。

第一，径流量 Q：单位时间内通过河流某一过水断面的水体体积。

第二，径流总量 W：一定的时段 T 内通过河流某过水断面的水体总量，W=QT。

第三，径流模数 M：径流量在流域面积上的平均值，M=Q/F。

第四，径流深度 R：流域单位面积上的径流总量，R=W/F。

第五，径流系数 α：某时段内的径流深度与降水量之比 α=R/P。

四、河流的洪水

当流域在短时间内较大强度地集中降雨，或地表冰雪迅速融化时，大量水经地表或地下迅速地汇集到河道，造成河道内径流量急增，河流中发生洪水。

河流的洪水过程是在河道流量较小、较平缓的某一时刻开始，河流的径流量迅速增长，并到达一峰值，随后逐渐降落到趋于平缓的过程。与此同时，河道的水位也经历一个上涨、下落的过程。河道洪水流量的变化过程曲线称为洪水流量过程线。洪水流量过程线上的最大值称为洪峰流 Q_m，起涨点以下流量称为基流。基流由岩石和土壤中的水缓慢外渗或冰雪逐渐融化形成。大江大河的支流众多，各支流的基流汇合，使其基流量也比较大。山区性河流，特别是小型山溪，基流非常小，冬天枯水期甚至断流。

洪水过程线的形状与流域条件和暴雨情况有关。

影响洪水过程线的流域条件有河流纵坡降、流域形状系数。一般而言，山区性河流由于山坡和河床较陡，河水汇流时间短，洪水很快形成，又很快消退。洪水陡涨陡落，往往几小时或十几小时就经历一场洪水过程。平原河流或大江大河干流上，一场洪水过程往往需要经历三天、七天甚至半个月。如果第一场降雨形成的洪水过程尚未完成又遇降雨，洪水过程线就会形成双峰或多峰。大流域中，因多条支流相继降水，也会造成双峰或其他组合形态。比如，黄河发生过第二个洪峰追上第一个洪峰而入海的现象，即在上游某处洪水过程线为双峰，到下游某处洪水过程线为单峰。流域形状系数大，表示河道相对较长，汇流时间较长，洪水过程线相对较平缓，反之则涨落时间较短。

影响洪水过程线的暴雨条件有暴雨强度、降雨时间、降雨量、降雨面积、雨区在流域中的位置等。洪水过程还与降雨季节、上一场降雨的间隔时间等有关。如春季第一场降雨，因地表土壤干燥而使其洪峰流量较小。发生在夏季的同样的降雨可能因土壤饱和而使其洪峰流量明显变大。流域内的地形、河流、湖泊、洼地的分布也是影响洪水过程线的重要因素。

由于种种原因，实际发生的每一次洪水过程线都有所不同。但是，同一条河流的洪水过程还是有其基本的规律。研究河流洪水过程及洪峰流量大小，可为防洪、设计等提供理论依据。工程设计中，通过分析诸多洪水过程线，选择其中具有典型特征的一条，称为典型洪水过程线。典型洪水过程线能够代表该流域（或河道断面）的洪水特征，作为设计依据。

符合设计标准（指定频率）的洪水过程线称为设计洪水过程线。设计洪水过程线由典型洪水过程线按一定的比例放大而得。洪水放大常用方法有同倍比放大法和同频率放大法，其中同倍比放大法又有“以峰控制”和“以量控制”两种。

五、河流的泥沙

河流中常挟带着泥沙，是水流冲蚀流域地表所形成。这些泥沙随着水流在河槽中运动。河流中的泥沙一部分是随洪水从上游冲蚀带来，一部分是从沉积在原河床冲扬起来的。当随上游洪水带来的泥沙总量与被洪水带走的泥沙总量相等时，河床处于冲淤平衡状态。冲淤平衡时，河床维持稳定。我国流域的水量大部分是由降雨汇集而成。暴雨是地表侵蚀的主要因素。地表植被情况是影响河流泥沙含量多少的另一主要因素。在我国南方，尽管暴雨强度远大于北方，由于植被情况良好，河流泥沙含量远小于北方。位于北方植被条件差的黄河流经黄土地区，黄土结构疏松，抗雨水冲蚀能力差，使黄河成为高含沙量的河流。影响河流泥沙的另一重要因素是人类活动。近年来，随着部分地区的盲目开发，南方某些河流的泥沙含量也较前有所增多。

泥沙在河道或渠道中有两种运动方式。颗粒小的泥沙能够被流动的水流扬起，并被带动着随水流运动，称为悬移质。颗粒较大的泥沙只能被水流推动，在河床底部滚动，称为推移质。水流挟带泥沙的能力与河道流速大小相关。流速大，则挟带泥沙的能力大，泥沙在水流中的运动方式也随之变化。在坡度陡、流速高的地方，水流能够将较大粒径的泥沙扬起，成为悬移质。这部分泥沙被带到河势平缓、流速低的地方时，落于河床上转变为推移质，甚至沉积下来，成为河床的一部分。沉积在河床的泥沙称为床沙。悬移质、推移质和床沙在河流中随水流流速的变化相互转化。

在自然条件下，泥沙运动不断地改变着河床形态。随着人类活动的介入，河流的自然变迁条件受到限制。人类在河床两岸筑堤挡水，使泥沙淤积在受到约束的河床内，从而抬高河床底高程。随着泥沙不断地淤积和河床不断地抬高，人类被迫不断地加高河堤。例如，黄河开封段、长江荆江段均已成为河床底部高于两岸陆面十多米的悬河。

水利水电工程建成以后，破坏了天然河流的水沙条件和河床形态的相对平衡。拦河坝的上游，因为水库水深增加，水流流速大为减少，泥沙因此而沉积在水库内。泥沙淤积的一般规律是：从河流回水末端的库首地区开始，入库水流流速沿程逐渐减小。因此，粗颗粒首先沉积在库首地区，较细颗粒沿程陆续沉积，直至坝前。随着库内泥沙淤积高程的增加，较粗颗粒也会逐渐带至坝前。水库中的泥沙淤积会使水库库容减少，降低工程效益。泥沙淤积在河流进入水库的口门处，抬高口门处的水位及其上游回水水位，增高上游淹没水位。进入水电站的泥沙会磨损水轮机。水库下游，因泥沙被水库拦截，下泄水流变清，河床因清水冲刷造成河床刷深下切。

在多沙河流上建造水利水电枢纽工程时，需要考虑泥沙淤积对水库和水电站的影响。需要在适当的位置设置专门的冲沙建筑物，用以减缓库区淤积速度，阻止泥沙进入发电输水管（渠）道，延长水库和水电站的使用寿命。

描述河流泥沙的特征值有以下几个。

第一，含沙量：单位水体中所含泥沙重量，单位 kg/m^3。

第二，输沙量：一定时间内通过某一过水断面的泥沙重量，一般以年输沙量衡量一条河流的含沙量。

第三，起动流速：使泥沙颗粒从静止变为运动的水流流速。

第二节 地质知识

地质构造是指由于地壳运动使岩层发生变形或变位后形成的各种构造形态。地质构造有五种基本类型：水平构造、倾斜构造、直立构造、褶皱构造和断裂构造。这些地质构造不仅改变了岩层的原始产状、破坏了岩层的连续性和完整性，甚至降低了岩体的稳定性和增大了岩体的渗透性。因此研究地质构造对水利工程建筑有着非常重要的意义。要研究上述五种构造必须了解地质年代和岩层产状的相关知识。

一、地质年代和地层单位

地球形成至今已有46亿年，对整个地质历史时期而言，地球的发展演化及地质事件的记录和描述需要有一套相应的时间概念，即地质年代。同人类社会发展历史分期一样，可将地质年代按时间的长短依次分为宙、代、纪、世不同时期，对应于上述时间段所形成的岩层（即地层）依次称为宇、界、系、统，这便是地层单位。如太古代形成的地层称为太古界，石炭纪形成的地层称为石炭系等。

二、岩层产状

（一）岩层产状要素

岩层产状指岩层在空间的位置，用走向、倾向和倾角表示，称为岩层产状三要素。

1. 走向

岩层面与水平面的交线叫走向线，走向线两端所指的方向即为岩层的走向。走向有两个方位角数值，且相差 180° 。岩层的走向表示岩层的延伸方向。

2. 倾向

层面上与走向线垂直并沿倾斜面向下所引的直线叫倾斜线，倾斜线在水平面上投影所指的方向就是岩层的倾向。对于同一岩层面，倾向与走向垂直，且只有一个方向。岩层的倾向表示岩层的倾斜方向。

3. 倾角

是指岩层面和水平面所夹的最大锐角（或二面角）。

除岩层面外，岩体中其他面（如节理面、断层面等）的空间位置也可以用岩层产状三要素来表示。

（二）岩层产状要素的测量

岩层产状要素需用地质罗盘测量。地质罗盘的主要构件有磁针、刻度环、方向盘、倾角旋钮、水准泡、磁针锁制器等。刻度环和磁针是用来测岩层的走向和倾向的。刻度环按方位角分划，以北为 0° ，逆时针方向分划为 3° 。在方向盘上用四个符合代表地理方位，即 N（0° ）表示北，S（180° ）表示南，E（90° ）表示东，W（270° ）表示西。方向盘和倾角旋钮是用来测倾角的。方向盘的角度变化介于 0° ~90° 。测量方法如下。

1. 测量走向

罗盘水平放置，将罗盘与南北方向平行的边与层面贴触（或将罗盘的长边与岩层面贴触），调整圆水准泡居中，此时罗盘边与岩层面的接触线即为走向线，磁针（无论南针或北针）所指刻度环上的度数即为走向。

2. 测量倾向

罗盘水平放置，将方向盘上的 N 极指向岩层层面的倾斜方向，同时使罗盘平行于东西方向的边（或短边）与岩层面贴触，调整圆水准泡居中，此时北针所指刻度环上的度数即为倾向。

3. 测量倾角

罗盘侧立摆放，将罗盘平行于南北方向的边（或长边）与层面贴触，并垂直于走向线，然后转动罗盘背面的测有旋钮，使 K 水准泡居中，此时倾角旋钮所指方向盘上的度数即为倾角大小。若是长方形罗盘，此时桃形指针在方向盘上所指的度数，即为所测倾角大小。

（三）岩层产状的记录方法

岩层产状的记录方法有以下两种：

1. 象限角表示法

一般以北或南的方向为准，记走向、倾向和倾角。

2. 方位角表示法

一般只记录倾向和倾角。如 SW230° ＜ 35° ，前者是倾向的方位角，后者是倾角，即倾向 230° 、倾角 35° 。走向可通过倾向 ±90° 的方法换算求得。上述记录表示岩层走向为北西 320° 、倾向南西 230° 、倾角 35° 。

三、水平构造、倾斜构造和直立构造

（一）水平构造

岩层产状呈水平（倾角 α=0° ）或近似水平（ α<5° ）。岩层呈水平构造，表明该地区地壳相对稳定。

（二）倾斜构造（单斜构造）

岩层产状的倾角 0° <a<90° ，岩层呈倾斜状。

岩层呈倾斜构造说明该地区地壳不均匀抬升或受到岩浆作用的影响。

（三）直立构造

岩层产状的倾角 α ≈ 90%，岩层呈直立状。岩层呈直立构造说明岩层受到强有力的挤压。

四、褶皱构造

褶皱构造是指岩层受构造应力作用后产生的连续弯曲变形。绝大多数褶皱构造是岩层在水平挤压力作用下形成的。褶皱构造是岩层在地壳中广泛发育的地质构造形态之一，它在层状岩石中最为明显，在块状岩体中则很难见到。褶皱构造的每一个向上或向下弯曲称为褶曲。两个或两个以上的褶曲组合叫褶皱。

（一）褶皱要素

褶皱构造的各个组成部分称为褶皱要素。

1. 核部

褶曲中心部位的岩层。

2. 翼部

核部两侧的岩层。一个褶曲有两个翼。

3. 翼角

翼部岩层的倾角。

4. 轴面

对称平分两翼的假象面。轴面可以是平面，也可以是曲面。轴面与水平面的交线称为轴线；轴面与岩层面的交线称为枢纽。

5. 转折端

从一翼转到另一翼的弯曲部分。

（二）褶皱的基本形态

褶皱的基本形态是背斜和向斜。

1. 背斜

岩层向上弯曲，两翼岩层常向外倾斜，核部岩层时代较老，两翼岩层依次变新并呈对称分布。

2. 向斜

岩层向下弯曲，两翼岩层常向内倾斜，核部岩层时代较新，两翼岩层依次变老并呈对称分布。

（三）褶皱的类型

根据轴面产状和两翼岩层的特点，将褶皱分为直立褶皱、倾斜褶皱、倒转褶皱、平卧褶皱、翻卷褶皱。

（四）褶皱构造对工程的影响

1. 褶皱构造影响着水工建筑物地基岩体的稳定性及渗透性

选择坝址时，应尽量考虑避开褶曲轴部地段。因为轴部节理发育、岩石破碎，易受风化、岩体强度低、渗透性强，所以工程地质条件较差。当坝址选在褶皱翼部时，若坝轴线平行岩层走向，则坝基岩性较均一。再从岩层产状考虑，岩层倾向上游，倾角较陡时，对坝基岩体抗滑稳定有利，也不易产生顺层渗漏；当倾角平缓时，虽然不易向下游渗漏，但坝基岩体易于滑动。岩层倾向下游，倾角又缓时，岩层的抗滑稳定性最差，也容易向下游产生顺层渗漏。

2. 褶皱构造与其蓄水的关系

褶皱构造中的向斜构造，是良好的蓄水构造，在这种构造盆地中打井，地下水常较丰富。

五、断裂构造

岩层受力后产生变形，当作用力超过岩石的强度时，岩石就会发生破裂，形成断裂构造。断裂构造的产生，必将对岩体的稳定性、透水性及其工程性质产生较大影响。根据破裂之后的岩层有无明显位移，将断裂构造分为节理和断层两种形式。

（一）节理

没有明显位移的断裂称为节理。节理按照成因分为三种类型：第一种为原生节理：岩石在成岩过程中形成的节理，如玄武岩中的柱状节理；第二种为次生节理：风化、爆破等原因形成的裂隙，如风化裂隙等；第三种为构造节理：由构造应力所形成的节理。其中，构造节理分布最广。构造节理又分为张节理和剪节理。张节理由张应力作用产生，多发育在褶皱的轴部，其主要特征为：节理面粗糙不平，无擦痕，节理多开口，一般被其他物质充填，在砾岩或砂岩中的张节理常常绕过砾石或砂粒，节理一般较稀疏，而且延伸不远。剪节理由剪应力作用产生，其主要特征为：节理面平直光滑，有时可见擦痕，节理面一般是闭合的，没有充填物，在砾岩或砂岩中的剪节理常常切穿砾石或砂粒，产状较稳定，间距小、延伸较远，发育完整的剪节理呈 X 形。

（二）断层

有明显位移的断裂称之为断层。

1. 断层要素

断层的基本组成部分叫断层要素。层线、断层带、断盘及断距。

（1）断层面

岩层发生断裂并沿其发生位移的破裂面。它的空间位置仍由走向、倾向和倾角表示。它可以是平面，也可以是曲面。

（2）断层线

断层面与地面的交线。其方向表示断层的延伸方向。

（3）断层带

包括断层破碎带和影响带。破碎带是指被断层错动搓碎的部分，常由岩块碎屑、粉末、角砾及黏土颗粒组成，其两侧被断层面所限制。影响带是指靠近破碎带两侧的岩层受断层影响裂隙发育或发生牵引弯曲的部分。

（4）断盘

断层面两侧相对位移的岩块称为断盘。其中，断层面之上的称为上盘，断层面之下的称为下盘。

（5）断距

断层两盘沿断层面相对移动的距离。

2. 断层的基本类型

按照断层两盘相对位移的方向，将断层分为以下三种类型：

（1）正断层

上盘相对下降，下盘相对上升的断层。

（2）逆断层

上盘相对上升，下盘相对下降的断层。

（3）平移断层

是指两盘沿断层面作相对水平位移的断层。

（三）断裂构造对工程的影响

节理和断层的存在，破坏了岩石的连续性和完整性，降低了岩石的强度，增强了岩石的透水性，给水利工程建设带来很大影响。如节理密集带或断层破碎带，会导致水工建筑物的集中渗漏、不均匀变形甚至发生滑动破坏。因此在选择坝址、确定渠道及隧洞线路时，尽量避开大的断层和节理密集带，否则必须对其进行开挖、帷幕灌浆等方法处理，甚至调整坝或洞轴线的位置。不过，这些破碎地带，有利于地下水的运动和汇集。因此，断裂构造对于山区找水具有重要意义。

第三节　水资源规划知识

一、规划类型

水资源开发规划是跨系统、跨地区、多学科和综合性较强的前期工作，按区域、范围、规模、目的、专业等可以有多种分类或类型。

水资源开发规划，除在我国《水法》上有明确的类别划分外，当前尚未形成共识。不少文献针对规划的范围、目的、对象、水体类别等的不同而有多种分类。

（一）按水体划分

按不同水体可分为地表水开发规划、地下水开发规划、污水资源化规划、雨水资源利用规划和海咸水淡化利用规划等。

（二）按目的划分

按不同目的可分为供水水资源规划、水资源综合利用规划、水资源保护规划、水土保持规划、水资源养蓄规划、节水规划和水资源管理规划等。

（三）按用水对象划分

按不同用水对象可分为人畜生活饮用水供水规划、工业用水供水规划和农业用水供水规划等。

（四）按自然单元划分

按不同自然单元可分为独立平原的水资源开发规划、流域河系水资源梯级开发规划、小流域治理规划和局部河段水资源开发规划等。

（五）按行政区域划分

按不同行政区域可分为以宏观控制为主的全国性水资源规划和包含特定内容的省、地（市）、县域水资源开发现划。乡镇因常常不是一个独立的自然单元或独立小流域，而水资源开发不仅受到地域且受到水资源条件的限制，所以，按行政区划的水资源开发规划至少应是县以上行政区域。

（六）按目标单一与否划分

按目标的单一与否可分为单目标水资源开发规划（经济或社会效益的单目标）和多目标水资源开发规划（经济、社会、环境等综合的多目标）。

（七）按内容和含义划分

按不同内容和含义可分为综合规划和专业规划。

各种水资源开发现划编制的基础是相同的，相互间是不可分割的，但是各自的侧重点或主要目标不同，且各具特点。

二、规划的方法

进行水资源规划必须了解和搜集各种规划资料，并且掌握处理和分析这些资料的方法，使之为规划任务的总目标服务。

（一）水资源系统分析的基本方法

水资源系统分析的常用方法包括：

1. 回归分析方法

它是处理水资源规划资料最常用的一种分析方法。在水资源规划中最常用的回归分析方法有一元线性回归分析、多元回归分析、非线性回归分析、拟合度量和显著性检验等。

2. 投入产出分析法

它在描述、预测、评价某项水资源工程对该地区经济作用时具有明显的效果。它不仅可以说明直接用水部门的经济效果，也能说明间接用水部门的经济效果。

3. 模拟分析方法

在水资源规划中多采用数值模拟分析。数值模拟分析又可分为两类：数学物理方法和统计技术。数值模拟技术中的数学物理方法在水资源规划的确定性模型中应用较为广泛。

4. 最优化方法

由于水资源规划过程中插入的信息和约束条件不断增加，处理和分析这些信息，以制订和筛选出最有希望的规划方案，使用最优化技术是行之有效的方法。在水资源规划中最常用的最优化方法有线性规划、网络技术动态规划与排队论等。

上述四类方法是水资源规划中常用的基本方法。

（二）系统模型的分解与多级优化

在水资源规划中，系统模型的变量很多，模型结构较为复杂，完全采用一种方法求解是困难的。因此，在实际工作中，往往把一个规模较大的复杂系统分解成许多“独立”的子系统，分别建立子模型，然后根据子系统模型的性质以及子系统的目标和约束条件，采用不同的优化技术求解。这种分解和多级最优化的分析方法在求解大规模复杂的水资源规划问题时非常有用，它的突出优点是使系统的模型更为逼真，在一个系统模型内可以使用多种模拟技术和最优化技术。

（三）规划的模型系统

在一个复杂的水资源规划中，可以有许多规划方案。因此，从加快方案筛选的观点出发，必须建立一套适宜的模型系统。对于一般的水资源规划问题可建立三种模型系统：筛选模型、模拟模型、序列模型。

系统分析的规划方法不同于“传统”的规划方法，它涉及社会、环境和经济方面的各种要求，并考虑多种目标。这种方法在实际使用中已显示出它们的优越性，是一种适合于复杂系统综合分析需要的方法。

我国水资源管理的规划总要求是：以落实最严格水资源管理制度、实行水资源消耗总量和强度双控行动、加强重点领域节水、完善节水激励机制为重点，加快推进节水型社会建设，强化水资源对经济社会发展的刚性约束，构建节水型生产方式和消费模式，基本形成节水型社会制度框架，进一步提高水资源利用效率和效益。

强化节水约束性指标管理。严格落实水资源开发利用总量、用水效率和水功能区限制纳污总量“三条红线”，实施水资源消耗总量和强度双控行动，健全取水计量、水质监测和供用耗排监控体系。加快制订重要江河流域水量分配方案，细化落实覆盖流域和省市县三级行政区域的取用水总量控制指标，严格控制流域和区域取用水总量。实施引调水工程要先评估节水潜力，落实各项节水措施。健全节水技术标准体系。将水资源开发、利用、节约和保护的主要指标纳入地方经济社会发展综合评价体系，县级以上地方人民政府对本行政区域水资源管理和保护工作负总责。加强最严格水资源管理制度考核工作，把节水作为约束性指标纳入政绩考核，在严重缺水的地区率先推行。

强化水资源承载能力刚性约束。加强相关规划和项目建设布局水资源论证工作，国民经济和社会发展规划以及城市总体规划的编制、重大建设项目的布局，应当与当地水资源条件和防洪要求相适应。严格执行建设项目水资源论证和取水许可制度，对取用水总量已达到或超过控制指标的地区，暂停审批新增取水。强化用水定额管理，完善重点行业、区域用水定额标准。严格水功能区监督管理，从严核定水域纳污容量，严格控制入河湖排污总量，对排污量超出水功能区限排总量的地区，限制审批新增取水和入河湖排污口。强化水资源统一调度。

强化水资源安全风险监测预警。健全水资源安全风险评估机制，围绕经济安全、资源安全、生态安全，从水旱灾害、水供求态势、河湖生态需水、地下水开采、水功能区水质状况等方面，科学评估全国及区域水资源安全风险，加强水资源风险防控。以省、市、县三级行政区为单元，开展水资源承载能力评价，建立水资源安全风险识别和预警机制。抓紧建成国家水资源管理系统，健全水资源监控体系，完善水资源监测、用水计量与统计等管理制度和相关技术标准体系，加强省界等重要控制断面、水功能区和地下水的水质水量监测能力建设。

第四节　水利枢纽知识

为了综合利用和开发水资源，常需在河流适当地段集中修建几种不同类型和功能的水工建筑物，以控制水流，并便于协调运行和管理。这种由几种水工建筑物组成的综合体，称为水利枢纽。

一、水利枢纽的分类

水利枢纽的规划、设计、施工和运行管理应尽量遵循综合利用水资源的原则。

水利枢纽的类型很多。为实现多种目标而兴建的水利枢纽，建成后能满足国民经济不同部门的需要，称为综合利用水利枢纽。以某一单项目标为主而兴建的水利枢纽，常以主要目标命名，如防洪枢纽、水力发电枢纽、航运枢纽、取水枢纽等。在很多情况下水利枢纽是多目标的综合利用枢纽，如防洪—发电枢纽，防洪—发电—灌溉枢纽，发电—灌溉—航运枢纽等。按拦河坝的型式还可分为重力坝枢纽、拱坝枢纽、土石坝枢纽及水闸枢纽等。根据修建地点的地理条件不同，有山区、丘陵区水利枢纽和平原、滨海区水利枢纽之分。根据枢纽上下游水位差的不同，有高、中、低水头之分，世界各国对此无统一规定。我国一般水头 70m 以上的是高水头枢纽，水头 30~70m 的是中水头枢纽，水头为 30m 以下的是低水头枢纽。

二、水利枢纽工程基本建设程序及设计阶段划分

水利是国民经济的基础设施和基础产业。水利工程建设要严格按建设程序进行。根据《水利工程建设项目管理规定》和有关规定，水利工程建设程序一般分为项目建议书、可行性研究报告、初步设计、施工准备（包括招标设计）、建设实施、生产准备、竣工验收、后评价等阶段。建设前期根据国家总体规划以及流域综合规划，开展前期工作，包括提出项目建议书、可行性研究报告和初步设计（或扩大初步设计）。水利工程建设项目的实施，必须通过基本建设程序立项。水利工程建设项目的立项过程包括项目建议书和可行性研究报告阶段。根据目前管理现状，项目建议书、可行性研究报告、初步设计由水行政主管部门或项目法人组织编制。

项目建议书应根据国民经济和社会发展长远规划、流域综合规划、区域综合规划、专业规划，按照国家产业政策和国家有关投资建设方针进行编制，是对拟进行工程项目的初步说明。项目建议书编制一般由政府委托有相应资质的设计单位承担，并按国家现行规定权限向主管部门申报审批。

可行性研究应对项目进行方案比较，对项目在技术上是否可行和经济上是否合理进行科学的分析和论证。经过批准的可行性研究报告，是项目决策和进行初步设计的依据。可行性研究报告，由项目法人（或筹备机构）组织编制。可行性研究报告经批准后，不得随意修改和变更，在主要内容上有重要变动，应经原批准机关复审同意。项目可行性报告批准后，应正式成立项目法人，并按项目法人责任制实行项目管理。

初步设计是根据批准的可行性研究报告和必要而准确的设计资料，对设计对象进行全面研究，阐明拟建工程在技术上的可行性和经济上的合理性，规定项目的各项基本技术参数，编制项目的总概算。初步设计任务应择优选择有相应资质的设计单位承担，依照有关初步设计编制规定进行编制。

建设项目初步设计文件已批准，项目投资来源基本落实，可以进行主体工程招标设计和组织招标工作以及现场施工准备。项目的主体工程开工之前，必须完成各项施工准备工作，其主要内容包括：①施工现场的征地、拆迁；②完成施工用水、电、通信、路和场地平整等工程；③必需的生产、生活临时建筑工程；④组织招标设计、工程咨询、设备和物资采购等服务；⑤组织建设监理和主体工程招标投标，并择优选定建设监理单位和施工承包商。

建设实施阶段是指主体工程的建设实施，项目法人按照批准的建设文件，组织工程建设，保证项目建设目标的实现。项目法人或建设单位向主管部门提出主体工程开工申请报告，按审批权限，经批准后，方能正式开工。随着社会主义市场经济机制的建立，工程建设项目实行项目法人责任制后，主体工程开工，必须具备以下条件：①前期工程各阶段文件已按规定批准，施工详图设计可以满足初期主体工程施工需要；②建设项目已列入国家年度计划，年度建设资金已落实；③主体工程招标已经决标，工程承包合同

已经签订，并得到主管部门同意；④现场施工准备和征地移民等建设外部条件能够满足主体工程开工需要。

生产准备应根据不同类型的工程要求确定，一般应包括如下内容：①生产组织准备，建立生产经营的管理机构及相应管理制度；②招收和培训人员；③生产技术准备；④生产的物资准备；⑤正常的生活福利设施准备。

竣工验收是工程完成建设目标的标志，是全面考核基本建设成果、检验设计和工程质量的重要步骤。竣工验收合格的项目即从基本建设转入生产或使用。

工程项目竣工投产后，一般经过一至两年生产营运后，要进行一次系统的项目后评价，主要内容包括：①影响评价——项目投产后对各方面的影响进行评价；②经济效益评价——对项目投资、国民经济效益、财务效益、技术进步和规模效益、可行性研究深度等进行评价；③过程评价——对项目的立项、设计施工、建设管理、竣工投产、生产营运等全过程进行评价。项目后评价一般按三个层次组织实施，即项目法人的自我评价、项目行业的评价、计划部门（或主要投资方）的评价。

设计工作应遵循分阶段、循序渐进、逐步深入的原则进行。以往大中型枢纽工程常按三个阶段进行设计，即可行性研究、初步设计和施工详图设计。对于工程规模大，技术上复杂而又缺乏设计经验的工程，经主管部门指定，可在初步设计和施工详图设计之间，增加技术设计阶段。

另外，原电力工业部在《关于调整水电工程设计阶段的通知》中，对水电工程设计阶段的划分做如下调整：

（一）增加预可行性研究报告阶段

在江河流域综合利用规划及河流（河段）水电规划选定的开发方案基础上，根据国家与地区电力发展规划的要求，编制水电工程预可行性研究报告。预可行性研究报告经主管部门审批后，即可编报项目建议书。预可行性研究是在江河流域综合利用规划或河流（河段）水电规划以及电网电源规划基础上进行的设计阶段。其任务是论证拟建工程在国民经济发展中的必要性、技术可行性、经济合理性。本阶段的主要工作内容包括：河流概况及水文气象等基本资料的分析；工程地质与建筑材料的评价；工程规模、综合利用及环境影响的论证；初拟坝址、厂址和引水系统线路；初步选择坝型、电站、泄洪、通航等主要建筑物的基本形式与枢纽布置方案；初拟主体工程的施工方法，进行施工总体布置、估算工程总投资、工程效益的分析和经济评价等。预可行性研究阶段的成果，为国家和有关部门做出投资决策及筹措资金提供基本依据。

（二）将原有可行性研究与初步设计两阶段合并，称为可行性研究报告阶段

加深原有可行性研究报告深度，使其达到原有初步设计编制规程的要求。并以《水利水电工程初步设计报告编制规程》为准编制可行性研究报告。可行性研究阶段的设计任务在于进一步论证拟建工程在技术上的可行性和经济上的合理性，并要解决工程建设中重要的技术经济问题。主要设计内容包括：对水文、气象、工程地质以及天然建筑材料等基本资料做进一步分析与评价；论证本工程及主要建筑物的等级；进行水文水利计算，确定水库的各种特征水位及流量，选择电站的装机容量、机组机型和电气主结线以及主要机电设备；论证并选定坝址、坝轴线、坝型、枢纽总体布置及其他主要建筑物的型式和控制性尺寸；选择施工导流方案，进行施工方法、施工进度和总体布置的设计，提出主要建筑材料、施工机械设备、劳动力、供水、供电的数量和供应计划；提出水库移民安置规划；提出工程总概算，进行技术经济分析，阐明工程效益。最后提交可行性研究报告文件，包括文字说明和设计图纸及有关附件。

（三）招标设计阶段

暂按原技术设计要求进行勘测设计工作，在此基础上编制招标文件。招标文件分三类：主体工程、永久设备和业主委托的其他工程的招标文件。招标设计是在批准的可行性研究报告的基础上，将确定的工程设计方案进一步具体化，详细定出总体布置和各建筑物的轮廓尺寸、材料类型、工艺要求和技术要求等。其设计深度要求做到可以根据招标设计图较准确地计算出各种建筑材料的规格、品种和数量，混凝土浇筑、土石方填筑和各类开挖、回填的工程量，各类机械电气和永久设备的安装工程量等。根据招标设计图所确定的各类工程量和技术要求，以及施工进度计划，监理工程师可以进行施工规划并编制出工程概算，作为编制标底的依据。编标单位则可以据此编制招标文件，包括合同的一般条款、特殊条款、技术规程和各项工程的工程量表，满足以固定单价合同形式进行招标的需要。施工投标单位，也可据此进行投标报价和编制施工方案及技术保证措施。

（四）施工详图阶段

配合工程进度编制施工详图。施工详图设计是在招标设计的基础上，对各建筑物进行结构和细部构造设计；最后确定地基处理方案，进行处理措施设计；确定施工总体布置及施工方法，编制施工进度计划和施工预算等；提出整个工程分项分部的施工、制造、安装详图。施工详图是工程施工的依据，也是工程承包或工程结算的依据。

三、水利工程的影响

水利工程是防洪、除涝、灌溉、发电、供水、围垦、水土保持、移民、水资源保护等工程及其配套和附属工程的统称，是人类改造自然、利用自然的工程。修建水利工程，是为了控制水流、防止洪涝灾害，并进行水量的调节和分配，从而满足人民生活和生产对水资源的需要。因此，大型水利工程往往显现出显著的社会效益和经济效益，带动地区经济发展，促进流域以至整个中国经济社会的全面可持续发展。

但是也必须注意到，水利工程的建设可能会破坏河流或河段及其周围地区在天然状态下的相对平衡。特别是具有高坝大库的河川水利枢纽的建成运行，对周围的自然和社会环境都将产生重大影响。

修建水利工程对生态环境的不利影响是：河流中筑坝建库后，上下游水文状态将发生变化。可能出现泥沙淤积、水库水质下降、淹没部分文物古迹和自然景观，还可能会改变库区及河流中下游水生生态系统的结构和功能，对一些鱼类和植物的生存和繁殖产生不利影响；水库的“沉沙池”作用，使过坝的水流成为“清水”，冲刷能力加大，由于水势和含沙量的变化，还可能改变下游河段的河水流向和冲积程度，造成河床被冲刷侵蚀，也可能影响到河势变化乃至河岸稳定；大面积的水库还会引起小气候的变化，库区蓄水后，水域面积扩大，水的蒸发量上升，因此会造成附近地区日夜温差缩小，改变库区的气候环境，例如可能增加雾天的出现频率；兴建水库可能会增加库区地质灾害发生的频率，例如，兴建水库可能会诱发地震，增加库区及附近地区地震发生的频率；山区的水库由于两岸山体下部未来长期处于浸泡之中，发生山体滑坡、塌方和泥石流的频率可能会有所增加；深水库底孔下放的水，水温会较原天然状态有所变化，可能不如原来情况更适合农作物生长，此外，库水化学成分改变、营养物质浓集导致水的异味或缺氧等，也会对生物带来不利影响。

修建水利工程对生态环境的有利影响是：防洪工程可有效地控制上游洪水，提高河段甚至流域的防洪能力，从而有效地减免洪涝灾害带来的生态环境破坏；水力发电工程利用清洁的水能发电，与燃煤发电相比，可以减少排放二氧化碳、二氧化硫等有害气体，减轻酸雨、温室效应等大气危害以及燃煤开采、洗选、运输、废渣处理所导致的严重环境污染；能调节工程中下游的枯水期流量，有利于改善枯水期水质；有些水利工程可为调水工程提供水源条件；高坝大库的建设较天然河流大大增加了的水库面积与容积可以养鱼，对渔业有利；水库调蓄的水量增加了农作物灌溉的机会。

此外，由于水位上升使库区被淹没，需要进行移民，并且由于兴建水库导致库区的风景名胜和文物古迹被淹没，需要进行搬迁、复原等。在国际河流上兴建水利工程，等于重新分配了水资源，间接地影响了水库所在国家与下游国家的关系，还可能会造成外交上的影响。

上述这些水利工程在经济、社会、生态方面的影响，有利有弊，因此兴建水利工程，必须充分考虑其影响，精心研究，针对不利影响应采取有效的对策及措施，促进水利工程所在地区经济、社会和环境的协调发展。

第五节　水库知识

一、水库的概念

水库是指在山沟或河流的狭口处建造拦河坝形成的人工湖泊。水库建成后，可发挥防洪、蓄水、灌溉、供水、发电、养鱼等效益。有时天然湖泊也称为水库（天然水库）。

水库规模通常按总库容大小划分，水库总库容≥ $10 \times 10^8 m^3$ 的为大（1）型水库，水库总库容为（1.0~10）$\times 10^8 m^3$ 的是大（2）型水库，水库总库容为（0.10~1.0）$\times 10^8 m^3$ 的是中型水库，水库总库容为（0.01~0.10）$\times 10^8 m^3$ 的是小（1）型水库，水库总库容为（0.001~0.01）$\times 10^8 m^3$ 的是小（2）型水库。

二、水库的作用

河流天然来水在一年间及各年间一般都会有所变化，这种变化与社会工农业生产及人们生活用水在时间和水量分配上往往存在矛盾。兴建水库是解决这类矛盾的主要措施之一。兴建水库也是综合利用水资源的有效措施。水库不仅可以使水量在时间上重新分配，满足灌溉、防洪、供水的要求，还可以利用大量的蓄水和抬高了的水头来满足发电、航运及渔业等其他用水部门的需要。水库在来水多时把水存储在水库中，然后根据灌溉、供水、发电、防洪等综合利用要求适时适量地进行分配。这种把来水按用水要求在时间和数量上重新分配的作用，称为水库的调节作用。水库的径流调节是指利用水库的蓄泄功能有计划地对河川径流在时间上和数量上进行控制和分配。

径流调节通常按水库调节周期分类，根据调节周期的长短，水库也可分为无调节、日调节、周调节、年调节和多年调节水库。无调节水库没有调节库容，按天然流量供水；日调节水库按用水部门一天内的需水过程进行调节；周调节水库按用水部门一周内的需水过程进行调节；年调节水库将一年中的多余水量存储起来，用以提高缺水期的供水量；多年调节水库将丰水年的多余水量存储起来，用以提高枯水年的供水量，调节周期超过一年。水库径流调节的工程措施是修建大坝（水库）和设置调节流量的闸门。

水库还可按水库所承担的任务，划分为单一任务水库及综合利用水库；按水库供水方式，可分为固定供水调节及变动供水调节水库；按水库的作用，可分为反调节、补偿调节、水库群调节及跨流域引水调节等。补偿调节是指两个或两个以上水库联合工作，利用各库水文特性、调节性能及地理位置等条件的差别，在供水量、发电出力、泄洪量上相互协调补偿。通常，将其中调节性能高的、规模大的、任务单纯的水库作为补偿调节水库，而以调节性能差、用水部门多的水库作为被补偿水库（电站），考虑不同水文特性和库容进行补偿。一般是上游水库作为补偿调节水库补充放水，以满足下游电站或给水、灌溉引水的用水需要。反调节水库又称再调节水库，是指同一河段相邻较近的两个水库，下一级反调节水库在发电、航运、流量等方面利用上一级水库下泄的水流。例如，葛洲坝水库是三峡水库的反调节水库；西霞院水库是小浪底水库的反调节水库，位于小浪底水利枢纽下游 16km，当小浪底水电站执行频繁的电调指令时，其下泄流量不稳定，会对大坝下游至花园口间河流生命指标以及两岸人民生活、生产用水和河道工程产生不利影响，通过西霞院水库的再调节作用，既保证发电调峰，又能有效保护下游河道。

三、水量平衡原理

水量平衡是水量收支平衡的简称。对于水库而言，水量平衡原理是指任意时刻，水库（群）区域收入（或输入）的水量和支出（或输出）的水量之差，等于该时段内该区域储水量的变化。

四、水库的特征水位和特征库容

水库的库容大小决定着水库调节径流的能力和它所能提供的效益。因此，确定水库特征水位及其相应库容是水利水电工程规划、设计的主要任务之一。水库工程为完成不同任务，在不同时期和各种水文情况下，需控制达到或允许消落的各种库水位称为水库的特征水位。相应于水库的特征水位以下或两特征水位之间的水库容积称为水库的特征库容。水库的特征水位主要有正常蓄水位、死水位、防洪限制水位、防洪高水位、设计洪水位、校核洪水位等；主要特征库容有兴利库容、死库容、重叠库容、防洪库容、调洪库容、总库容等。

（一）水库的特征水位

正常蓄水位是指水库在正常运用情况下，为满足兴利要求在开始供水时应该蓄到的水位，又称正常水位、兴利水位，或设计蓄水位。它是决定水工建筑物的尺寸、投资、淹没、水电站出力等指标的重要依据。选择正常蓄水位时，应根据电力系统和其他部门的要求及水库淹没、坝址地形、地质、水工建筑物布置、施工条件、梯级影响、生态与环境保护等因素，拟订不同方案，通过技术经济论证及综合分析比较确定。

防洪限制水位是指水库在汛期允许兴利蓄水的上限水位，又称汛前限制水位。防洪限制水位也是水库在汛期防洪运用时的起调水位。选择防洪限制水位，要兼顾防洪和兴利的需要，应根据洪水及泥沙特性，研究对防洪、发电及其他部门和对水库淹没、泥沙冲淤及淤积部位、水库寿命、枢纽布置以及水轮机运行条件等方面的影响，通过对不同方案的技术经济比较，综合分析确定。

设计洪水位是指水库遇到大坝的设计洪水时，在坝前达到的最高水位。它是水库在正常运用情况下允许达到的最高洪水位，可采用相应于大坝设计标准的各种典型洪水，按拟定的调度方式，自防洪限制水位开始进行调洪计算求得。

校核洪水位是指水库遇到大坝的校核洪水时，在坝前达到的最高水位。它是水库在正常运用情况下允许达到的最高洪水位，可采用相应于大坝设计标准的各种典型洪水，按拟定的调度方式，自防洪限制水位开始进行调洪计算求得。

防洪高水位是指水库遇下游保护对象的设计洪水时，在坝前达到的最高水位。当水库承担下游防洪任务时，需确定这一水位。防洪高水位可采用相应于下游防洪标准的各种典型洪水，按拟定的防洪调度方式，自防洪限制水位开始进行水库调洪计算求得。

死水位是指水库在正常运用情况下，允许消落到的最低水位。选择死水位，应比较不同方案的电力、电量效益和费用，并应考虑灌溉、航运等部门对水位、流量的要求和泥沙冲淤、水轮机运行工况以及闸门制造技术对进水口高程的制约等条件，经综合分析比较确定。正常蓄水位到死水位间的水库深度称为消落深度或工作深度。

（二）水库的特征库容

最高水位以下的水库静库容，称为总库容，一般指校核洪水位以下的水库容积，它是表示水库工程规模的代表性指标，可作为划分水库等级、确定工程安全标准的重要依据。

防洪高水位至防洪限制水位之间的水库容积，称为防洪库容。它用以控制洪水，满足水库下游防护对象的防洪要求。

校核洪水位至防洪限制水位之间的水库容积，称为调洪库容。

正常蓄水位至死水位之间的水库容积，称为兴利库容或有效库容。

当防洪限制水位低于正常蓄水位时，正常蓄水位至防洪限制水位之间汛期用于蓄洪、非汛期用于兴利的水库容积，称为共用库容或重复利用库容。

死水位以下的水库容积，称为死库容。除特殊情况外，死库容不参与径流调节。

第六节　水电站知识

水电站是将水能转换为电能的综合工程设施，又称水电厂。它包括为利用水能生产电能而兴建的一系列水电站建筑物及装设的各种水电站设备。利用这些建筑物集中天然水流的落差形成水头，汇集、调节天然水流的流量，并将它输向水轮机，经水轮机与发电机的联合运转，将集中的水能转换为电能，再经变压器、开关站和输电线路等将电能输入电网。

在通常情况下，水电站的水头是通过适当的工程措施，将分散在一定河段上的自然落差集中起来而构成的。就集中落差形成水头的措施而言，水能资源的开发方式可分为坝式、引水式和混合式三种基本方式。根据三种不同的开发方式，水电站也可分为坝式、引水式和混合式三种基本类型。

一、坝式水电站

在河流峡谷处拦河筑坝、坝前壅水，形成水库，在坝址处形成集中落差，这种开发方式称为坝式开发。用坝集中落差的水电站称为坝式水电站。其特点为：

坝式水电站的水头取决于坝高。坝越高，水电站的水头越大，但坝高往往受地形、地质、水库淹没、工程投资、技术水平等条件的限制，因此与其他开发方式相比，坝式水电站的水头相对较小。目前坝式水电站的最大水头不超过300m。

拦河筑坝形成水库，可用来调节流量。坝式水电站的引用流量较大，电站的规模也大，水能利用比较充分。目前世界上装机容量超过2000MW的巨型水电站大都是坝式水电站。此外坝式水电站水库的综合利用效益高，可同时满足防洪、发电、供水等兴利要求。

要求工程规模大，水库造成的淹没范围大，迁移人口多，因此坝式水电站的投资大，工期长。

坝式开发适用于河道坡降较缓，流量较大，有筑坝建库条件的河段。

坝式水电站按大坝和发电厂的相对位置的不同又可分为河床式、坝后式、闸墩式、坝内式、溢流式等。在实际工程中，较常用的坝式水电站是河床式和坝后式水电站。

（一）河床式水电站

河床式水电站一般修建在河流中下游河道纵坡平缓的河段上，为避免大量淹没，坝建得较低，故水头较小。大中型河床式水电站水头一般为25m以下，不超过40m；中小型水电站水头一般为10m以下。河床式电站的引用流量一般都较大，属于低水头大流量型水电站，其特点是：厂房与坝（或闸）一起建在河床上，厂房本身承受上游水压力，并成为挡水建筑物的一部分，一般不设专门的引水管道，水流直接从厂房上游进水口进入水轮机。我国湖北葛洲坝、浙江富春江、广西大化等水电站，均为河床式水电站。

（二）坝后式水电站

坝后式水电站一般修建在河流中上游的山区峡谷地段，受水库淹没限制相对较小，所以坝可建得较高，水头也较大，在坝的上游形成了可调节天然径流的水库，有利于发挥防洪、灌溉、航运及水产等综合效益，并给水电站运行创造了十分有利的条件。由于水头较高，厂房不能承受上游过大水压力而建在坝后（坝下游）。其特点是：水电站厂房布置在坝后，厂坝之间常用伸缩/沉降缝分开，上游水压力全部由坝承受。三峡水电站、福建水口水电站等，均属坝后式水电站。

坝后式水电站厂房的布置形式很多，当厂房布置在坝体内时，称为坝内式水电站；当厂房布置在溢流坝段之后时，通常称为溢流式水电站。当水电站的拦河坝为土坝或堆石坝等当地材料坝时，水电站厂房可采用河岸式布置。

二、引水式开发和引水式水电站

在河流坡降较陡的河段上游，通过人工建造的引入道（渠道、隧洞、管道等）引水到河段下游，集中落差，这种开发方式称为引水式开发。用引水道集中水头的水电站，称为引水式水电站。

引水式开发的特点是：由于引水道的坡降（一般取1/3000~1/1000）小于原河道的坡降，因而随着引水道的增长，逐渐集中水头；与坝式水电站相比，引水式水电站由于不存在淹没和筑坝技术上的限制，水头相对较高，目前最大水头已达2000m以上；引水式水电站的引用流量较小，没有水库调节径流，水量利用率较低，综合利用价值较差，电站规模相对较小，工程量较小，单位造价较低。

引水式开发适用于河道坡降较陡且流量较小的山区河段。根据引水建筑物中的水流状态不同，可分为无压引水式水电站和有压引水式水电站。

（一）无压引水式水电站

无压引水式水电站的主要特点是具有较长的无压引水水道，水电站引水建筑物中的水流是无压流。无压引水式水电站的主要建筑物有低坝、无压进水口、沉沙池、引水渠道（或无压隧洞）、日调节池、压力前池、溢水道、压力管道、厂房和尾水渠等。

（二）有压引水式水电站

有压引水式水电站的主要特点是有较长的有压引水道，如有压隧洞或压力管道，引水建筑物中的水流是有压流。有压引水式水电站的主要建筑物有拦河坝、有压进水口、有压引水隧洞、调压室、压力管道、厂房和尾水渠等。

三、混合式开发和混合式水电站

在一个河段上，同时采用筑坝和有压引水道共同集中落差的开发方式称为混合式开发。坝集中一部分落差后，再通过有压引水道集中坝后河段上另一部分落差，形成了电站的总水头。用坝和引水道集中水头的水电站称为混合式水电站。

混合式水电站适用于上游有良好坝址，适宜建库，而紧邻水库的下游河道突然变陡或河流有较大转弯的情况。这种水电站同时兼有坝式水电站和引水式水电站的优点。

混合式水电站和引水式水电站之间没有明确的分界线。严格来说，混合式水电站的水头是由坝和引水建筑物共同形成的，且坝一般构成水库。而引水式水电站的水头，只由引水建筑物形成，坝只起抬高上游水位的作用。但在工程实际中常将具有一定长度引水建筑物的混合式水电站统称为引水式水电站，而较少采用混合式水电站这个名称。

四、抽水蓄能电站

随着国民经济的迅速发展以及人民生活水平的不断提高，电力负荷和电网日益扩大，电力系统负荷的峰谷差越来越大。

在电力系统中，核电站和火电站不能适应电力系统负荷的急剧变化，且受到技术最小出力的限制，调峰能力有限，而且火电机组调峰煤耗多，运行维护费用高。而水电站启动与停机迅速，运行灵活，适宜担任调峰、调频和事故备用负荷。

抽水蓄能电站不是为了开发水能资源向系统提供电能，而是以水体为储能介质，起调节作用。抽水蓄能电站包括抽水蓄能和放水发电两个过程，它有上下两个水库，用引水建筑物相连，蓄能电站厂房建在下水库处。在系统负荷低谷时，利用系统多余的电能带动泵站机组（电动机 + 水泵）将下库的水抽到上库，以水的势能形式储存起来；当系统负荷高峰时，将上库的水放下来推动水轮发电机组（水轮机 + 发电机）发电，以补充系统中电能的不足。

随着电力行业的改革，实行负荷高峰高电价、负荷低谷低电价后，抽水蓄能电站的经济效益将是显著的。抽水蓄能电站除了产生调峰填谷的静态效益外，还由于其特有的灵活性而产生动态效益，包括同步备用、调频、负荷调整、满足系统负荷急剧爬坡的需要、同步调相运行等。

五、潮汐水电站

海洋水面在太阳和月球引力的作用下，发生一种周期性涨落的现象，称为潮汐。从涨潮到涨潮（或落潮到落潮）之间间隔的时间，即潮汐运动的周期（亦称潮期），约为 12 小时 25 分。在一个潮汐周期内，相邻高潮位与低潮位间的差值，称为潮差，其大小受引潮力、地形和其他条件的影响因时因地而异，一般为数米。有了这样的潮差，就可以在沿海的港湾或河口建坝，构成水库，利用潮差所形成的水头来发电，这就是潮汐能的开发。据计算，世界海洋潮汐能蕴藏量约为 27×10^6MW，若全部转换成电能，每年发电量大约为 1.2 万亿 kW · h。

利用潮汐能发电的水电站称为潮汐水电站。潮汐电站多修建于海湾。其工作原理是修建海堤，将海湾与海洋隔开，并设泄水闸和电站厂房，然后利用潮汐涨落时海水位的升降，使海水流经水轮机，通过水轮机的转动带动发电机组发电。涨潮时外海水位高于内库水位，形成水头，这时引海水入湾发电；退潮时外海水位下降，低于内库水位，可放库中的水入海发电。海潮昼夜涨落两次，因此海湾每昼夜充水和放水也是两次。潮汐水电站可利用的水头为潮差的一部分，水头较小，但引用的海水流量可以很大，是一种低水头大流量的水电站。

潮汐能与一般水能资源不同，是取之不尽，用之不竭的。潮差较稳定，且不存在枯水年与丰水年的差别，因此潮汐能的年发电量稳定，但由于发电的开发成本较高和技术上的原因，所以发展较慢。

六、无调节水电站和有调节水电站

水电站除按开发方式进行分类外，还可以按其是否有调节天然径流的能力而分为无调节水电站和有调节水电站两种类型。

无调节水电站没有水库，或虽有水库却不能用来调节天然径流。当天然流量小于电站能够引用的最大流量时，电站的引用流量就等于或小于该时刻的天然流量；当天然流量超过电站能够引用的最大流量时，电站最多也只能利用它所能引用的最大流量，超出的那部分天然流量只好弃水。

凡是具有水库，能在一定限度内按照负荷的需要对天然径流进行调节的水电站，统称为有调节水电站。根据调节周期的长短，有调节水电站又可分为日调节水电站、年调节水电站及多年调节水电站等，视水库的调节库容与河流多年平均年径流量的比值（称为库容系数）而定。无调节和日调节水电站又称径流式水电站。具有比日调节能力大的水库的水电站又称蓄水式水电站。

在前述的水电站中，坝后式水电站和混合式水电站一般都是有调节的；河床式水电站和引水式水电站则常是无调节的，或者只具有较小的调节能力，例如日调节。

第七节 泵站知识

一、泵站的主要建筑物

（一）进水建筑物

包括引水渠道、前池、进水池等。其主要作用是衔接水源地与泵房，其体型应有利于改善水泵进水流态，减少水力损失，为主泵创造良好的引水条件。

（二）出水建筑物

有出水池和压力水箱两种主要形式。出水池是连接压力管道和灌排干渠的衔接建筑物，起消能稳流作用。压力水箱是连接压力管道和压力涵管的衔接建筑物，起消能稳流作用。压力水箱是连接压力管道和压力涵管的衔接建筑物，起汇流排水的作用，这种结构形式适用于排水泵站。

（三）泵房

安装水泵、动力机和辅助设备的建筑物，是泵站的主体工程，其主要作用是为主机组和运行人员提供良好的工作条件。泵房结构形式的确定，主要根据主机组结构性能、水源水位变幅、地基条件及枢纽布置，通过技术经济比较，择优选定。泵房结构形式较多，常用的有固定式和移动式两种，下面分别介绍。

二、泵房的结构型式

（一）固定式泵房

固定式泵房按基础型式的特点又可分为分基型、干室型、湿室型和块基型四种。

1. 分基型泵房

泵房基础与水泵机组基础分开建筑的泵房。这种泵房的地面高于进水池的最高水位，通风、采光和防潮条件都比较好，施工容易，是中小型泵站最常采用的结构型式。

分基型泵房适用于安装卧式机组，且水源的水位变化幅度小于水泵的有效吸程，以保证机组不被淹没的情况。要求水源岸边比较稳定，地质和水文条件都比较好。

2. 干室型泵房

泵房及其底部均用钢筋混凝土浇筑成封闭的整体，在泵房下部形成一个无水的地下室。这种结构型式比分基型复杂，造价高，但可以防止高水位时，水通过泵房四周和底部渗入。

干室型泵房不论是卧式机组还是立式机组都可以采用，其平面形状有矩形和圆形两种，其立面上的布置可以是一层的或者多层的，视需要而定。这种型式的泵房适用于以下场合：水源的水位变幅大于泵的有效吸程；采用分基型泵房在技术和经济上不合理；地基承载能力较低和地下水位较高。设计中要校核其整体稳定性和地基应力。

3. 湿室型泵房

其下部有一个与前池相通并充满水的地下室的泵房。一般分两层，下层是湿室，上层安装水泵的动力机和配电设备，水泵的吸水管或者泵体淹没在湿室的水面以下。湿室可以起着进水池的作用，湿室中的水体重量可平衡一部分地下水的浮托力，增强了泵房的稳定性。口径 1m 以下的立式或者卧式轴流泵及立式离心泵都可以采用湿室型泵房。这种泵房一般都建在软弱地基上，因此对其整体稳定性应予以足够的重视。

4. 块基型泵房

用钢筋混凝土把水泵的进水流道与泵房的底板浇成一块整体，并作为泵房的基础的泵房。安装立式机组的这种泵房立面上按照从高到低的顺序可分为电机层、连轴层、水泵层和进水流道层。

水泵层以上的空间相当于干室型泵房的干室，可安装主机组、电气设备、辅助设备和管道等；水泵层以下进水流道和排水廊道，相当于湿室型泵房的进水池。进水流道设计成钟形或者弯肘形，以改善水泵的进水条件。从结构上看，块基型泵房是干室型和湿室型系房的发展。由于这种泵房结构的整体性好，自身的重量大、抗浮和抗滑稳定性较好，它适用于以下情况：口径大于 1.2m 的大型水泵；需要泵房直接抵挡外河水压力；适用于各种地基条件。根据水力设计和设备布置确定这种泵房的尺寸之后，还要校核其抗渗、抗滑以及地基承载能力，确保在各种外力作用下，泵房不产生滑动倾倒和过大的不均匀沉降。

（二）移动式泵房

在水源的水位变化幅度较大，建固定式泵站投资大、工期长、施工困难的地方，应优先考虑建移动式泵站。移动式泵房具有较大的灵活性和适应性，没有复杂的水下建筑结构，但其运行管理比固定式泵站复杂。这种泵房可以分为泵船和泵车两种。

承载水泵机组及其控制设备的泵船可以用木材、钢材或钢丝网水泥制造。木制泵船的优点是一次性投资少、施工快，基本不受地域限制；缺点是强度低、易腐烂、防火效果差、使用期短、养护费高，且消耗木材多。钢船强度高，使用年限长，维护保养好的钢船使用寿命可达几十年，它没有木船的缺点；但建造费用较高，使用钢材较多。钢丝网水泥船具有强度高，耐久性好，节省钢材和木材，造船施工技术并不复杂，维修费用少，重心低，稳定性好，使用年限长等优点。

根据设备在船上的布置方式，泵船可以分为两种型式：将水泵机组安装在船甲板上面的上承式和将水泵机组安装在船舱底骨架上的下承式。泵船的尺寸和船身形状根据最大排水量条件确定，设计方法和原则应按内河航运船舶的设计规定进行。

选择泵船的取水位置应注意以下几点：河面较宽，水足够深，水流较平稳；洪水期不会漫坡，枯水期不出现浅滩；河岸稳定，岸边有合适的坡度；在通航和放筏的河道中，泵船与主河道有足够的距离防止撞船；应避开大回流区，以免漂浮物聚集在进水口，影响取水；泵船附近有平坦的河岸，作为泵船检修的场地。

泵车是将水泵机组安装在河岸边轨道上的车子内，根据水位涨落，靠绞车沿轨道升降小车改变水泵工作高程的提水装置。其优点是不受河道内水流的冲击和风浪运动的影响，稳定性较泵船好，缺点是受绞车工作容量的限制，泵车不能做得太大，因而其抽水量较小。其使用条件如下：水源的水位变化幅度为 10~35m，涨落速度不大于 2m/h；河岸比较稳定，岸坡地质条件较好，且有适宜的倾角，一般以 10° ~30° 为宜；河流漂浮物少，没有浮冰，不易受漂木、浮筏、船只的撞击；河段顺直，靠近主流；单车流量在 $1m^3/s$ 以下。

三、泵房的基础

基础是泵房的地下部分，其功能是将泵房的自重、房顶屋盖面积、积雪重量、泵房内设备重量及其荷载和人的重量等传给地基。基础和地基必须具备足够的强度和稳定性，以防止泵房或设备因沉降过大或不均匀沉降而引起厂房开裂和倾斜，设备不能正常运转。

基础的强度和稳定性既取决于其形状和选用的材料，又依赖于地基的性质，而地基的性质和承载能力必须通过工程地质勘测加以确定。设计泵房时，应综合考虑荷载的大小、结构型式、地基和基础的特性，选择经济可靠的方案。

（一）基础的埋置深度

基础的底面应该设置在承载能力较大的老土层上，填土层太厚时，可通过打桩、换土等措施加强地基承载能力。基础的底面应该在冰冻线以下，以防止水的结冰和融化。在地下水位较高的地区，基础的底面要设在最低地下水位以下，以避免因地下水位的上升和下降而增加泵房的沉降量和引起不均匀沉陷。

（二）基础的型式和结构

基础的型式和大小取决于其上部的荷载和地基的性质，需通过计算确定。泵房常用的基础有以下几种：

1. 砖基础

用于荷载不大、基础宽度较小、土质较好及地下水位较低的地基上，分基型泵房多采用这种基础。由墙和大方脚组成，一般砌成台阶形，由于埋在土中比较潮湿，需采用不低于 75 号的黏土砖和不低于 50 号的水泥砂浆砌筑。

2. 灰土基础

当基础宽度和埋深较大时，采用这种型式，以节省大方脚用砖。这种基础不宜做在地下水和潮湿的土中。由砖基础、大方脚和灰土垫层组成。

3. 混凝土基础

适合于地下水位较高，泵房荷载较大的情况。可以根据需要做成任何形式，其总高度小于 0.35m 时，截面长做成矩形；总高度在 0.35~1.0m 之间，用踏步形；基础宽度大于 2.0m，高度大于 1.0m 时，如果施工方便常做成梯形。

4. 钢筋混凝土基础

适用于泵房荷载较大，而地基承载力又较差和采用以上基础不经济的情况。由于这种基础底面有钢筋，抗拉强度较高，故其高宽比较前述基础小。

第三章

水资源管理模式及手段

第一节　水资源管理的概念及内涵

一、水资源管理的概念

水资源管理，是指对水资源开发、利用和保护的组织、协调、监督和调度等方面的实施，包括运用行政、法律、经济、技术和教育等手段，组织开发利用水资源和防治水害；协调水资源的开发利用与经济社会发展之间的关系，处理各地区、各部门之间的用水矛盾；监督并限制各种不合理开发利用水资源和危害水源的行为；制订水资源的合理分配方案，处理好防洪和兴利的调度原则；提出并执行对供水系统及水源工程的优化调度方案；对来水量变化及水质情况进行监测与相应措施的管理等。

二、水资源管理的内涵

水资源管理的内涵是随着治水理论的发展完善和治水实践的推进过程而不断丰富的。

在古代，洪涝灾害是威胁人类生存的大问题，因此水资源管理偏重于干旱洪涝灾害的管理，那时一切活动都围绕其进行。大禹以水为师、带领百姓“疏川导滞”，其采取“疏导”的方法治水，对于后世关于堵塞与疏导关系的认识，产生了重大影响。随着人口的不断增长、经济社会的迅速发展，水资源相对于人的需求供给不足，因而具有了经济内涵。此时，人类面临的问题除了干旱洪涝灾害之外，水资源短缺问题越来越突出。增加水资源供给，加大水资源的开发力度，缓解水资源的供需矛盾是水资源管理的重要内容。随着我国水利建设观念上的变化，以及社会的进步，人们生活质量的不断提高，对水利建设不断提出新的要求。水利的内涵和外延又有新的发展。将以兴利和除害为主要内容的水利称之为传统水利，与传统水利对应的是现代水利。现代水利的水资源管理是通过流域的综合治理与管理，使水系的资源功能、环境功能、生态功能都得到完全的发挥，使全流域的安全性、舒适性（包括对生物而言的舒适性）都不断改善，并支持流域实现可持续发展。

由于传统水利与现代水利在工作范围、治水原则、水功能的开发和利用、防洪减灾的手段、管理机构的设置等方面都有很大差别，因而水资源管理的目标、手段、水功能定位、水资源利用等方面也有较大差别。

传统水利中的水资源管理现代水利中的水资源管理的差异：

（一）管理范围

传统水利中的水资源管理：虽然也强调流域整体的开发和管理，但其基本对象还只限于河道及其水工建筑物。

现代水利中的水资源管理：以流域作为基本单元，综合规划、开发、利用和管理。

（二）管理目标

传统水利中的水资源管理：以改造自然为目标，追求大型水利工程的建设。

现代水利中的水资源管理：以人水和谐为目标，追求水资源能持续支撑流域内经济社会的可持续发展，避免水利工程建设对环境生态的负面影响，约束人类的不正当行为。

（三）水功能定位

传统水利中的水资源管理：强调水体资源功能。

现代水利中的水资源管理：重视对水体资源功能、环境功能、生态功能的综合开发利用。

（四）管理手段

传统水利中的水资源管理：主要是依靠工程手段来实现兴利除害。

现代水利中的水资源管理：不仅依靠工程措施，而且注重非工程措施，现代化、自动化的管理，利用信息技术、网络技术、系统科学理论和系统工程方法解决资源开发利用中出现的一些问题。

（五）流域管理

传统水利中的水资源管理：不太尊重流域圈的存在，以河道水系管理为主，强调行政区划和本地区、本部门的利益。

现代水利中的水资源管理：流域观念相当强，尊重流域圈的存在，由河道水系扩大到流域内的水土流失、植被破坏、土地开发、污染排放、企业耗水、地下水开采管理等。

（六）水资源利用

传统水利中的水资源管理：侧重经济用水。

现代水利中的水资源管理：兼顾经济、环境、生态用水。

三、水资源管理的手段

水资源管理的手段主要包括工程手段、技术手段、法律手段、行政手段、经济手段、宣传教育手段。

（一）工程手段

是通过建设各种水利工程，实现防洪、除涝、灌溉、供水、发电等除害兴利的目的。

（二）技术手段

包括城市节水技术（工业、城镇生活节水技术）、农业节水技术、污水处理技术及水资源管理中的信息技术、网络技术等现代技术。

（三）法律手段

是指以法律为依据，强制性管理水资源的行为。

（四）行政手段

是指运用国家行政权力，成立管理机构，制定管理法规。管理机构的权力为：审查批准水资源开发方案，办理水资源的使用证，检查政策法规的执行情况，监督水资源的合理利用等。

（五）经济手段

按照水资源管理经济手段的实施主体的不同，可分为庇古手段和科斯手段。所谓庇古手段是指侧重于通过“看得见的手”——政府干预来管理水资源，如征收水资源费、征收排污费、财政补贴等手段。所谓科斯手段是指侧重于通过“看不见的手”——市场机制来管理水资源，如建立市场、明晰产权、水权交易制度等。水价制度就是管理水资源的重要经济手段。

（六）宣传教育手段

是指利用报刊、广播、电影、电视、展览会、报告会等多种形式，向公众介绍水资源的科普知识，讲解节约用水和保护水源的重要意义，宣传水资源管理的政策法规，使广大群众认识到水是有限的宝贵资源，做到自觉地用好并保护好水资源。

四、水资源管理的原则

水资源管理是由国家水行政主管部门组织实施的、带有一定行政职能的管理行为，对一个国家和地区的生存和发展有着极为重要的作用。水资源管理原则是指水行政主体在行使水事管理职权过程中的行动指南。《中华人民共和国水法》的颁布实施，标志着水资源管理和与之相关的水事活动逐步走上法制化轨道。加强水资源管理，要求水行政主体行使水事管理职权应当遵循以下基本原则：

（一）坚持水是国家资源的原则，维护水资源所有者权益的原则

水是属于国家所有的一种自然资源，是社会全体共同拥有的宝贵财富。《中华人民共和国水法》第三条规定：水资源属于国家所有。因此，水行政主体在行使其职权时应依法办事，坚决维护水资源的所有者权益，维护正常的水资源工作秩序。

（二）坚持依法治水的原则

我国现行的法律、法规是指导各行业工作正常开展的依据和保障，也是水利行业合理开发利用和有效保护水资源、防治水害、充分发挥水资源综合效益的重要手段。

因此，水资源管理工作必须严格遵守我国的相关法律和规章制度，如《中华人民共和国水法》《防洪法》等。

（三）尊重客观规律，按客观规律办事的原则

水资源具有其本身存在、运行的规律，水行政主体在行使其职权时应按客观规律办事，实行“开发与利用”“兴利与除害”并举的方针。

（四）综合利用、维护生态环境的原则

我国《水法》第二十一条规定：开发、利用水资源，应当首先满足城乡居民生活用水，并兼顾农业、工业、生态环境用水以及航运等需要。在水资源的开发利用过程中要注重环境效益，自觉维护生态环境，确保生态平衡。

（五）坚持整体考虑和系统管理的原则

人类所能利用的水资源是非常有限的，因此，一个地区、一个部门随便滥用水资源，都可能会影响相邻地区或部门的用水保障，某一地区的水污染也可能影响到相邻地区的用水安全。因此，必须从整体上来考虑对水资源的利用和保护，系统管理水资源，避免“损人利己”“各自为政”等现象的发生。

五、水资源管理的内容

水资源管理是一项复杂的水事行为，涉及的内容很多，综合国内外学者的研究，水资源管理主要包括水资源水量与质量管理、水资源水权管理、水资源行政管理、水资源规划管理、水资源合理配置管理、水资源经济管理、水资源投资管理、水资源统一管理、水资源管理的信息化、水灾害防治管理、水资源宣传教育、水资源安全管理等。

（一）水资源水量与质量管理

水资源水量与质量管理是水资源管理的基本组成内容之一，水资源水量与质量管理包括水资源水量管理、水资源质量管理，以及水资源水量与水资源质量的综合管理。

（二）水资源水权管理

水资源水权是指水的所有权、开发权、使用权以及与水开发利用有关的各种用水权利的总称。水资源水权是调节个人之间、地区与部门之间以及个人、集体与国家之间使用水资源及相邻资源的一种权益界定的规则。《中华人民共和国水法》规定水资源属于国家所有，水资源的所有权由国务院代表国家行使。

（三）水资源行政管理

水资源行政管理是指与水资源相关的各类行政管理部门及其派出机构，在宪法和其他相关法律、法规的规定范围内，对于与水资源有关的各种社会公共事务进行的管理活动，不包括水资源行政组织对内部事务的管理。

（四）水资源规划管理

开发、利用、节约、保护水资源和防治水害，应当按照流域、区域统一制订规划。规划分为流域规划和区域规划，流域规划包括流域综合规划和流域专业规划，区域规划包括区域综合规划和区域专业规划。综合规划是指根据经济社会发展需要和水资源开发利用现状编制的开发、利用、节约、保护水资源和防治水害的总体部署。专业规划是指防洪、治涝、灌溉、航运、供水、水力发电、竹木流放、渔业、水资源保护、水土保持、防沙治沙、节约用水等规划。

（五）水资源合理配置管理

水资源合理配置方式是水资源持续利用的具体体现。水资源配置如何，关系到水资源开发利用的效益、公平原则和资源、环境可持续利用能力的强弱。《中华人民共和国水法》规定全国水资源的宏观调配由国务院发展计划主管部门和国务院水行政主管部门负责。

（六）水资源经济管理

水资源是有价值的，水资源经济管理是通过经济手段对水资源利用进行调节和干预。水资源经济管理是水资源管理的重要组成部分，有助于提高社会和民众的节水意识和环境意识，对于遏止水环境恶化和缓解水资源危机具有重要作用，是实现水资源可持续利用的重要经济手段。

（七）水资源投资管理

为维护水资源的可持续利用，必须保证水资源的投资。此外，在水资源投资面临短缺时，如何提高水资源的投资效益也是非常重要的。

（八）水资源统一管理

对水资源进行统一管理，实现水资源管理在空间与时间的统一、质与量的统一、开发与治理的统一、节约与保护的统一，为实施水资源的可持续利用提供基本支撑条件。

（九）水资源管理的信息化

水资源管理是一项复杂的水事行为，需要收集和处理大量的信息，在复杂的信息中又需要及时得到处理结果，提出合理的管理方案，使用传统的方法很难达到这一要求。基于现代信息技术，建立水资源管理信息统，能显著提高水资源的管理水平。

（十）水灾害防治管理

水灾害是影响我国最广泛的自然灾害，也是我国经济建设、社会稳定敏感度最大的自然灾害。危害最大、范围最广、持续时间较长的水灾害有干旱、洪水、涝渍、风暴潮、灾害性海浪、泥石流、水生态环境灾害。

（十一）水资源宣传教育

通过书刊、报纸、电视、讲座等多种形式与途径，向公众宣传有关水资源信息和业务准则，提高公众对水资源的认识。同时，搭建不同形式的公众参与平台，提高公众对水资源管理的参与意识。为实施水资源的可持续利用奠定广泛与坚实的群众基础。

（十二）水资源安全管理

水资源安全是水资源管理的最终目标。水资源是人类赖以生存和发展的不可缺少的一种宝贵资源，也是自然环境的重要组成部分，因此，水资源安全是人类生存与社会可持续发展的基础条件。

第二节 水资源管理的主要模式

从当前国内外的研究和实际应用来看，主要采用的水资源管理包括供给管理和需求管理。

一、供给管理

供给管理是从提高水资源供给的角度出发，对水资源的提供者和生产者施加影响，主要是利用各种工程手段来获取所需用水。其主要特征是根据各需水部门的用水需求，按照“以需定供”的原则，通过开辟新水源、大规模远距离调水等，建设大中型水利工程来实现水资源供需平衡。它强调供给第一，以需定供。

供给管理是将水资源供需矛盾的解决寄托在水源供给上，其决策方式是自上而下，不能充分反映用水主体的用水需求的变化，忽略了用水者节水的可能性，其结果必将是用水效率低下，造成水资源的浪费。低效，是一种外延式、粗放式管理方式。此外，供给管理还潜伏着危机。第一，许多供水工程的供水水价很低，无法回收成本，在很大程度上要依赖于政府资金补贴。据 OECD 资料，发达国家对新建公共供水工程的补贴最多达 75%，对灌溉工程补贴达 90% 以上。第二，会对环境施加负面影响。地下水过度开采会引起咸水入侵、盐碱化和地面下沉等一系列问题。

二、需求管理

水资源需求管理是指在水资源承载力的约束条件下，综合运用制度、技术和政策等措施规范用水者的用水行为，提高水资源的质量和利用效率，降低水资源需求，实现资源环境和人类经济社会的可持续发展。水资源需求管理的主要特征是在水资源承载力的限制下，按照“以供定需”的原则，通过协调用水者之间的关系，改善用水者的行为，抑制水资源需求，从而达到供需平衡的目的。水资源需求管理制度的目标是形成节水激励，提高水资源利用效率，控制水资源需求增长。主要的管理手段包括经济和技术手段及鼓励节水的政策和制度，如公众教育、法规、用水许可证、技术规定以及信息服务等。决策方式自下而上，能够充分反映用水主体的用水水平和效率，达到水资源管理目标，是一种内涵式、集约式管理方式。

三、水资源的社会化管理模式：虚拟水战略

水资源管理的最终目的都是跨越水资源稀缺的障碍，社会化管理阶段的出现意味着水资源管理问题范围的扩大，管理的着眼点从克服自然资源的稀缺（第一类资源稀缺）

转向克服社会资源的稀缺（第二类资源稀缺）。在这种意义上，能否调动足够社会资源的能力（社会适应性能力）来克服第一类资源的短缺就成为水资源短缺问题能否解决的关键。显然，虚拟水战略扩展了水资源研究的问题域范围，属于水资源社会化管理层次。由于人口增长是水资源稀缺的最原始驱动力，粮食作为人类的生活必需品，携带有大量的虚拟水，是当前世界贸易中数量最大的商品，因此，人口、粮食、贸易之间的连接关系就成为虚拟水分析的主线。从另一个角度来看，也就是从水的社会属性这条主线来进行水资源管理。因此，虚拟水战略的应用必将引起水资源管理的制度创新。

最新研究成果显示，生产 1 t 小麦需要耗费 1000 t 的水资源，1 t 玉米需要耗费接近 1200 t 的水资源，1 t 稻米需要耗费 2000 t 的水资源。生产一个 2 g 重的 32 兆计算机芯片需要 32 kg 水。虚拟水不是真实意义上的水，而是以“虚拟”的形式包含在产品中的“看不见”的水，因此虚拟水也被称为“嵌入水”和“外生水”，“外生水”暗指进口虚拟水的国家或地区使用了非本国或本地区的水这一事实。

虚拟水战略是指缺水国家或地区通过贸易的方式从富水国家或地区购买水密集型农产品——尤其是粮食，来获得水和粮食的安全。国家和地区之间的农产品贸易，实际上是以虚拟水的形式在进口或出口水资源。中东地区每年靠粮食补贴购买的虚拟水数量相当于整个尼罗河的年径流量。从虚拟水的概念可以看出，虚拟水以“无形”的形式寄存在其他商品中，相对于实体水资源而言，其便于运输的特点使贸易变成了一种缓解水资源短缺的有用工具。

传统上，人们对水和粮食安全都习惯于在问题发生的区域范围内寻求解决问题的方案。虚拟水战略则从系统的角度出发，运用系统思考的方法找寻与问题相关的各种各样的影响因素，从问题发生的范围之外找寻解决区域内部问题的应对策略，提倡出口高效益低耗水产品、进口本地没有足够水资源生产的粮食产品，通过贸易的形式最终解决水资源短缺和粮食安全问题。相对于国家甚至世界范围而言，水资源的短缺通常只是局部现象。人口、粮食和贸易之间的特殊连接关系，为水资源短缺地方的决策者提供了在更大的范围尺度上找寻缓解水资源短缺的新途径。

自虚拟水概念提出以来，已经在水资源短缺的国家和地区如中东和南非地区得到了一定的实际运用。虚拟水战略可以成为一个平衡区域尺度水赤字的有效工具。虚拟水贸易与虚拟水战略研究已经成为国际上的一个前沿研究领域。对于经济发展内部不平衡、水资源分配模式与经济发展模式不一致的国家或地区，虚拟水战略特别有用。虚拟水贸易对于那些水资源紧缺的地区来说，本身提供了水资源的一种替代供应途径，并且不会产生恶劣的环境后果，能较好地减轻局地水资源紧缺的压力。对参与虚拟水贸易的国家或地区来说，还能增强这些国家和地区粮食安全的相互依赖性，减轻国家或地区之间因为水或粮食问题所引起的直接的冲突，创造持久的合作关系。当世界或地区粮食价格低于缺水地区自身的生产成本的时候，虚拟水战略的优势就更加明显。富水地区和缺水地区之间实体水贸易由于运输距离长远、成本高昂的原因，通常十分困难，因此，虚拟水战略日益引起了缺水国家和地区政府及水资源管理部门的重视，并开始在水资源战略管理中应用。虚拟水战略非常适合作为干旱和半干旱地区的一项现实的战略措施，即通过贸易的形式满足缺水地区水资源和粮食的安全。

第三节 国外水资源管理概况

目前，世界各国主要采用三种水资源管理体制。一是按行政分区管理为主的水资源管理体制；二是按流域管理为主的水资源管理体制；三是流域管理与行政分区管理相结合的水资源管理体制。粗略地看，按行政分区管理为主的水资源管理体制大多与大国相关，按流域管理为主的水资源管理体制大多与小国相连。各国在其水资源管理的实践中，都在结合本国具体特点的基础上，努力寻求适合本国国情的管理理念和制度。但显现出了一种由分散型管理向集中统一管理的趋势，由国家对涉及国计民生大业的水资源进行有效的宏观调控和优化配置。下面我们就介绍几个具有代表性国家的水资源管理。

一、美国的水资源行政管理

美国水资源管理也是经历了多次改革，并结合本国的需要，从而形成了适应于本国的水资源管理方式。在几十年的发展过程中，从分散走向集中，又从集中走向分散，现在又有趋向集中的迹象。

（一）水资源管理体制的演变

20世纪50年代以前，美国对河流水资源的管理主要是通过大河流域委员会。1965年，鉴于水资源分散管理形式不利于全盘考虑水资源的综合开发利用，由国会通过了水资源规划法案，成立了水资源理事会。水资源理事会直接由美国总统领导，并由联邦政府内政部长牵头，其他有关部级领导参加。对于任何联邦和州机构，水资源理事会都不能直接行使管理权。因此，水资源理事会起到咨询机构的作用，它可以利用由其自行支配的资金促进有关工作。水资源规划法案规定成立四个流域委员会，流域委员会作为一个协调邦内、州内、州与州之间、政府与非政府之间关系的机构，它没有管理任何联邦和州机构的权力，其主要职责就是进行水资源的规划工作。流域规划要送水资源理事会审查，可以就资金问题向总统提出建议，但无权更改这些规划。同样，各州的规划送给理事会审查时，若规划不能满足理事会的标准要求，则理事会可以拒绝付拨款，但无权干预州的水规划。

1973年，在水资源理事会的推动下，发布了《水及其相关土地资源规划的原则和标准》，从而建立起牢固的多目标体系。这对以后美国水资源的多目标规划和管理起到了很大作用，也使美国的水资源管理由分散走向集中。

20 世纪 80 年代，由于环境问题的日益严重，水资源理事会的作用有所下降，1981 年，里根政府撤销了水资源理事会，其职责大部分由环境质量理事会接管。水资源理事会撤销后，成立了国家水政策局，负责制定有关水资源的各项政策，但不涉及水资源开发利用的具体业务，具体业务由各州政府全面负责。这时期的水资源管理又趋向于分散。

但是目前美国国内恢复水资源理事会的呼声日益高涨。密西西比大洪水后成立的多机构洪泛区管理审查委员会在其年度报告中就提出"恢复水资源理事会"和"重新建立反映现实需要的流域委员会"的建议。这就体现出了美国在水资源管理方面再次走上协调管理的轨道。

（二）水资源管理机构

1. 田纳西流域管理局

美国在 20 世纪初期的水资源管理形式十分分散，随着水利工程的不断增加，综合多目标开发利用水资源的构想逐步形成。1993 年选择田纳西流域作为流域综合开发的试点，它全面负责该流域内各种自然资源的规划、开发、利用、保护及水利工程建设。由于其很大的独立性和自主性，取得了很好的经济社会效益，成为美国流域综合开发的典范。

2. 垦务局

隶属内务部，负责美国本部 17 个州干旱和半干旱地区的水资源开发利用与管理工作，包括水库枢纽、灌溉、排水和防洪工程、城市工业用水及水电工程建设。后来的业务重点转为水资源管理、水质保护和其他环境计划及提高现有设施的效益，而不是以建设大型水利水电工程为主。

3. 农业部水土保持局

负责全国水土资源的普查，制订水土保持、农业灌溉和排水、小流域多目标开发治理及全国水土资源开发规划并控制水土流失。总局以下分设州、地区和小区水土保持分局，旨在发挥半官方和民间组织的作用。各州政府还设有水土保持委员会，负责水土保持的协调工作。

4. 地质调查局

隶属内务部，负责收集、监测、分析、提供全国所有水文资料，并为水利工程建设、水体开发利用提出政策性建议。

5. 陆军工程师团

隶属陆军部，总管全国水道航运，并承担大型水电站的建设任务。

6. 能源部

代表联邦政府管理水电资源。

7. 州水资源局

与上述联邦机构平行，在业务上不存在隶属关系，而是按地区分工协作，对水资源规划、开发及利用工作起相互配合协调的作用。

二、法国的水资源管理

以流域为基础的水资源管理模式是法国水资源管理的最大特点。以河流流域为基础，而不是按行政区进行管理，对地表水和地下水在水质和水量上实行全面综合管理。正是由于这种对水资源的管理方式，使法国的河流的生态状况有了显著改善，即使在人口密集的巴黎地区，饮用水质量也符合现代生活标准要求。

（一）法国水资源管理机构简介

法国在水资源管理方面采用的是三级协商制度，同时还专门为涉及国际河流或水域而建立了国际机构。

1. 国家级

国家水委员会，它由一名国会议员负责召集国会及有关机构的代表，共同商讨制定国家水资源政策和方针，特别是立法和规章条文草案。法国水资源管理中起主导作用的环境部，内设水利司，负责监督执行水法规、水政策；分析、监测水污染情况，制定与水有关的国家标准等。环境部在有关地区设有派出机构——环境处，主要执行国家有关法规和欧盟有关水的指导原则，监督水资源管理和公用事业，与水务局合作制订水资源管理与发展计划，提供有关水环境事务的建议。

2. 流域级

六大流域委员会，六大流域区域内分别设立流域水务局。法国的流域委员会不同于我国的河流水利委员会，它相当于一个在流域层次上的水利“议会”，是对水资源进行民主管理的一种形式，其主要职责是对水务局所制订的流域的长期规划和开发利用方针以及收费计划提供一个权威性的咨询意见。流域委员会是一个非常机构，采取“三三制”，由100多人组成，其中1/3是用户和专业协会代表，1/3是地方当局代表（市长等选举产生），1/3是政府有关部门的代表（指派）。

水务局是独立于地区和其他行政辖区、具有民事资格和独立核算的政府公立公益机构，受国家环境部监管。水务局没有行政管理职权，如颁发取水和排水许可证，也不具体建设、管理和经营任何水利工程，但是作为由流域内的用水户、地方政府、中央政府涉及水资源利用部门的代表组成的流域委员会的执行机构，主要有三项职能：制订流域规划；流域征费和对流域内水资源开发利用及保护治理单位给予财政支持；水信息收集与发布。水务局由董事会进行管理，也采取“三三制”，即1/3代表由地方选举产生，1/3是由用户选举产生，1/3是国家与水资源管理有关部门的代表，而董事会的董事长则按国家法令提名任命，任期3年。

3. 支流流域级

地方水委员会，它由一半的地方政府代表、1/4 用水户代表和 1/4 专家代表组成。其职能为参与管辖区小流域开发计划的制订和执行，可承担有关水利设施、设备的研究、建设和运营以及监督和批准项目的执行等。

（二）三级管理机构之间的权力协调

法国的水资源管理实行三级管理，但是各级之间又形成了一种默契的协调，没有形成权力的异化与分化。在国家层次上，成立水资源委员会负责全国水政策的发展走向及与水有关的法律法规起草，并负责法规的批准、取排水授权和水质管理等方面的协调工作；在六大流域水平上，由流域委员会负责流域内水资源开发管理的总体规划，确定五年计划建议水费计收率等；支流或水流域水平上由地方水资源委员会负责，按照法律法规，在流域水资源总体规划框架下提出支流水资源的开发管理规划，组织生活用水供应及污水处理、筹集资金和工程管理及水价等事宜，从而形成三级之间的权力合理分配，相互配合协调。

三、英国的水资源管理

英国是一个联邦国家，是由英格兰、威尔士、苏格兰和北爱尔兰组成，但在水资源的管理方面也不尽相同，这里主要以英格兰和威尔士的水资源管理为主。它也是一种分级管理，包括国家级、区域级和地方级。

（一）国家级机构

英国没有专管水利的国家级行政部门，水利由环境、运输与区域部等有关部门分管。

1. 环境、运输及区域部

代表政府全面负责制定总的水政策以及有关水法律等宏观管理方面的事务，也包括监督取水许可制度的执行情况，并邀请各方代表对取水许可制度进行审查。

2. 国家环境署

代表政府制定和执行涉水方面的环境标准，批准取水许可及防洪。

3. 水服务办公室

代表政府对水的价格进行宏观调控的最重要的机构，办公室主任由国务大臣任命，全面负责水服务办公室的工作，不受任何部长的支配。

（二）区域机构

就英格兰和威尔士而言，水资源管理方式经历了两次变革。1973 年议会通过水法，实行按流域分区管理，合并、改组了原来的水资源管理机构，成立了 10 个水务局，对本流域内的涉水事务进行统一管理。水务局不是政府机构，而是由法律授权的具有很大自主权、自负盈亏的公用事业单位。20 世纪 80 年代中后期，英国推行私有化政策，水务局也实行私有化，改为水公司。而苏格兰与北爱尔兰并未实行私有化，所以供水管理部门仍为国营公共事业机构。

（三）地方级机构

郡、区、乡镇级不设水资源管理机构，只有地方议会负责管理排水及污水管道。为了防止水土流失，在英国农村地区成立内地排水区，在排水区内成立用水户协会，选举董事会进行管理。

四、澳大利亚的水资源管理

（一）管理体制

澳大利亚水管理大体上分为联邦、州和地方三级，但基本上以州为主，流域与区域管理相结合，社会与民间组织参与管理。成立于 1963 年的水资源理事会是该国水资源方面的最高组织，由联邦、州和北部地方的部长组成，联邦国家开发部长任主席。理事会下设若干专业委员会。这些专业委员会从下属各水管理局以及有关的地方其他政府机构中抽调人员组成。理事会负责制订全国水资源评价规划研究全国性的关于水的重大课题计划，制定全国水资源管理办法、协议，制定全国饮用水标准，安排和组织有关水的各种会议和学术研究。澳大利亚各州对水资源管理是自治的。一是下放水权，将原来由联邦政府控制的水资源管理权下放给州政府（或行政管辖区）管理，同时，各州又通过多种形式将水权委托给各大公司经营。如维多利亚州政府以立法形式，将水权委托给 GMW 公司，实行水资源管理公司化运作。二是对水资源管理机构进行改制。主要是将水资源行政管理组织形式改成公司组织形式，吸纳农场主、私营公司参与水的管理。公司组织形式由原来政府统管，转变为政府、农场主、公司共同管理，并成立水资源管理董事会，董事会任命执行经理，执行经理负责管理各执行机构。例如，GMW 就是公司组织形式的水管理机构，它下设七个执行机构（包括水库管理服务机构、其他水资源管理机构、区域服务管理机构、自然资源管理机构、策略和发展机构、水系统和环境机构、经营财务机构），其主要职责是为区域提供水利服务，并在征求用户协会意见的基础上，制定供水政策、分配配额、确定水价等。同时，综合协调水资源与自然环境、近期目标与长期发展、政府管理与市场运作等各方面的关系。

（二）管理机制

澳大利亚对水资源管理十分严格，法律规定用户不得私自建坝、打井灌溉，对地下水资源实行特殊保护制度。在灌溉用水方面，水资源管理机构根据农场主拥有的农用地面积确定用水配额，农场主在用水配额范围内可申请用水。同时，政府允许不同用户之间相互有偿转让用水额度，实行水资源商品化，即通过市场调节配置水资源。

五、国外水资源管理的共同点

虽然国外各国的水资源管理方法、方式不尽相同，但是还是存在一定的共同点，这对于我们今后的水利行政管理的改革与发展具有很大的启发作用。

（一）强调水资源的公共性

鉴于水具有流动性、多功能性以及地表水、地下水、大气水、海洋水之间的相互转化性等特点，世界上大多数国家都强调水资源的公共性。强调水的公有性的实质，是为了消除各种以牺牲更大的社会利益为代价追求狭义的个人利益最大化的行为，提高水资源的配置效率，协调水资源利用上的公平与效率的关系，坚持水利共享、水害共当的原则。

（二）管理的法制化和有序化

世界各国都在加强水的立法工作。立法内容涉及水资源开发、保护、水污染防治、水资源规划、水灾防治、水质保护、水纠纷调处等各个方面。许多国家水资源管理机构的设立和职能的授予，也多以立法形式确定。法律明确规定了国家、流域委员会或水公司、地方各级的责任、权利和义务。同时，对于参与水事活动中的政府机关、事业单位、企业单位的职责也作了明确规定，各自在法律范围内充分发挥作用。

（三）水资源的流域管理

各国都对水资源进行了流域管理，在较大的河流上都设有流域委员会、水务局或水务公司，统一流域水资源的规划和水利工程的建设与管理，直至供水到用户，然后进行污水回收与处理，形成一条龙的水资源管理服务体系。

（四）水资源的统一管理

世界各国大多强调水资源的统一管理。即对地表水资源和地下水资源、水量和水质、水工程、水处理进行一体化管理，一切与水有关的活动均由水管理部门统一管理。据联合国亚太经社理事会第 13 次自然资源委员会的资料，在 22 个成员国中，已有 13 个国家设立了水资源统一管理和综合管理机构，另有 6 个国家正在筹建这种机构。各国还颁布了一系列的法律明确水资源统一管理。综合管理水资源，把稳定可靠地供应高标准的饮用水和其他用水作为水资源管理成功的标志。

（五）实行水权登记和用水许可制度

世界各国大多以用水许可制度和水权等级制度为切入点，规定水资源开发利用的方向并对用水量进行管理。各国实施的水权登记和用水许可制度，通常包括下列内容：实施水权登记和用水许可的程序、范围；许可用水的条件、期限；用水权的等级及用水权丧失、废止或转让的规定；以及有关奖励和处罚的原则等。

在用水优先权中，生活用水总是等级最高的权利。当水资源不能满足所有需求时，水权等级低的用户必须服从于水权等级高的用户的用水需要。西班牙的规定是：首先依照优先用水权的顺序供水；在优先用水权平等的情形下，依照用水的重要性或有利性的顺序供水；在重要性或有利性相同的情况下，先申请者享有优先权。日本的规定是：对于两个以上相互抵触的用水申请，审批效益大者，不再考虑先提出者优先许可的传统做法。显然，在缺水时期，用水权等级较低的很可能根本得不到水，或者可用的水比所需的水少得多。

（六）将节水和水资源保护工作放在突出位置

随着水资源供需矛盾的日益突出，世界各国对节水技术的重视程度越来越高。具体措施包括：利用各种传媒进行宣传，树立全民的节水意识；政府要求企业配置污水处理系统，提高水的重复利用率；采用流量测定法、探声测定法等技术对管道进行维修管理，减少“跑、冒、滴、漏”损失；研制并采用免费安装方式推广节水型龙头，不改装而仍超量用水实行加价罚款。

水资源保护也是如此。针对地下水超采严重，引起地面沉降、咸水入侵、地下水质退化等问题，采取了一系列措施：颁发水井建设和废井处理规范；对地下水进行回补；控制抽取量，地表水与地下水联合运用；监测水质，处理排放物；限制使用化肥、农药，以保护地下水水质；在发生海水入侵地区建造各种防水屏障，以防止海水向地下水层运动。

第四节 我国现行水资源管理的组织结构

水资源行政管理的组织结构是指与水资源管理有关的政府机构设置及其相互关系，包括纵向的、横向的各种机构的职能、地位、职权、领导关系和运行机制。水资源行政管理的所有职能通过一定的组织来执行和完成。组织结构设置合理与否，直接关系到水资源行政管理的效能高低。

水资源行政管理组织结构的一般形式包括集成管理模式、集成—分散管理模式和完全分散管理模式。这三种模式各有利弊和适用条件。

一、水资源行政管理组织结构的一般形式

（一）集成管理模式

该模式将不同物理属性的水资源、不同的水资源功能和不同的用水方式视为一个系统，以解决系统内不同要素间的冲突为主要目标，追求系统整体的健康、持续运行。

水资源包括地表水和地下水，其管理系统由水源系统、供水系统、用水系统、排水系统等子系统组成，该系统每个子系统又可分为若干个次一级的子系统，各子系统之间既相对独立，又相互影响、相互依存、密不可分。因此，水资源管理是一项复杂的系统工程，不仅要用系统的观点、理论与方法去解决水管理问题，还应按“系统”的原则去构建水资源管理的组织结构。这种统一管理模式包括地表水源、地下水源、污水资源化水源的统一；水量和水质的统一；资源水和废水管理的统一。

1. 集成管理机构的主要职能

第一，负责水源地（包括地表水源与地下水源、空中水源）的建设与保护。

第二，供水（输水）保证。负责地表水、地下水联合调度，负责输水沿线的水质、水量监测与保护，保证达到水质要求的水量进入自来水厂，达不到就进行来水的再处理。

第三，排水保证。保证城市排涝，保证污染物达标排放进入河道或污水处理厂。排水是供水的延伸，供水和排水统一管理是现代化城市水管理的基本经验。

第四，污染处理。要根据污染总量合理布局建设污水处理厂，并根据水供需平衡有偿提供达标的污水回用量，提高污水利用率，使污水处理厂经济良性运行。大力开发治污技术，尤其是生物治理等高技术。

第五，防洪。堤防建设达标，根据来年水平衡综合考虑决定弃水，还应考虑在保护水源地的前提下，提高水库的经济利用

第六，水环境与生态。依据水功能区划分要求，保护水环境与生态，对航运、旅游、养鱼等所有改变（破坏）水环境与生态的活动建立补偿恢复机制。

第七，节水。制定行业、生活与环境用水定额，大力开发节水技术，尤其是高技术。

第八，水资源论证与环境影响评价。对管辖区内所有重大项目和工程进行水资源论证和水环境影响评价，据此发放取水许可证，不达标的一票否决。

第九，及时提出水资源管理的法规或条例草案，经人大或政府批准后依法执行。

2. 集成管理模式的优点

第一，符合水资源本身的自然属性和生态属性。按照水循环的自然特点进行管理，就是要建立一条龙的管理模式。从水资源具有联系和制约的多层次、多子系统的特点出发，注重水资源系统整体的开发、保护和多功能性的实现，有利于水资源的可持续利用。

第二，有效避免分散管理中各部门间的交叉和冲突，有利于提高水资源管理的效率，便于从宏观、整体角度考虑问题，实现水资源的多目标综合利用。

第三，能充分把握和处理好开源与节流、开发与保护、建设与管理的关系，为安全、资源、环境的协调发展等提供了体制保证。

第四，集成管理模式由单一权力机构进行水资源的开发、利用、节约、保护等管理，有助于减少决策和办事过程中的消耗，可以提高效率，克服无责任性和混乱性，同时能有效地降低管理成本。

国内外实践已经表明，对水资源水环境实行统一管理，能够取得好的效果。发达国家的城市大多建立这种机构管理城市水资源，取得了良好的实践效果。例如，巴黎对水资源的统一管理被认为是世界上最好的，得到联合国的肯定和推荐。

3. 集成管理模式的缺点

第一，集成管理模式是将几乎所有的涉水职能集中到一个部门来管理，因此该部门权力和规模过于庞大，对其进行有效监督带来一定难度。而且水资源本身的多利用性导致其管理的复杂性，统一的集中管理往往将其简化，而回避很多无法回避的细节，这种模式易造成对细节问题考虑不够深入的问题。

第二，水资源本身的多利用性导致其管理的复杂性，领域宽、影响面广；职能过于集中有其不现实之处。

（二）集成—分散式管理模式

1. 组织结构

“集成”体现在有一个统一的机构或组织，该机构或组织能够对分散于各部门的涉水资源管理环节的主张及策略进行综合及宏观协调，将其间的矛盾冲突统一化解，达到统一管理水资源的目标。目前常采用的形式是建立水管理委员会。该委员会可由涉水的相关部门负责人组成，全面负责全市水资源的开发利用与保护管理工作，发挥宏观控制和协调作用。其职责是制定水政策、法规，制定标准，审查水资源开发规划，协调各部门水资源开发利用和解决部门间的冲突等。

“分散”则表现为各部门、地区按分工职责对涉水资源分别进行管理。发挥部门的自主性，又不失全面的统筹与综合管理。

2. 前提条件

该模式的前提是集成机构必须具有高度的权威性和协调性，能够最大限度地协调各部门之间的利益和矛盾，并能够获得各部门最大限度的同意和认可。因此需要通过相应的法律法规赋予该集成机构和各相关部门权利义务，目的是使水资源、水环境的管理由不协调的小单位负责完成转变为由具有管理能力的一体化大组织共同完成。

（三）完全分散管理模式

完全分散型管理模式是由政府有关各部门按分工职责对涉水资源进行分别管理。即除水利部门参与水资源管理外，与水资源有关的部门还有：环保、城建、国土、农业、交通、林业、渔业等及它们的相应机构。

完全分散管理模式的优点：多部门管理组织形式弹性大，运转灵活，有利于从专门角度深入考虑问题。其缺点是：

第一，由于涉及部门多，不可避免地会出现部门之间的职能交叉和重叠，带来利益冲突，不利于对不同用水目标、用水方式的综合协调，造成管理效率低下、资源浪费等。

第二，管理成本高、效率低。容易导致政府有限的行政资源被割裂成几个相互冲突、协调成本较高的几个部门，分散地、局部地、独立地研究、治理水的个别或部分问题，没有从宏观的、全局的、战略的、整体的角度整合行政资源来全面合理地治理水危机，其结果是政府履行公共管理职能高成本，而治理水问题低效率。

二、我国水资源管理的组织体系

我国水资源管理的模式经历了由分散管理模式向集中管理模式的转变。原《水法》规定：国家对水资源实行统一管理与分级、分部门管理相结合的制度。国务院水行政主管部门负责全国水资源的统一管理工作。国务院其他有关部门按照国务院规定的职责分工，协同国务院水行政主管部门，负责有关的水资源管理工作。县级以上地方人民政府水行政主管部门和其他有关部门，按照同级人民政府规定的职责分工，负责有关的水资源管理工作。

新修订的《水法》第十二条规定：国家对水资源实行流域管理与行政区域管理相结合的管理体制。国务院水行政主管部门负责全国水资源的统一管理和监督工作。国务院水行政主管部门在国家确定的重要江河、湖泊设立的流域管理机构（以下简称流域管理机构），在所管辖的范围内行使法律、行政法规规定的和国务院水行政主管部门授予的水资源管理和监督职责。县级以上地方人民政府水行政主管部门按照规定的权限，负责本行政区域内水资源的统一管理和监督工作。

我国现行的水资源管理组织体系是流域管理与行政区域管理相结合的模式。国务院水行政主管部门——水利部，负责全国水资源的统一管理和监督工作。

三、流域管理与区域管理相结合模式的必要性

（一）流域管理的必要性

1. 流域的特性决定流域管理是必要的

流域是一个以降水为渊源、水流为基础、河流为主线、分水岭为边界的特殊区域概念。水资源按照流域这种水文地质单元构成一个统一体，地表水与地下水相互转换，上下游、干支流、左右岸、水量水质之间相互关联，相互影响。这就要求对水资源只有按照流域

进行开发、利用和管理，才能妥善处理上下游、左右岸等地区间、部门间的水事关系。

2. 水资源的特性决定了流域管理的必要性

水资源的多功能性，决定了水资源可以用来灌溉、航运、发电、供水、水产养殖等，并具有利害双重性。因此，水资源开发、利用和保护的各项活动需要在流域内实行统一规划、统筹兼顾、综合利用，才能兴利除害，发挥水资源的最大经济、社会和环境效益。

3. 以流域为单元进行水资源的管理已经成为世界潮流

联合国环境与发展会议通过的《二十一世纪议程》指出：水资源的综合管理包括地表水与地下水、水质与水量两个方面，应当在流域一级进行，并根据需要加强或者发展适当的体制。我国重要江河均是跨省区的流域，这一自然特点使得协调流域管理与行政区域管理的关系显得更为重要。

（二）区域管理的必要性

我国《水法》规定，县级以上地方人民政府水行政主管部门依法负责本行政区域内水资源的统一管理工作。我国地域广阔，各地水资源状况和经济社会发展水平差异很大，实行流域管理和行政区域管理相结合的管理体制还必须紧密结合各地实际情况，充分发挥县级以上地方人民政府水行政主管部门依法管理本行政区域内水资源的积极性和主动性。

（三）流域与区域的分工

流域管理机构，突出宏观综合性和民主协调性，着重于一些地方行政区域的水行政主管部门难以单独处理的问题。

地方水行政主管部门主要负责经常性的水资源监督管理工作，并制定地方性水法规和有关政府规章，制订有利于本地水资源可持续利用的有关规划、计划，依法加强对本行政区域内水资源的统一管理。

四、我国现行的水资源行政管理体制评价

（一）我国实行的流域管理与区域管理相结合的模式

水利部门对水资源统一管理。政府其他部门在各自的领域内协同管理。城市涉水事务管理由城市政府自行确定供水、节水、排水及污水处理的管理体制。

（二）流域管理制度存在许多不完善之处

第一，从性质和法律地位来看，现有的七个流域水资源管理机构是水利部的派出机构，虽然拥有一定的行政职能，但并不属于行政机构，而属于事业单位，且地位较低，缺少较为独立的自主管理权，难以直接介入地方水资源开发利用与保护的管理。因此，流域

管理机构缺乏国外类似机构的协调功能，无法对各个分管部门的工作进行协调，仅能对水利部职权范围内所属的事项进行管理。

第二，流域管理机构与地方政府所属的水利、环境保护等部门在水行政管理方面的职权存在一定程度的重合和交叉，由于流域管理机构和地方政府部门代表的利益不同，很容易出现对相同问题的意见冲突，目前尚无解决机制。

第三，流域管理机构不能独立决策流域管理的重大事项。

《水法》规定跨省、自治区、直辖市的其他江河、湖泊的流域综合规划和区域综合规划、水功能区划、水资源配置等属于流域管理的重大事项，流域管理机构并不能独立决策，而必须会同江河、湖泊所在地的省、自治区、直辖市人民政府水行政主管部门和有关部门共同决定，并报国务院水行政主管部门审核批准。

第四，流域管理机构无从参与流域水环境质量标准。

《水污染防治法》第十五条规定：国务院环境保护主管部门会同国务院水行政主管部门和有关省、自治区、直辖市人民政府，可以根据国家确定的重要江河、湖泊流域水体的使用功能以及有关地区的经济、技术条件，确定该重要江河、湖泊流域的省界水体适用的水环境质量标准，报国务院批准后施行。

可见，在流域水环境质量标准的制定中，地方政府可以参与进去，但流域管理机构却无从参与。

第五，流域管理机构无从参与流域水污染防治规划。

对于流域水污染防治规划的制订，《水污染防治法》规定国家确定的重要江河、湖泊的流域水污染防治规划，由国务院环境保护主管部门会同国务院经济综合宏观调控、水行政等部门和有关省、自治区、直辖市人民政府编制，报国务院批准。

流域水污染防治规划，地方政府可以参与进去，但流域管理机构却无从参与。

可见，无论是水资源还是水污染的监督管理，依然以传统的行政区域管理为主，流域管理机构所起的作用非常有限。

（三）城市涉水事务由多个涉水部门管理，缺乏协调机制

虽然多个部门的管理可以更广泛地调动政府各部门对水管理的参与，但各个部门之间的协调制度很不完善。

目前普遍存在的现象就是统管部门与分管部门之间由于自身利益关系，各自出台的政策缺乏对水资源和水环境的全面考虑，缺乏综合决策。

（四）由下而上的水务体制改革

部分地方政府在实际工作中鉴于多部门管理的弊端，在水利部门的推动下，将原有的水利局改组为水务局，试图利用其统一行使涉水行政部门的职权。

第五节 我国水资源管理的法规体系

一、我国水资源法规的变迁

（一）基本水资源管理的法规体系的概念

水资源管理的法规体系就是调整水资源开发、利用、保护、管理以及防治水害过程中产生的各类水事关系的法律、法规和规范性文件组成的有机整体。水法规体系的建立和完善是水资源管理制度建设的关键环节和基础保障。

（二）水资源法规体系的发展历程

1. 我国古代水资源管理法规

中国古代的水法可以追溯到春秋时期。公元前651年，各诸侯国订立的盟约中，就有禁止修建危害他人利益的堤坝的约定。有关水利施工组织法，最早见于《管子·度地》。灌溉管理法规最早见于西汉，《汉书·儿宽传》卷58有“定水令，以广溉田”的记载。古代水法主要以解决水资源开发利用方面的各种实际问题以及水资源管理机构的设置问题，其内容包括：水利行政管理机构和水利官吏的设置及其职权、防汛和河防修防制度、灌溉管理和用水分配制度、运河和漕运管理制度、劳务制度和负担办法等。如西汉的《水令》《均水约束》，唐代的《水部式》，宋朝的《河防通议》《农田水利约束》，金代的《河防令》等。其中唐代的《水部式》，是中国现存最早的一部水利法典。

中国古代水法与西方传统水法比较，有两个特点：一是重纵向关系，具有行政法的性质；二是重规定庶民的义务，不强调庶民的权利。中国古代水法，还包括历史形成的习惯法。

2. 我国近代的水资源管理法规

中国近代的水法，以中华民国时期颁布的《民法》《河川法》和《水利法》为代表。自1929年陆续颁布实施的《民法》中有关水事的部分内容和1930年颁布的《河川法》、1942年颁布的《水利法》，都是以清代法典为基础，经中国水利专家和西方法学家共同参与制定的，在立法程序和法律形式上，受到西方法学的影响，内容比较完备。

民国《水利法》可以概括为五个要点：第一，确定水利行政的系统，即管理体制；第二，确定水利事业的界限，即水利的内涵和外延；第三，确定水系，即流域水资源管理；第四，确定水权；第五，解除水利纠纷。

3. 我国现代水资源管理法规体系

我国现代水资源管理的法规体系包括了一系列法律、法规和规范性文件，按照不同的分类标准可以分为不同的类型。

第一，从立法体制、效力等级、效力范围的角度，水资源管理的法规体系由宪法、与水有关的法律、水行政法规和地方性水法规等构成。

第二，从水资源管理的法规内容、功能来看，水资源管理的法规体系应包括综合性水事法律和单项水事法律、法规两大部分。综合性水事法律是有关水的基本法，是从全局出发，对水资源开发、利用、保护、管理中有关重大问题的原则性规定，如《水法》。单项水事法律、法规则是为解决与水资源有关的某一方面的问题而进行的较具体的法律规定，如《水污染防治法》。

我国水资源管理的法规体系构成包括：

第一，宪法中的有关规定。

第二，基本法——《中华人民共和国水法》。

第三，单项法规。

第四，由国务院制定的行政法规和法规性文件。

第五，由国务院及所属部委制定的相关部门行政规章。

第六，地方性法规和行政规章。

第七，各种相关标准。

第八，立法机关、司法机关的相关法律解释。

第九，其他部门法中相关的法律规范。

二、我国水资源法规体系存在的主要问题

（一）缺少有关水资源的民事规定

我国现行的水资源法律制度侧重于国家权力对水资源的配置和管理作用，大多是关于国家水资源行政管理职权的设定和行使，只是简单抽象地规定了水资源的权属制度，缺少有关水资源的民事规定。

（二）不同部门、不同时期颁布的法律法规之间存在冲突和矛盾

受过去水资源分割管理体制和“行业立法”的影响，不同涉水部门从自身利益出发，制定了相关的水资源管理法规，不可避免地导致冲突和矛盾。我国水务体制改革以后，相关水法律法规却没有及时调整和完善，导致水资源管理工作缺乏系统的政策法规保障，不同“治水”部门依然时常出现矛盾。如建设部门原承担的城市供水、排水和污水处理等职能现已划归水务局，但尚未出台相关法规明确城建部门的城市维护费用需按一定比例划拨给水务局，用于城市供、排水等工程建设，致使城市供水、市政排水和污水处理等工程资金缺口大，实施出现困难。

目前，城市供水、水环境保护等事务的行政主体已由法律法规明确，但城市水务体制改革所涉及的职能调整与现行的法律法规还存在一定冲突，如水务局作为水污染的防治、城市供水、节水等方面的执法主体缺乏相应的法律依据。国务院《城市供水条例》明确的执法主体是地方人民政府建设行政主管部门，城市供水划归水务局后，执法主体不明，执法行为当然不合法。

（三）水资源管理法律法规针对性、操作性不强

水资源管理法律法规的规定过于原则，具体操作性的条款缺乏，给法律法规的实施带来障碍，影响了法律的实效。而且过于原则的法律规定会导致执法过程中管理部门处理水资源问题的任意性过大，影响实施效果，且容易滋生腐败。

第四章
水资源需求管理

由于我国水资源比较匮乏且时空分布不均，经济发展过程中开发利用不合理以及涉水管理体制不顺等原因，旱涝灾害、水资源短缺与水生态环境恶化等问题日益严峻。现有的水资源管理体制、机制在很多方面无法满足水资源可持续利用的要求，随着经济社会对水资源的需求量逐渐趋近我国水资源可利用总量，中国有必要对水资源需求管理进行研究和探索，在不影响经济发展和人民生活水平的前提下降低国内对水资源的需求总量，发挥水资源对经济社会可持续发展的支撑性作用，实现人类社会与自然环境和谐共处的战略目标。

第一节 水资源需求管理的内涵及其与供给管理的区别

世界各国的水资源管理实践都是自始就包含着水资源需求管理的部分，但多数国家最初只重视水资源供给管理，即通过投入大量的资金，综合运用各种技术建设一系列的水利工程，提高水资源的开发量以满足经济社会发展对水资源的需求。然而随着经济社会的发展，可供开发的水资源越来越少，传统的水资源管理模式与可持续发展策略渐行渐远，学术界与管理者均意识到提高水资源的利用效率与效益、抑制不合理的水资源需求将成为化解水资源短缺问题的必然选择，水资源管理实践的重心已转向水资源需求管理，相关的理论研究也随之得到迅速的发展。

一、水资源需求管理理论的发展

（一）国外研究发展

有关水资源需求管理的研究最早见于20世纪50年代的美国芝加哥大学和哈佛大学个别学者的著述中。芝加哥大学教授Gilbert F. White和他的学生Robert W. Kates将经济学中的需求管理理论应用到了城市水资源管理领域。从1956年到20世纪60年代初期，哈佛大学的Arthur Mass初步建立了需求分析方法体系、经济学模型以及城市水资源系统的需求和计划优化理论。随后，美国兰德公司也开展了水资源需求管理的研究，重点探讨促进城市水资源的高效利用，提高水资源经济价值，以及不同城市水资源规划与管理的需求分析。霍普金斯大学的JohnGeyer，F.Pierce Linaweaver，Jerome B. Wolff等人首先完成了城市居民生活、商业和机关事业单位用水的全面分析。Charles W. Howe和Linaweaver构建了公众生活需水的Howe–Linaweaver生长模型。20世纪70年代，美国陆军工程兵团水资源研究所（IWR）启动了城市水资源需求管理的研究项目，城市水资源需求管理的研究开始升温。初期的研究主要是水资源规划，但很快IWR便将研究的领域扩大到了流域的用水分析、模型建立和应用等方面。

从20世纪50年代到80年代末，水资源需求管理总体上处于初步研究阶段，主要表现在多数的研究与实践项目有着紧密的结合，并且开展相关研究的地区非常有限，仅集中在北美和欧洲的少数发达国家；呈现的相关文献主要集中在城市水资源需求管理研究领域，指出了在水资源开发利用强度持续增强的情况下，水资源管理将从单纯的供给管理向供给、需求管理相结合模式转变的必然趋势。到了20世纪90年代，水资源需求管理在空间范围、研究领域、研究程度和实践应用等方面都有很大进展。从开展相关研究的空间范围上来看，从北美、欧洲扩展到中东和非洲等广大地区，研究领域已经从城市水资源需求管理进一步扩充至农业、工业等领域，研究程度也不仅是陈述实施水资源需求管理的必要性，而是开始从具体定义、目标、原则等方面系统论述水资源需求管理的内涵，并研究了实施水资源需求管理的技术、经济、财政、环境、政治、社会和制度等各方面的方法。

进入21世纪，随着水资源短缺越来越严重，水资源需求管理的理念和方法得到国际社会广泛认可，相应开展的研究迅速增长，研究和实践成果层出不穷。研究领域基本沿着20世纪90年代的方向继续，但研究程度更为深入。该阶段水资源需求管理研究的最大特点在于更侧重实践应用的实效性，无论是提出的技术方法，或者是经济、社会管理手段。在实践中至关重要的各方面问题，在该阶段均结合实例开展了研究：水需求管理的各项目标和原则，如公平性、有效性等如何在实施中能够有效实现；水需求管理的政策如何从上而下进行制定；经济学角度采用水价、税收、福利补贴等在实践中的有效性；通过大量详细的用水数据，分析用户成分、规模、收入等信息对开展水需求管理效果的影响；公众教育、公众意识和执行需求管理人员的能力建设等社会因素的影响；干旱条件下开展节水活动等措施进行应对；等等。水需求管理的理论和方法相结合不断向前推进。

（二）国内研究进展

我国针对水资源需求管理的研究相比国外起步较晚，早在20世纪50年代至60年代初期国内开始有部分专家就相关领域节水技术经验进行总结并发表了少量的学术文章，然而这些学术作品尚不属于真正意义上的水资源需求管理研究。20 世纪 70 年代，水资源管理的研究开始明显增加，但该时期的研究主要偏重于水资源供给管理，有关水资源需求管理方面的探索仍然比较少。

一直到了 20 世纪 80 年代，随着当时国内水资源供需矛盾加剧，水资源需求管理的研究才逐渐受到重视。发达国家成功的水资源管理经验和比较成熟的水资源管理理论在此期间陆续得到引进。

从 20 世纪 90 年代开始，我国学者开始正式接触到水资源需求管理的概念。但 90 年代开展的相关研究比较少，主要说明了在我国实施水资源需求管理的必要性，介绍了在规划中实行水需求管理的技术方法，研究在我国市场经济条件下制定水价对于实行水需求管理的必要性，对我国实行水需求管理的政策环境进行评价，回顾我国此前开展的与水需求管理相关的实践并对未来的工作提出了一些建议，进而预测未来水资源管理的发展趋势。

进入 21 世纪，以介绍国外水资源需求管理的概念、目标、特点、原则、方法和措施等为主的相关的研究开始增长，在与水需求管理相关的研究与实践中，也越来越多地包含着大量的水需求管理的内容。如在资源水利、现代水利、可持续水利的理念中，节水型社会建设内容中，水权制度建设框架中，最严格水资源管理制度中，都包含着水需求管理的基本元素。在应用方面，随着节水型社会建设和水权制度的推行，具有水需求管理内涵的水资源管理实践范围从城市到农村，从工业到农业不断扩大。

历时五年的中英合作水需求管理项目，是由英国国际发展署资助、中国水利部实施的旨在为《水法》提供支持的大型双边合作项目，也是迄今为止中国水需求管理研究投入最大的项目。该项目在甘肃和辽宁两省的部分流域和地区开展了研究及示范实践，中央案例研究中对两省的研究示范成果加以总结提炼，编写了一系列水需求管理技术文档、著作及读本，系统构建了水需求管理的内容框架，提出了实施水需求管理的方法与措施，较好地丰富了中国水需求管理研究与实践。

与国外相比，我国的水资源需求管理虽然起步较晚，目前仍处于初步研究阶段，但是在节水型社会建设的基础、水权制度建设的经验、最严格水资源管理制度的新时期治水方针指导下，水需求管理的研究和实践已在广泛的范围内迅速展开。水需求管理将在中国广泛、深入、持续地开展起来。

二、水资源需求管理的内涵

尽管水资源需求管理理论在国内外已经得到了较好的发展并形成了初步的体系，但是它仍然属于比较新兴的研究领域。目前，水资源需求管理应当承担的功能并没有得到确切的界定，其具体内涵也仍然处在不断探索和研究中，国内外不同学者研究的角度不同，对其内涵的论述也不尽相同。

（一）国外的界定

即包含技术、经济、管理、财政、社会等各方面的方法，可以部分或者全部实现以下五方面的目标：一是完成特定任务时，降低对水的数量或质量的要求；二是通过调整任务的性质或者改变其实现方式，从而使得用更少的水或质量更差的水即可满足；三是在从水源到用户分配过程中，减少水在数量和质量上的损失；四是将用水在时间上的分配从集中变得更为平均；五是在供水短缺时，能提高水系统向社会提供服务的能力。

（二）国内的界定

目前在中国，水需求管理定义不多。追溯较早的是原水利部发展研究中心总工谈国良做出的介绍：水资源需求管理是指通过对供水系统中的需求研究，采取经济、政策法规、运行等方面的管理措施，减少对水的需求量，缓解供需矛盾。需求管理的研究有利于提高供水效率和效益。

中英合作水资源需求管理援助项目（WRDMAP）中央项目管理办公室认为水需求管理，是指通过法律、行政、经济、科技、教育等手段，控制用水总量、提高用水效率、培育节水文化，从而充分激发供水者及用水户的节水主动性，改变社会用水结构与方式，抑制水需求的过度膨胀，最终实现水资源供需平衡及可持续利用的理念、方法及行为。

（三）水资源需求管理的特点

通过国内外学者对水资源内涵的不同论述，可以总结其中心内容主要包括以下方面特点：①水资源需求管理有着最根本的目的性，即降低生产生活对水资源的需求量，保护水生态环境，使有限的水资源能够满足经济社会的可持续发展。②水需求管理作为水供给管理的相对概念，最鲜明的特点在于其执行主体的多样性，通常包括所有家庭、企事业机关单位以及利益相关者的用水活动，因此必须关注与之相关的所有用水行为和所需节水技术。也正因如此，水需求管理的成功与否，不仅取决于决策本身，而且更在于决策得以制定的过程是否听取了利益相关者的建议与诉求。③有效的水资源需求管理应特别强调供给部门的核心作用，必须激发其开展需求管理的主动性和积极性，在法规、体制和政策方面，使供给部门投资于节水活动能获得相应的回报，要把供给部门的职能范围从供水扩展到节水领域，并采取多种经济手段，为促进用户节水创造条件。④应强调供水部门与用户的伙伴关系，要求供水部门和用户共同付出代价，共同承担风险，共同争得效益。供水部门只有转变职能观念，与用户建立起一种合作情感和伙伴关系，同心协力参与节水活动，方能取得更大的整体效益。⑤水资源需求管理应当非常注重基于用户利益基础上的用水服务。需求管理不应强行采取单方提价以及限水停水等不顾及用户承受能力和经济利益的做法，应采取科学的管理方法和先进的技术手段，在不强行改变正常生产秩序和生活节奏的条件下，促使用户主动改变消费行为和用水方式，减少用水需求。⑥水资源需求管理还应当重视综合运用各种手段，在保证用户利益和经济效益的前提下，协调使用法律、行政、经济、技术及宣传教育等手段，提高社会节约用水的积极性，降低用水需求，保护水资源。

综合以上特点，本书将水资源需求管理界定为：为了实现水资源的可持续利用，在保证经济效益及各类用水主体相关利益的基础上，协调运用行政、技术及经济等多项有效手段，促进用水户的节水动力，并注重发挥供水者的主导作用，从而降低经济社会对水资源的需求量。

三、水资源需求管理与供给管理的对比

早期水资源供需矛盾并不严重的时候，水资源管理的主要理念偏向于“供给管理”，当社会用水不足时，人们一般倾向于开发新水源、扩大供水，尽最大可能满足用户要求，总的来说需求不受约束。但随着人口的继续扩张以及经济的不断增长，这种方法日益显露出其局限性，无法支撑经济社会可持续发展，具体表现为：资源渐趋枯竭，环境日益恶化。人们逐渐认识到水资源承载能力和水环境容量是有限的，不可无节制地对其加以开发利用，否则就会造成严重的后果，于是水资源的需求端最终进入研究者的视野，即宏观经济学中的“需求管理”理论开始应用在水资源事业中。水资源管理研究的重心由“供给管理”向“需求管理”发生转移，实际上与两者间深刻的联系与区别紧密相关。

（一）两者的联系

水资源需求管理与供给管理都属于水资源管理范畴，两者共同涵盖了水资源管理的主体外延。在实践中两者同时存在、同时起作用才能实现水资源供需平衡，但是在不同时期所起的主导地位有差异。在经济发展水平较低、人口总量较小的情况下，社会生产生活对水资源的需求总量比较容易满足，水资源供给管理在供需平衡中起主导作用；反之，当经济持续快速发展且人口基数较大时，社会对水资源的需求量将会迅速增长，水资源供给将不再适应经济社会的发展，则需求管理必然占主导地位。

在理论上两者的根本目的都是为了满足经济发展与社会生活对水资源的可持续利用。水资源供给管理根据社会需求为其提供充足的水资源，为经济发展提供支撑，为生态环境及水事风险预留一定量的水资源，并利用技术等手段实现对废水的回用以及开发非常规水资源应对日益增长的需求量；而水资源需求管理是为了在不影响社会生活水平和经济发展的基础上降低其对水资源的需求量，遏制不合理的水资源需求，提高社会用水效率与效益，改变粗放的用水方式从而与经济发展相适应。通过供给管理可以满足一定的水资源需求，通过需求管理可减小水资源供给压力，降低供水成本，但是两者必须协调配合，仅依靠单侧的需求管理或者供给管理都难以实现水资源可持续利用的目标。

（二）两者的区别

水资源的需求管理与供给管理的区别主要在于管理的理念以及实施过程中的要求不同。

在理念上，水资源需求管理侧重于人与自然和谐相处的思想，倾向于控制人类社会过多地向自然界索取，尽量约束人类本身过度膨胀、只顾眼前利益、损害环境与生态系统的种种不适当需求；而供给管理则强调征服自然、改造自然，反映了人类从畏惧、崇拜自然的远古洪荒时代进入文明社会后，随着科学技术的日益发达及生产力水平的不断提高，强烈要求主宰自己命运的思想。

水资源需求管理的许多具体手段的实施涉及的利益面比较广泛，因此很多重大决策都要求有广大利益相关者的参与以及公众的介入，保证管理决策的透明性；为了实现水资源需求与经济发展水平相匹配，必然要求编制科学的水行业战略规划，以及强调水资源配置的合理性、公正性与有效性等。然而水资源供给管理是面向经费、设计、工程和运行的系统活动，因此对其首要的要求是实施的各项管理最终能够体现出供水工程的经济效益和社会效益，即促进经济的发展，改善公众的用水条件；同时水资源供给管理亦会牵涉到部分群体的利益，甚至是区域间的利益，为了协调相关的利益往往要求水行政主管部门与供水者发挥主导作用，实现社会的公平与稳定；水资源供给管理还要求工程的运行必须符合相应的安全、技术及质量等方面的国家或者行业标准，同时应当努力降低工程管护成本。

第二节 水资源需求管理的影响因素

只有当水资源需求管理具备良好的实施环境与条件，才能以较小的管理成本达到理想的管理效果，实现管理目标，提高用水效率与效益，降低社会用水总量。为了创造这样良好的环境与条件，有必要对水资源需求管理的影响因素进行探究与梳理，从而充分利用正面因素，遏制负面因素，或者将负面因素向正面转化。

一、水资源管理体制与节水机制

（一）管理体制

水资源管理体制主要包括水资源管理机构和节水管理制度两项主要内容，这两大方面分别可以从若干角度对水资源需求管理效果产生影响。

水资源管理机构应当实现水资源统一管理，即统一规划管理地表水和地下水，统筹各项涉水事务。因为管理机构涉水事务一体化程度越高，就越有利于注重水资源的整体性和多功能性；同时管理机构不同部门之间有效协调的成本可显著降低，也有利于保证水资源的合理开发利用、充分提高水资源的利用效率与效益；并且职能健全的管理机构还有利于全面贯彻取水许可、水资源有偿使用和定额管理等节水制度，也有利于更好地实施水政监察、执行法律法规和节水政策。另外，水资源管理机构应当具有高水平的管理服务队伍，因为各项制度、政策的实施最终由管理机构具体的人员去执行。良好的管理服务团队能够从整体上把握节水方针政策，了解水资源需求管理手段的要素，在具体管理或者执法过程中能够在注重以人为本，尊重用水户的利益的基础上有效地教育、引导、约束公众的用水行为，从而促进社会用水方式的改变以及需水总量的降低。反之，若水资源管理机构未能完全实现水务一体化，管理服务队伍不精，则水资源的管理效果将非常有限。

健全的水资源管理制度是影响水资源需求管理成败的重要因素，只有当水资源规划制度、用水总量控制和定额管理制度、取水许可和建设项目水资源论证制度、水资源有偿使用和水价制度、建设项目的“三同时、四到位”制度、节水评估制度、节水产品市场准入制度、用水计量与统计制度等多项制度均得到建立并完善，才可能有效降低社会需水总量。如果以上制度没有操作性较强的实施细则相应地予以支持，则水资源需求管理效果将会受到一定的不利影响。

（二）节水机制

水资源需求管理中的节水机制主要包括政府调控机制、市场引导机制和公众参与机制，三项机制运行得顺畅与否直接影响着水资源需求管理的效果。

政府调控机制是指水行政主管部门根据区域水资源与环境承载能力以及经济社会发展规划，设计水资源优化配置方案；通过法律、行政和经济等手段指引社会的用水选择向最优化方案移动，如开辟低耗水经济作物的经销渠道，引导农民种植相应的经济作物；加强资金扶持，鼓励企业引进节水生产工艺，采购水循环回用设施；通过立法（建立地方法规或提请人大立法）限制高耗水、高污染、高风险、低效益企业的运营等。

市场引导机制主要指的是既承认水资源准公共产品的属性，又认识到其日益增强的竞争性和排他性等商品属性，通过明晰水权，控制用水总量，规范用水户权益，为市场配置水资源奠定基础；规定“超用加价、节约有奖、转让有偿”，充分发挥水价的经济杠杆作用，激发人们的用水积极性，转变水资源的利用方式，实现水资源优化配置和高效利用。

公众参与机制是指在政策制定和实施过程中建立利益相关团体的制度化表达机制与参与渠道，如水价听证制度、群众有奖举报制度以及其他体现公众知情权、参与决策权、和舆论监督权的制度。公众参与机制的运行状况直接决定了多项管理手段实施的难易程度以及部分节水政策执行的有效性。

二、水资源管理的信息化

水资源信息化管理是实现社会用水总量控制、定额管理的需要，水权管理是需水管理的非常重要的一个方面，建设计量和监控设施是支撑水权制度运行的硬件基础设施。完备的水资源信息化管理平台可以提供技术保障，高效率、高质量地进行基础数据的采集、收录和统计，建立自动化数据传输、分析处理系统，结合现代计算机和模型技术，开发功能强大的业务应用系统，建立综合决策支持系统和虚拟环境，对管理与决策方案进行模拟、分析和研究，为水资源的优化调度和科学管理提供有力的支撑。

水资源信息化管理平台可以为水行政管理者便捷地发布水资源公报，公示奖惩信息，宣传国家相关政策、法律法规；同时，也可以方便地接受公众举报，有利于查处违章浪费用水行为。公众可以通过信息平台反映用水跑、冒、滴、漏现象，为水行政主管部门提供建议、信息等，有利于大幅降低水资源需求管理成本。

水资源管理信息化水平的高低直接影响需水管理的效果，是其重要的影响因素之一。

三、水资源需求管理的保障体系

资金保障和科技支撑是水资源需求管理的两项重要保障内容。几乎所有的水资源需求管理活动都需要投入必要的资金，而且有些节水项目或者市场引导活动必须有大量的资金作为支撑才能有效开展实施，因此是否拥有稳定的资金保障渠道将直接影响水资源需求管理的广度、深度与效果；而随着社会经济的发展，越来越多的节水活动需要运用高端的科技，因此，科技支撑在水资源管理中的地位越来越重要，是影响管理效果的另一个保障性因素。

第三节　水资源需求管理的主要手段

水需求管理是一个综合的管理行为，包括核心层和支撑层两大方面的内容。核心层有行政措施、经济手段和自我管理，强调水需求管理的执行能力和约束条件；支撑层有法律保障、技术支撑和文化教育，强调水资源管理的社会背景与技术条件。他们之间紧密联系的体系共同构成了水需求管理的框架。

在核心层面上的行政措施、经济手段和自我管理三大手段，分别对应制度经济学中的进入限制、内部激励和自主管理。进入限制，一般以总量或用量控制的形式体现；通过数量控制，水资源管理部门以强制的形式限制流域、区域或取用水户取用水行为和取用水量（可以理解为传统的计划手段），以实现水资源管理的目标。内部激励，对于经济社会一般是以激励措施的形式，如价格政策等，让取用水户自动调节其取用水行为，从而实现水资源需求管理的目标（可以理解为市场机制）。自主管理，一般以用水户自行管理的形式出现，从而实现水需求管理的目标，包括制定和实施行业规范和标准、成立类似于协会的组织（如行业用水者协会和农民用水者协会）实施水资源管理。从管理效果上反映，进入限制是通过管理部门的强制行为实现的，激励措施是信号引导实现的，自主管理则是通过管理对象的自适应措施实现的。

在支撑层面上的法律保障、技术支撑和文化教育三大手段，分别对应社会行为规范、自然科学规律、个人道德素养。

一、行政监管措施

明确的政策和法律文书是水资源需求管理成功实施非常有用的基础。从目前国际上的情况来看，水资源需求管理在美国、加拿大、英国、法国等西方发达国家取得一定成效，其中取水许可制度、排放许可制度、综合污染防止控制、水务私有化、定额管理制度等是其所采用的主要政策措施，其经验值得我们参考。

（一）取水许可制度

英国从 20 世纪 60 年代起即开始实施取水许可制度。先是由流域水务局发放，后由环境署代表政府统一发放。环境署制定了一系列行业用水标准，用于评估取水许可的申请。目前法律规定收费标准只需能够维持环境署行使其水资源功能的花费即可。对具体的取水收费标准是由授权取水量、标准单位收费和“季节”“损失”和“维持”等因子相乘得到。政府资助的研究表明：取水者不可能受提高收费标准的影响，除非其增幅明显高于现在的增长速度。政府因此而得出结论，将收费提高到超出回收成本的水平不可能是减少取水量的最好方式。

所有新的取水许可证都有期限规定，这样环境署可以重新审视取水许可证的必要性、使用效率，考虑流态、环境等的变化，提高对取水影响的认识。取水许可证期限一般为 25 年，但现在取水许可证的年限在逐渐缩短。

水权交易给含在取水许可证中的权利提供了一个兑换的价值。但在现有的法律框架下，交易水权的机会仍然很有限，环境署在此过程中充当调解人的角色，确保环境得到保护，但不参与交易中价格的确定。

（二）水务市场化

20 世纪 80 年代，美国和加拿大学者就提出实行水务私有化能用更低的成本，更高效地提供公有部门提供的水务服务。法国则早已有水务私有化的先例，而且在 20 世纪 80 年代中期，水务私有化公司已经向法国 60% 的人口提供水务服务。

中国的水行政管理者也逐步确定水务监管目标，加强对供水单位的管理，将节约用水、提高公共服务水平、水资源综合利用等要求作为其获得特许权的义务，使经营者认识到应尽的企业责任；按照经济社会发展要求，设定水资源开发利用目标及实现的政策措施，引导水务行业良性发展。

（三）定额管理制度

当水价格的经济工具在实际应用中由于受公平性和用水不敏感性的制约，不能作为唯一科学有效地减少用水需求的措施时，作为一种重要行政手段的定额管理制度被提出。随着节水意识的增强和广大用水者协会等组织的兴起，定额管理制度逐渐被广大用水部门接受。然而，只有确定了有效的用水定额，并且保证相应水量能够分配到用水个体时，定额管理制度才能取得成效。

以色列水资源管理体制建立在水资源国有的基础上，在水资源管理中，实行用水许可证、配额制及鼓励节水的有偿配水制度。以色列于20世纪60年代开始实行水资源开发许可证制度和用水配额制度。许可证制度要求水资源的开发行为必须得到水管部门的许可后方可进行，水的使用配额制度要求包括农业生产用户在内的所有用水户每年向水管部门申请用水许可证，水管部门根据其经营的种类和规模核定供水配额。每年，负责水资源管理、开发和使用的以色列国家水利管理委员会先把70%的用水配额分配给有关用水单位，然后再根据总降水量分配剩余的配额。

澳大利亚水资源归州政府所有，政府通过实行流域综合水资源管理体制和用水执照管理制度实现水资源的可持续利用和管理。在灌溉用水方面，澳大利亚法律规定用户不得私自建坝、打井灌溉，而是由水资源管理机构根据农场主拥有的农用土地面积确定用水配额，农场主在用水配额范围内向当地水管理机构供水站申请用水；同时，政府允许不同用水户之间相互有偿转让用水额度。近年来，为应对持续干旱，堪培拉、墨尔本等许多城市已开始实行越来越严厉的用水限制政策，并已经考虑对居民实行配额限量用水。

二、经济调节手段

经济手段依赖一系列货币的激励（如回扣、退税等）和惩罚（如高水价、罚款等），将水的价值信息准确地传递给用水者，其目标是使用水行为向节约保护和可持续利用水资源的方向发展。其中，水价是水需求管理中最基本、最核心的工具。可行的水价能够有效控制水资源需求量和收回资源和经营成本。经济手段在国外的水需求管理中被广泛应用，尤其是在经济学研究较早的欧洲、北美等地区。以下主要以水价为重点，简单介绍其他经济手段在国外的开展情况。

合理的水价会在水需求管理中发挥重要作用，如何确定水价、制定水价需要考虑哪些因素呢？这首先需要看水的成本和价值。在水的成本中，总供给成本是与水产品直接相关的财务成本，由运行成本和投资成本组成。总经济成本是在全部供给成本的基础上再加上机会成本和经济外部性成本，总成本则是在总经济成本的基础上再增加环境外部性成本。在水的价值中，水对于用户的价值可能要从用户的支付意愿中来量化；但同时水还有其他的价值，如回归水的价值，间接使用水的乘数效应，更广意义上还有实现社会目标的价值，后面这些价值往往难以在货币上进行量化，但其对于综合决策过程很重要；最后还有水在文化、美学中的内在价值和水的优异价值，这些同样难以进行货币量化。

如果水的价值高于水的成本，则水的分配将很有吸引力。根据对水的成本和价值进行经济学分析后，水价就将付诸实践，通常水价要保证能够收回成本，但也不尽如此，有些国家则由政府出资实现水资源的配置。但对大多数国家，水务部门基本都可以收回成本。在水价制定过程中应当考虑以下几个因素：负责供水的部门应当能够保证系统充分和可持续地运行和维持；水价应当能够收回成本并为未来投资做好预留；充分考虑社会公平性，保证弱势阶层不会因水价过高而承担过重负担；对于能够支付经济价格（高于成本价格）的用水部门，应当征收更高的水价，以补贴社会的弱势群体。

在用此方法确定基本水价的基础上，可以增加分段计价和累进加价，以此更充分保证实现收回成本、可持续运行、社会公平，成为有效的水需求管理工具。

水价在水需求管理中的有效性究竟如何？学术界对此有不同意见，有的学者认为水资源的需求价格弹性使得水资源需求管理成为切实可行的、有效的水资源短缺解决办法，有学者用计量方法分析得出，居民生活用水对于价格大幅度上升后的价格下降不敏感，但增加水价可能导致一个大于预期的价格弹性，致使在某些地区需求将减少40%~50%，这将导致收入和成本的同时下降。另有一派学者认为没有足够科学证据证明调整水价可以作为水需求管理的主要经济手段，印度有学者也证实水资源的价格机制并不是有效的水资源需求管理手段，而配额使用手段却更加有效。

水价在影响水需求变化中的作用，往往由于数据的缺乏而难以与其他同时实行的措施的效果区分开来。美国科罗拉多州奥罗多市用五年时间对用水量和各种需水控制因素等数据进行了较为详细的记录，对结果的分析表明，水价提高10%，导致水需求量减少6%左右，其中用水量大的用水户减少幅度相对更大，而实行分段计价又可使需水量减少5%左右。

水价机制能否在水需求管理中发挥作用，必须在实践中进行具体的分析，它受到不同地域、不同季节、不同用水方式，以及综合采用的其他控制手段的影响。

在需求管理中，需求的价格弹性是一个重要的指标。大量的研究表明，作为必需品的户内生活用水（包括清洁、卫生和饮用）对价格的反应程度要小于户外的更随意的对于自来水的使用（如浇灌草地、洗车、游泳池）。而最近美国的一项实证研究表明，当前居民用户的自来水需求价格弹性是很小的，但居民用户对阶梯定价与线性定价的价格需求弹性存在明显的不同，这意味着价格结构对需求价格弹性起着很大的影响，因此，设计更合理的价格结构比仅仅依靠单纯的费率调整更能够改变居民的消费习惯和消费数量。

三、社会自我管理

以取水许可为代表的行政措施、以水价及税收为代表的经济措施都是水需求管理的具体实现手段，但具有一定局限性。

由于人类用水类型的广泛性与取水地点的分散性，政府部门不可能监管所有取用水过程。因此，随着接受监管的用水对象逐渐增加、行政成本急剧升高，通过行政手段抑制水需求逐渐受到限制，需水管理效果下降。这时，价格在平衡供需中的灵活性与“杠杆”作用则凸显出来，水价提高或水权交易等经济措施可提供水资源外部性内部化的激励，促使人们主动节水。但是，水价提高到一定程度后，对于社会中的低收入群体，其用水需求已经降到最低限度，水价的提高对其进一步降低需水丧失作用。而对于富人或收入远大于水价支出的人群，可能宁愿支付更多水费以维持当前用水习惯，或保持其心理预期的最低生活水准的用水，而拒绝降低用水需求。这时水需求管理的经济手段遇到瓶颈，水需求管理又一次遇到阻碍。

此时，通过节水道德与伦理来约束仍具节水潜力人群的用水行为、激发其进一步节水的主动性成为水需求管理的必要措施。水需求的自我管理，主要指通过树立正确的水资源价值观与节水道德观，从社会伦理与责任层面，进一步激发用水主体节水的内生动力，并通过用水主体参与式管理与用水社会组织的自主治理，促进用水户节水主观能动性的充分发挥与实践，进而从根本上推动需水管理，进一步优化人们的用水行为选择，实现用水需求的减少。

水需求的自我管理包含两层含义，一是“自戒”，即用水者根据自己对于节水道德或义务的价值判断，出于社会责任的考虑，克己复礼、抑制需求，减少不合理的用水；二是“互助”，在人们普遍接受的节水道德规范下，通过特定用水组织的协调管理，实现多用户用水互相监督，使不合理水需求进一步降低。例如，在社会普遍接受“节水光荣、浪费可耻”的理念下，且用水信息互相公开时，不合理需水较大的用水主体则可能出于社会道德羞耻感，更严格管理自己的用水。

水需求自我管理依赖于人们内心对于水资源价值及稀缺性的理性认识和充分重视，并且需要将人们的节水意愿转化为实际行动的制度条件与激励机制。因此，水需求自我管理的有效实施需要诸多前提条件，包括社会节水道德规范的宣传与树立、用户节水的激励与补偿机制、用水信息的社会发布与参与式管理制度的建立，等等。通过需水自我管理，可大大降低水资源管理的行政成本，有效避免市场机制在水需求管理中的局限，形成用水者的内生节水动力，从根本上降低不合理用水需求，促进水需求管理的深入实施。但是，由于人类对于更好生活及发展水平的不断追逐，通过道德规范与参与式管理实现需水主动抑制需要全社会共同努力、以人为本、不断宣传，是一个长期的过程。

（一）培养节水意识，形成节水文化

我国水资源问题的解决，除了有赖于合理的管理制度，还有赖于节水意识这一社会资本的培养。需求管理的宣传教育不仅是对社会各阶层节水知识与理念的宣传，也通过对社会资源的深入挖掘形成节水的道德、文化，并予以传承。

道德作为一种非正式制度被经济学家称为影响经济社会发展的“第三只手”，节水型社会的水道德观能够潜移默化地影响到人们的用水行为与方式，有助于在全社会形成一种爱水、节水、与自然和谐相处的新风尚，为节水型社会提供永久的精神动力。培养节水型社会的水道德观要充分利用舆论的宣传和引导，通过掀起全民水道德观的培养活动，将节水行为内化为公众健康的水道德观念，使社会公众内心深处接受节水型社会的水道德观。水资源需求管理的宣传教育非一朝一夕之功，要通过对用水主体长期的多方位的宣传教育，促使用水个体获取节水的伦理道德价值取向，树立正确的节水道德观。只有当正确的节水观深入人心，并成为人们日常的行为准则，才能使得全民积极主动地采取节水行为。中华民族的文化传承使得节约成为我们这个民族最光荣的传统。因此，继续节水文化的传承也是节水意识得以代代相传的必由之路。

（二）重视需水管理的民主要求，开展参与式管理

相关利益群众的利益分析从供给管理向需求管理过渡，必使利益相关者的利益关系发生变化。因此，在体制改革过程中，要充分考虑他们的意见，并组织有条件的用水户参与到政策的制定中来。为了使利益相关者更好地参与进来，必须注重利益相关者的参与能力的建设。

农业节水具有较强的外部性，以农民用水者协会为主，因地制宜地推广各种形式的用水户参与管理模式，是水需求自我管理手段的重要内容。通过农民用水者协会建设，充分调动广大用水户节水主动性和参与水管理的积极性，可减少政府水资源管理成本，促进节水、提高水资源需求管理水平。明晰用水者协会水权、规范协会职责及民主机制，并为协会提供必要的资金支持，是促使农民各用水者协会发挥作用的基础条件。

城镇供水或自来水协会建设在提高城市水资源需求管理水平、推动自来水公司主动控制渗漏以及促进城市节水等方面，有着非常积极的作用，是城市水需求自我管理的重要组成部分。城镇供水或自来水协会的功能主要包括，组织自来水公司或城市供水单位等自发进行供水技术标准研制及经验交流、自来水公司主动渗漏控制、供水公司财务及管理咨询等，进而提高城市需水管理水平、减少浪费。

第四节　水资源需求管理的政策框架

水资源需求管理政策框架可以从水资源需求管理制度的基本框架中引申出来，在已有制度本身或者实施方法中寻找改善空间，制定相应政策，最终形成水资源需求管理的政策框架。

一、完善水资源管理制度

（一）流域水资源管理制度

流域水资源的分配是水资源需求管理的重要内容之一，也是落实区域水资源管理各项工作的先决条件。依据现有管理制度由流域管理机构主导负责流域水资源（包括地表水与地下水）统一管理和监督，其主要承担流域取水许可总量控制、限额以上以及直管河段的取水许可和干流及重要跨省支流统一调度、省际水权转让的审核、流域内地表地下水资源动态监测等工作。目前流域水资源管理制度存在的瑕疵主要有：水资源分配管理“集中有余，民主不足”，流域所经区域代表（地方政府）参与协商的机会偏少；干支流水量分配不明确，水资源的调度不够精细；因为流域水权指标以社会经济总体效益的帕累托最优为原则进行分配，可能导致部分区域利益受损，但相应的补偿机制没有正式建立。因此可考虑建立流域水资源议事协商决策体系，扩大流域水事决策的协商范围；引入水权保证率评价机制，不同保证率水权之间的转换可按照一定原则进行保证率折算，进而建立科学的流域水权分配体系；以微观经济学中的边际效用理论在水权分配过程中获利区域与受损区域间进行相应的补偿，兼顾水权分配的公平性。

同时，流域管理机构还应考虑建立基于统一调度的流域供水市场化运作体系，取退水计量监测体系，水资源调度监控体系，行业用水定额及初始水权定期修正体系和水权配置效果定期评价体系。

（二）行政制度

区域水资源管理制度比较丰富，是水资源需求管理的重要依据，不同制度间相互联系支持，为了实现水资源需求管理的整体效果，应当强化政府的主导作用，通过行政监管将各项制度得以全面贯彻，并在水政监察及执法过程中，发现制度的瑕疵并通过相应的规程将其完善。

1. 建立健全用水总量控制和定额管理制度

根据水资源开发利用现状和水资源承载能力，预测不同年份的水资源可利用总量，按照各行业的性质和要求，合理确定各种用水标准，确定水资源的宏观控制指标和微观定额指标，明确各地区、各行业、各部门乃至各单位的用水指标，确定产品生产或服务的科学用水定额，规定社会每一项工作或产品的具体用水量要求，通过控制用水指标的方式，提高水的利用效率，达到降低用水总量的目标。

2. 全面推行水资源论证制度和取水许可制度

按照国家的法律法规要求，建设项目需要进行水资源论证和申请取水许可。新建、扩建、改建项目，要按照有关规定进行水资源论证，必须制订节水方案，配套建设节水设施。节水设施应当与主体工程同时设计、同时施工、同时投产（“三同时”）。在取水许可审批和年检时要求取水单位做到用水计划到位、节水目标到位、节水措施到位、管理制度到位（“四到位”），保证各个取水单位按计划用水。在建设项目取水许可审批时，对未通过水资源论证的项目，不予核发取水许可证。供水企业收到接水申请时，对于节水管理部门审核意见或审核不同意的，坚决不予受理。

统筹考虑经济社会发展和区域水资源条件、单个取水项目成本效益和社会成本效益的关系，使区域发展与水资源条件相适应。严格执行国家、地方水资源论证和用水、节水评估的政策法规，规范论证和评估主体行为、限定论证和评估程序、明晰论证和评估内容、保证论证和评估质量，确保水资源论证和用水、节水评估制度的有效性和权威性。对已建成项目，开展取用水后评价工作。国民经济和社会发展规划以及城市总体规划的修编、重大建设项目的布局，应当与当地水资源条件和防洪要求相适应，并进行科学论证。

3. 推行水务一体化管理

水行政主管部门在具备各项涉水事务管理职能的基础上，充分发挥协调优势，实施区域水资源统一管理和保护，编制辖区内水资源中长期供求计划，拟订水利分配方案，制定节水政策及奖惩机制，在组织实施水政监察和水行政执法工作中注重引导社会形成良好的用水习惯，培育节水文化。在水资源管理机构内部，应当加强各级节水管理部门的能力建设，提高政府的公共管理和组织能力，定期对各供水单位及重要的用水单位进行管理人员的业务培训。

4. 完善水资源统一规划、统一管理制度

根据统一规划、综合利用的原则，制订区域水资源综合规划，统一管理区域范围内地表水与地下水、水量与水质、城市与农村水资源，分配城乡和各行业用水权；统筹考虑水资源的多种功能，统筹需水、用水等各环节，科学合理配置水资源，建立全程节水管理制度。

（三）经济制度

1. 建立水权转让制度

在计划用水管理的基础上，建立用水指标交易制度，建立一套完善的水权交易规则、交易方式和交易程序，本着公平、信息公开和资源交易原则，为水权转让提供条件，使水资源从低效益用途向高效益用途转移，从而实现水资源优化配置，在宏观上提高水资源的配置效率，在微观上提高水资源的利用效率，以确保经济社会发展对水的需求。在水权交易过程中，主管部门应当对水事纠纷、利益冲突等局部矛盾予以仲裁和解决，同时还应当注重监管，避免市场缺陷对水权交易可能产生的影响，如为防止类似“囤货高价”现象，在允许水权留存积累的同时，可考虑将过多的水权积蓄强制收回，但给予一定的奖励予以弥补，从而保护用水单位节水的积极性。

2. 建立科学的水价制度

按照补偿成本、合理收益、优质优价、公平负担的原则，完善水价形成机制，制定水利工程供水价格和城市用水价格。完整的水价应当包含资源成本、工程成本、环境成本和必要的调控干预空间，因此，应当建立合理的价格调整机制，充分发挥价格在调节供求平衡、优化水资源配置、促进节水减污、发展循环经济中的杠杆作用。在兼顾用水户承受能力的前提下，逐步提高水资源费的征收标准，强化水资源费征收管理；全面落实和完善居民阶梯式水价，体现合理负担，保证基本需求；结合产业规划，加大对非居民用户分类水价和差别定价的调控力度；实行节水奖励、超计划用水累进加价的奖惩激励机制；鼓励和引导工业、城市绿化、生态景观和洗车等有节水潜力的行业使用再生水。

3. 综合利用市场机制，引导社会用水行为

水行政主管部门可考虑对高耗水高效益行业收取较高水资源费的同时给予资金扶持，鼓励其改进用水工艺，添置节水或水循环回用设备，使其提高用水效率；对农业低耗水经济作物收取较低的水资源费，并为农民开辟经销或者出口渠道，提高经济作物收益，从而降低农业用水总量；对低耗水、高收益、绿色环保的行业水，行政主管部门（甚至会同工商部门），给予财政和技术支持，引导资本流入低耗水产业，从而形成节水的工业、农业经济结构，有利于水资源的可持续利用。

（四）互动制度

1. 完善公众参与机制

社会公众参与是水资源需求管理的关键。水行政主管部门应当建立公开透明、公众参与的民主管理机制，建立公民充分参与节水的机制，注重鼓励用水者组织，特别是非政府组织等社会各界充分参与重要水事决策，如支持农民用水户协会和城市自来水协会等组织参与水权、水量的分配、管理和监督，以及水价的制定、调整和实施。用水者组织实行民主决策、民主管理、民主监督。

提高政策制定过程的开放度和信息透明度，在政策制定和实施过程中建立水相关利益团体的制度化表达机制和参与机制。建立多部门协作制度、咨询制度、水价听证制度，用水、节水和水交易信息公布制度、群众有奖举报制度以及其他充分尊重公众知情权、参与决策权、监督权和舆论权的制度，充分调动广大用水户参与水资源管理的积极性。

实施必要保障措施，提高公众参与的有效性。以公开为原则，以保密为例外，建立强制性的信息披露制度，及时准确和全面地向社会发布公众用水信息，包括建立健全公

众参与的规章、完善决策程序。重视信息交流、讲座、重要媒体广播和互联网发布问卷调查等，以加强社会节水知识和技术培训，提高公众参与的能力和质量等。

2. 建立长效节水宣传教育机制

要立足长远的宣传教育活动，将节约用水纳入基础教育，使公众从小就接受节水意识熏陶。定期在广大中小学中间开展主体性质的征文、讲座、歌咏比赛、夏令营和郊游等活动，使未来的公众从小就培养成良好的节水观念，掌握科学的节水、用水知识，倡导节水的文明生活方式，提升珍惜水、爱护水的道德意识，形成“浪费污染水资源可耻、节约保护水资源光荣”的社会氛围，通过长期的努力培育节水文化。

3. 提高公众自主节水动力

节水涉及各行各业，必须唤醒全民对节约用水、珍惜水资源的意识，水行政部门可考虑运用公益广告、宣传标语等一定的媒介形式，向公众普及节水知识，使公众深刻理解水是一种稀缺资源，且具有商品属性，逐步树立起商品水的观念并认识到用水有偿，进而逐步提高对水价的心理承受能力，提高公众自觉、自愿节水的动力。

4. 建立公众参与方面的奖惩机制

水行政主管部门可考虑设置专项资金，定期评选“节水先进集体”“节水先进组织”和“节水先进个人”，对积极参与水资源管理并起到很好的监督作用、改善了水资源管理效果，或者在节水宣传、普及节水知识等活动中做出突出贡献的社会中的个人及单位，给予相应的奖励。但需要注重先进个人、单位的评选应当公开、公平、公正地进行，被评选出的单位、组织、集体或者个人应当向社会广泛公布，接受质疑。同时，也要充分发挥舆论宣传和舆论监督作用，对浪费水资源、破坏水生态环境的行为公开曝光，积极营造良好的舆论氛围，水行政主管部门应当密切关注公众在水资源方面的舆论动态，对涉嫌违法违规的用水者或者破坏水资源的单位和个人要依法进行处罚。

除了应当完善行政制度、经济制度和互动制度等区域水资源基本制度之外，水行政主管部门还有必要完善用水计量与统计措施。目前，非农业取水户必须安装计水设施，并对计量设备的购置、安装、维护、更换和检修进行严格的管理，保证其完好正常；对于用水量较高的工业用户，应当定期实施水平衡测试；对市政、环卫、绿化等公共用水，全面推广计量用水；全力研究农业用水计量新方法，完善农业用水的计量设施。在完善单位、个体用水计量基础上，将万元 GDP 用水量、万元工业增加值取水量、区域用水总量等数据进行收集汇总，定期向社会公布。

水资源的计量与统计是一切需水管理制度得以执行的基础，也是进行水资源管理科学决策和需水管理效果评价的重要依据，水行政主管部门以及供水单位应当做好相关方面的工作。

二、建立制度配套保障体系

（一）法律法规

水资源需求管理必须有章可循、依法进行。由于社会经济因素相比自然因素而言更为突出，因而必须通过法律手段，激发用水主体厉行节约用水的主动性和积极性，避免水资源的低效率、非正常使用。然而，法律规范的建立和完善远远落后于现实，存在很多的空白地带，而且已制定的法律往往过于原则化，可操作性不强，制约了水资源管理的实践进程。

为了保证水资源需求管理得以有效实施，我国目前应当抓紧建立、完善以下几方面的法律法规。

1. 修订、完善取水许可管理规定

根据《中华人民共和国水法》和《取水许可和水资源费征收管理条例》，修订、完善现行的取水许可管理规定，出台实施细则，进一步明确总量控制、定额管理制度和取水许可的条件与程序，强化取水许可统一管理和水资源费征收管理。

2. 制定出台地方层面节约用水管理奖惩办法及与之相配套的规章

根据水资源需求管理中存在的问题，依据各个地方的相关法规，制定计划用水管理、水平衡测试管理、节水产品管理、节水“三同时”管理等规章制度，使具体的水资源管理工作有法可依，提高管理效率。

3. 制定出台水权转让与交易管理办法

以水权、水市场理论为依据，以计划用水管理为基础，制定水权转让与交易规则、方法及程序等规章制度，使水权交易市场管理工作得以顺利进行。

（二）财政帮扶

水资源需求管理很多方面的工作需要财政支持才能得以实现，如节水宣传教育的实施，公众参与中的奖惩机制、经济制度中的多项引导机制等都需要大量的经费。为此，如同水资源供给管理一样，需求管理也需要逐步建立多层次、多渠道、多元化的投资体制，在做好水资源需求管理规划与论证的基础上可向中央及地方政府申请专项财政支持，同时也应当积极探索市场融资方式、为节水项目提供资金保障。

（三）公众参与的制度渠道

通过建立正式的制度、发展稳定的用水组织，设立专项资金用于支持用水组织常规性的事务活动。水行政主管部门指导用水组织成立内部的常务部门，实行民主自治管理，代表用水户群体参与水资源管理的重要决策，并且对政府管水、社会用水行为进行监督，共同推动水资源管理的实施，实现社会水资源需求量的降低。

（四）科技支撑

科技是水资源需求管理的重要手段内容之一，政府应当通过举办展览、技术交流等多种方式，加快先进成熟节水技术、节水工艺和节水设备的推广应用，重点推广农业节水灌溉、中水回用和非常规水资源利用技术；鼓励用水户采用用水量小、污染少的工艺、设备和技术，积极推进循环型、节水型工业企业的建设。组织相关专家，成立稳定的专家指导委员会，为水资源需求管理、政策措施和重大技术问题提供技术支撑和指导；针对建设中出现的重大科技问题、积极开展相关科学研究、进行科技攻关，目前可重点开展“零排放”技术、提高浓缩倍率技术、中水回用技术和水网络集成技术的研究工作。

（五）水资源管理信息化

我国目前水资源管理的信息化水平总体偏低，现有的水务信息网几乎全部局限于地市级别的区划，区县级地域鲜有相关的信息化网络；且仅有的水务信息网络大都缺乏关键的水利数据及用水信息，或者不具备水情监测系统功能，无法为科学的规划与决策提供有效的支持；甚至有部分水务网站多年未曾更新必要的信息。

提高信息化管理水平，应当建立嵌有多种技术系统的信息网络平台，借助于此信息网络，水行政主管部门可以更高效地对区域内水质、水量及水能等情况进行监测，对区域未来水资源供需情况做出准确预测，提前做好应急管理准备；并能及时向社会公众发布国家水资源政策与法律法规、政务信息、水资源公报、重大水事决策公众参与的时间地点及方式，并设置专门信箱，接受公众的举报，听取公众对政府改进工作的建议。

在水务信息网络平台建设或者运行管理过程中，信息采集设施、计算机网络、数据库、安全保密系统等维护工作应当划分权限由各级单位分部门分级负责管理。为了保障信息化工程的顺利建设，需要一支具有复合知识、技术过硬的人才队伍，同时还要制订一套科学可行的人才培养计划。水资源需求管理信息化水平的提高应当注重以人才为主体，从政策支撑、技术更新等多方面营造一个良好的发展环境。

在从“传统水利”向“现代水利”转变的过程中，做好水资源需求管理是关键。只有约束人类对水资源无限制的需求，对有限水资源进行合理配置和科学管理，才能从根本上解决当前面临的主要水问题，真正实现水资源可持续利用。

第五章
水资源的综合利用

第一节 水资源综合利用概述

水资源是一种特殊的资源，它对人类的生存和发展来讲是不可替代的物质。所以，对于水资源的利用，一定要注意水资源的综合性和永续性，也就是人们常说的水资源的综合利用和水资源的可持续利用。

一、水资源综合利用的认识

水是大气循环过程中可再生和动态的自然资源。应该对水资源进行多功能的综合利用和重复利用，以更好地取得社会、经济和环境的综合效益。

随着社会各方面发展速度的加快，对水资源的需求量也在成倍增加，导致我国逐渐出现了水资源短缺问题，在极大程度上影响了人们的日常生活与发展，针对水资源方面的问题，政府相关部门在制定各方面水资源使用条例的同时，引导水行政部门进行了水资源综合利用工程的发展。水资源综合利用的基本原则是：

第一，开发利用水资源要兼顾防洪、除涝、供水、灌溉、水力发电、水运、竹木流放、水产、水上娱乐及生态环境等方面的需要，但要根据具体情况，对其中一种或数种有所侧重。

第二，兼顾上下游、地区和部门之间的利益，综合协调，合理分配水资源。

第三，生活用水优先于其他一切目的的用水，水质较好的地下水、地表水优先用于饮用水。合理安排工业用水，安排必要的农业用水，兼顾环境用水，以适应社会经济稳步增长。

第四，合理引用地表水和开采地下水，以保护水资源的持续利用，防止水源枯竭和地下水超采，防止灌水过量引起土壤盐渍化，防止对生态环境产生不利影响。

第五，有效保护和节约使用水资源，厉行计划用水，实行节约用水。

第六，单项工程的综合利用。例如，典型水利工程，几乎都是综合利用水利工程。水利工程要实现综合利用，必须有不同功能的建筑物，这些建筑物群体就像一个枢纽，故称为水利枢纽。

第七，一个流域或一个地区，水资源的利用也应讲求综合利用。

第八，从水资源的重复利用角度来讲，体现一水多用的思想。例如，水电站发电以后的水放到河道可供航运，引到农田可供灌溉等。

二、水资源综合利用工程的管理方式

（一）政府配置

水资源属于国家所有制，所以无论是水资源保护还是水资源管理的主体都为国家，只有中央政府可以对水资源所有权以及水资源分配、地区水资源使用控制进行主导，从以前我国的南水北调工程中便可以印证这一点，此外，中央政府还可以通过经济、行政等手段对水资源进行多方面管理，以此来达到水资源综合利用的目的。

（二）通过水权理论，进行水权管理

水权是水资源综合利用工程的基础支撑，当前我国为了进一步加强水资源综合利用力度，通过市场经济体制的推行下，将原有的部分水权进行转让，比如黄河水权、张掖水权等，通过水权的转让逐步推进高效用水、节约用水、计划用水等体制运行，以此来实现对水资源综合利用工程的管理。

第二节　水力发电

一、水力发电的基本原理

水力发电实质就是利用水力（具有水头）推动水力机械（水轮机）转动，将水能转变为机械能，如果在水轮机上接上另一种机械（发电机），随着水轮机转动便可发出电来，这时机械能又转变为电能。水力发电在某种意义上讲是将水的势能变成机械能，又变成电能的转换过程。

二、河川水能资源的基本开发方式

（一）坝式

这类水电站的特点是上、下游水位差主要靠大坝形成，坝式水电站又有坝后式水电站和河床式水电站两种形式。

1. 坝后式水电站

厂房位于大坝后面，在结构上与大坝无关。若淹没损失相对不大，有可能筑中、高坝抬水，来获得较大的水头。目前我国最高的大坝是四川省二滩水电站大坝，混凝土双曲拱坝的坝高 240m；世界上总装机容量最大的水电站，也是总装机容量最大的坝后式水电站是我国的三峡水电站，总装机容量为 38 200MW。

2. 河床式水电站

厂房位于河床中作为挡水建筑物的一部分，与大坝布置在一条直线上，一般只能形成 50m 以内的水头，随着水位的增高，作为挡水建筑物部分的厂房上游侧剖面厚度增加，使厂房的投资增大。我国目前总装机容量最大的河床式水电站是湖北省葛洲坝水电站，总装机容量为 2715MW。

（二）引水式

这类水电站的特点是上下游水位差主要靠引水形成。引水式水电站又有无压引水式水电站和有压引水式水电站两种形式。

1. 无压引水式水电站

用引水渠道从上游水库长距离引水，与自然河床产生落差。渠首与水库水面为平水无压进水，渠末接倾斜下降的压力管道进入位于下游河床段的厂房，一般只能形成 100m 以内的水头，使用水头过高的话，在机组紧急停机时，渠末压力前池的水位起伏较大，水流有可能溢出渠道，不利于安全，所以电站总装机容量不会很大，属于小型水电站。

2. 有压引水式水电站

用穿山压力隧洞从上游水库长距离引水，与自然河床产生水位差。洞首在水库水面以下有压进水，洞末接倾斜下降的压力管道进入位于下游河床的厂房，能形成较高或超高的水位差。世界上最高水头的水电站，也是最高水头的有压引水式水电站是奥地利雷扎河水电站，其工作水头为 1771m。我国引水隧洞最长的水电站是四川省太平驿水电站，引水隧洞的长度为 10 497m。

（三）混合式

在一个河段上，同时用坝和有压引水道结合起来共同集中落差的开发方式，叫混合式开发。水电站所利用的河流落差一部分由拦河坝提高；另一部分由引水建筑物来集中以增加水头，坝所形成的水库，又可调节水量，所以兼有坝式开发和引水式开发的优点。

（四）特殊式

这类水电站的特点是上、下游水位差靠特殊方法形成。目前，特殊水电站主要包括抽水蓄能水电站和潮汐水电站两种形式。

1. 抽水蓄能水电站

抽水蓄能发电是水能利用的另一种形式，它不是开发水力资源向电力系统提供电能，而是以水体作为能量储存和释放的介质，对电网的电能供给起到重新分配和调节作用。

电网中火电厂和核电厂的机组带满负荷运行时效率高、安全性好，例如大型火电厂机组出力不宜低于80%，核电厂机组出力不宜低于90%，频繁地开机停机及增减负荷不利于火电厂和核电厂机组的经济性和安全性；因此在凌晨电网用电低谷时，由于火电厂和核电厂机组不宜停机或减负荷，电网上会出现电能供大于求的情况，这时可启动抽水蓄能水电站中的可逆式机组接受电网的电能作为电动机—水泵运行，正方向旋转将下水库的水抽到上水库中，将电能以水能的形式储存起来；在白天电网用电高峰时，电网上会出现电能供不应求的情况，这时可用上水库推动可逆式机组反方向旋转，可逆式机组作为发电机—水轮机运行，这样可以大大改善电网的电能质量。

2. 潮汐水电站

在海湾与大海的狭窄处筑坝，隔离海湾与大海，涨潮时水库蓄水，落潮时海洋水位降低，水库放水，以驱动水轮发电机组发电。这种机组的特点是水头低、流量大。

潮汐电站一般有3种类型，即单库单向型（一个水库，落潮时放水发电）、单库双向型（一个水库，涨潮、落潮时都能发电）和双库单向型（利用两个始终保持不同水位的水库发电）。世界上最大的潮汐电站是法国的朗斯潮汐电站，总装机容量为342MW。

第三节　防洪与治涝

一、防洪

（一）洪水与洪水灾害

洪水是一种峰高量大、水位急剧上涨的自然现象。洪水一般包括江河洪水、城市暴雨洪水、海滨河口的风暴潮洪水、山洪、凌汛等。就发生的范围、强度、频次、对人类的威胁性而言，中国大部分地区以暴雨洪水为主。天气系统的变化是造成暴雨进而引发洪水的直接原因，而流域下垫面特征和兴修水利工程可间接或直接地影响洪水特征及其特性。洪水的变化具有周期性和随机性。洪水对环境系统产生了有利或不利影响，即洪水与其存在的环境系统相互作用着。河道适时行洪可以延缓某些地区植被过快地侵占河槽，抑制某些水生植物过度有害生长，并为鱼类提供很好的产卵基地；洪水周期性地淹没河流两岸的岸边地带和洪泛区，为陆生植物群落生长提供水源和养料；为动物群落提供很好的觅食、隐蔽和繁衍栖息场所和生活环境；洪水携带泥沙淤积在下游河滩地，可造就富饶的冲积平原。

洪水所产生的不利后果是会对自然环境系统和社会经济系统产生严重冲击，破坏自然生态系统的完整性和稳定性。洪水淹没河滩，突破堤防，淹没农田、房屋，毁坏社会基础设施，造成财产损失和人畜伤亡，对人群健康、文化环境造成破坏性影响，甚至干扰社会的正常运行。由于社会经济的发展，洪水的不利作用或危害已远远超过其有益的一面，洪水灾害成为社会关注的焦点之一。

洪水给人类正常生活、生产活动和发展带来的损失和祸患称为洪灾。

（二）洪水防治

洪水是否成灾，取决于河床及堤防的状况。如果河床泄洪能力强，堤防坚固，即使洪水较大，也不会泛滥成灾；反之，若河床浅窄、曲折，泥沙淤塞、堤防残破等，使安全泄量（即在河水不发生漫溢或堤防不发生溃决的前提下，河床所能安全通过的最大流量）变得较小，则遇到一般洪水也有可能漫溢或决堤。所以，洪水成灾是由于洪峰流量超过河床的安全泄量，因而泛滥（或决堤）成灾。由此可见，防洪的主要任务是按照规定的防洪标准，因地制宜地采用恰当的工程措施，以削减洪峰流量，或者加大河床的过水能力，保证安全度汛。防洪措施主要可分为工程措施和非工程措施两大类。

1.工程措施

防洪工程措施或工程防洪系统，一般包括以下几个方面。

（1）增大河道泄洪能力

包括沿河筑堤、整治河道、加宽河床断面、人工裁弯取直和消除河滩障碍等措施。当防御的洪水标准不高时，这些措施是历史上迄今仍常用的防洪措施，也是流域防洪措施中常常不可缺少的组成部分。这些措施旨在增大河道排泄能力（如加大泄洪流量），但无法控制洪量并加以利用。

（2）拦蓄洪水控制泄量

主要是依靠在防护区上游筑坝建库而形成的多水库防洪工程系统，也是当前流域防洪系统的重要组成部分。水库拦洪蓄水，一可削减下游洪峰洪量，免受洪水威胁；二可蓄洪补枯，提高水资源综合利用水平，是将防洪和兴利相结合的有效工程措施。

（3）分洪、滞洪与蓄洪

分洪、滞洪与蓄洪三种措施的目的都是为了减少某一河段的洪峰流量，使其控制在河床安全泄量以下。分洪是在过水能力不足的河段上游适当修建分洪闸，开挖分洪水道

（又称减河），将超过本河段安全泄量的那部分洪水引走。分洪水道有时可兼做航运或灌溉的渠道。滞洪是利用水库、湖泊、洼地等，暂时滞留一部分洪水，以削减洪峰流量。待洪峰一过，再腾空滞洪容积迎接下次洪峰。蓄洪则是蓄留一部分或全部洪水水量，待枯水期供给兴利部门使用。

2. 非工程措施

（1）蓄滞洪（行洪）区的土地合理利用

根据自然地理条件，对蓄滞洪（行洪）区土地、生产、产业结构、人民生活居住条件进行全面规划，合理布局，不仅可以直接减轻当地的洪灾损失，而且可取得行洪通畅，减缓下游洪水灾害之利。

（2）建立洪水预报和报警系统洪水预报

是根据前期和现时的水文、气象等信息，揭示和预测洪水的发生及其变化过程的应用科学技术。它是防洪非工程措施的重要内容之一，直接为防汛抢险、水资源合理利用与保护、水利工程建设和调度运用管理及工农业的安全生产服务。

设立预报和报警系统，是防御洪水、减少洪灾损失的前哨工作。根据预报可在洪水来临前疏散人口、财物，做好抗洪抢险准备，以避免或减少重大的洪灾损失。

（3）洪水保险

洪水保险不能减少洪水泛滥而造成的洪灾损失，但可将可能的一次性大洪水损失转化为平时缴纳保险金，从而减缓因洪灾引起的经济波动和社会不安等现象。

（4）抗洪抢险

抗洪抢险也是为了减轻洪泛区灾害损失的一种防洪措施。其中包括洪水来临前采取的紧急措施，洪水期中险工抢修和堤防监护，洪水后的清理和救灾（如发生时）善后工作。这项措施要与预报、报警和抢险材料的准备工作等联系在一起。

（5）修建村台、躲水楼、安全台等设施

在低洼的居民区修建村台、躲水楼、安全台等设施，作为居民临时躲水的安全场所，从而保证人身安全和减少财物损失。

（6）水土保持

在河流流域内，开展水土保持工作，增强浅层土壤的蓄水能力，可以延缓地面径流，减轻水土流失，削减河道洪峰洪量和含沙量。这种措施减缓中等雨洪型洪水的作用非常显著；对于高强度的暴雨洪水，虽作用减弱，但仍有减缓洪峰过分集中之效。

（三）现代防洪保障体系

工程措施和非工程措施是人们减少洪水灾害的两类不同途径，有时这两类也很难区分。过去，人们将消除洪水灾害寄托于防洪工程，但实践证明，仅仅依靠工程手段不能完全解决洪水灾害问题。非工程措施是工程措施不可缺少的辅助措施。防洪工程措施、非工程措施、生态措施、社会保障措施相协调的防洪体系即现代防洪保障体系，具有明显的综合效果。因此，需要建立现代防洪减灾保障体系，以减少洪灾损失、降低洪水风险。具体地说，必须做好以下几方面的工作：

第一，做好全流域的防洪规划，加强防洪工程建设。流域的防洪应从整体出发，做好全流域的防洪规划，正确处理流域干支流、上下游、中心城市以及防洪的局部利益与整体利益的关系；正确处理需要与可能、近期与远景、防洪与兴利等各方面的关系。在整体规划的基础上，加强防洪工程建设，根据国力分期实施，逐步提高防洪标准。

第二，做好防洪预报调度，充分发挥现有防洪措施的作用，加强防洪调度指挥系统建设。

第三，重视水土保持等生态措施，加强生态环境治理。

第四，重视洪灾保险及社会保障体系的建设。

第五，加强防洪法规建设。

第六，加强宣传教育，提高全民的环境意识及防洪减灾意识。

二、治涝

形成涝灾的因素有以下两点：

第一，因降水集中，地面径流集聚在盆地、平原或沿江沿湖洼地，积水过多或地下水位过高。

第二，积水区排水系统不健全，或因外河外湖洪水顶托倒灌，使积水不能及时排出，或者地下水位不能及时降低。

上述两方面合并起来，就会妨碍农作物的正常生长，以致减产或失收，或者使工矿区、城市淹水而妨碍正常生产和人民正常生活，这就成为涝灾。因此必须治涝。治涝的任务是尽量阻止易涝地区以外的山洪、坡水等向本区汇集，并防御外河、外湖洪水倒灌；健全排水系统，使能及时排除暴雨范围内的雨水，并及时降低地下水位；治涝的工程措施主要有修筑围堤和堵支联圩、开渠撇洪和整修排水系统。

（一）修筑图堤和堵支联圩

修围堤用于防护洼地，以免外水入侵，所圈围的低洼田地称为圩或垸。有些地区圩、垸划分过小，港汊交错，不利于防汛，排涝能力也分散、薄弱。最好并小圩为大坪堵塞小沟支汊，整修和加固外围大堤，并整理排水渠系，以加强防汛排涝能力，称为“堵支联圩”。必须指出，有些河湖滩地，在枯水季节或干旱年份，可以耕种一季农作物，不宜筑围堤防护。若筑围堤，必然妨碍防洪，有可能导致大范围的洪灾损失，因小失大。若已筑有围堤，应按统一规划，从大局出发，“拆堤还滩”“废田还湖”。

（二）开渠撇洪

开渠即沿山麓开渠，拦截地面径流，引入外河、外湖或水库，不使向圩区汇集。若修筑围堤配合，常可收良效。并且，撇洪入水库可以扩大水库水源，有利于提高兴利效益。当条件合适时，还可以和灌溉措施中的长藤结瓜水利系统以及水力发电的集水网道开发方式结合进行。

（三）整修排水系统

整修排水系统包括整修排水沟渠栅和水闸，必要时还包括排涝泵站。排水干渠可兼航运水道，排涝泵站有时也可兼做灌溉泵站使用。

治涝标准由国家统一规定，通常表示为不大于某一频率的暴雨时不成涝灾。

第四节　灌溉

水资源开发利用中，人类首先是用水灌溉农田。灌溉是耗水大户，也是浪费水及可节约水的大户。我国历来将灌溉农业的发展看成是一项安邦治国的基本国策。随着可利用水资源的日趋紧张，重视灌水新技术的研究，探索节水、节能、节劳力的灌水方法，制定经济用水的灌溉制度，加强灌溉水资源的合理利用，已成为水资源综合开发中的重要环节。

一、作物需水量

农作物的生长需要保持适宜的农田水分。农田水分消耗主要有植株蒸腾、株间蒸发和深层渗漏。植株蒸腾是指作物根系从土壤中吸入体内的水分，通过叶面气孔蒸散到大气中的现象；株间蒸发是指植株间土壤或田面的水分蒸发；深层渗漏是指土壤水分超过田间持水量，向根系吸水层以下土层的渗漏，水稻田的渗漏也称田间渗漏。通常把植株蒸腾和株间蒸发的水量合称为作物需水量。作物各阶段需水量的总和，即为作物全生育期的需水量。水稻田常将田间渗漏量计入需水量之内，并称为田间耗水量。

作物需水量可由试验观测数据提供。在缺乏试验资料时，一般通过经验公式估算作物需水量。作物需水量受气象、土壤、作物特性等因素的影响，其中以气象因素和土壤含水率的影响最为显著。

二、作物的灌溉制度

灌溉是人工补充土壤水分，以改善作物生长条件的技术措施。作物灌溉制度，是指在一定的气候、土壤、地下水位、农业技术、灌水技术等条件下，对作物播种（或插秧）前至全生育期内所制订的一整套田间灌水方案。它是使作物生育期保持最好的生长状态，达到高产、稳产及节约用水的保证条件，是进行灌区规划、设计、管理、编制和执行灌区用水计划的重要依据及基本资料。灌溉制度包括灌水次数、每次灌水时间、灌水定额、灌溉定额等内容。灌水定额是指作物在生育期间单位面积上的一次灌水量。作物全生育期，需要多次灌水，单位面积上各次灌水定额的总和为灌溉定额。两者单位皆用 m^3/m^2 或用灌溉水深 mm 表示。灌水时间指每次灌水比较合适的起讫日期。

不同作物有不同的灌溉制度。例如：水稻一般采用淹灌，田面持有一定的水层，水不断向深层渗漏，蒸发蒸腾量大，需要灌水的次数多，灌溉定额大；旱作物只需在土壤中有适宜的水分，土壤含水量低，一般不产生深层渗漏，蒸发耗水少，灌水次数也少，灌溉定额小。

同一作物在不同地区和不同的自然条件下，有不同的灌溉制度，如稻田在土质黏重、地势低洼地区，渗漏量小，耗水少；在土质轻、地势高的地区，渗漏量、耗水量都较大。

对于某一灌区来说，气候是灌溉制度差异的决定因素。因此，不同年份，灌溉制度也不同。干旱年份，降水少，耗水大，需要灌溉次数也多，灌溉定额大；湿润年份相反，甚至不需要人工灌溉。为满足作物不同年份的用水需要，一般根据群众丰产经验及灌溉试验资料，分析总结制定出几个典型年（特殊干旱年、干旱年、一般年、湿润年等）的灌溉制度，用以指导灌区的计划用水工作。灌溉方法不同，灌溉制度也不同。如喷灌、滴灌的水量损失小，渗漏小，灌溉定额小。

制定灌溉制度时，必须从当地、当年的具体情况出发进行分析研究，统筹考虑。因此，灌水定额、灌水时间并不能完全由事先拟定的灌溉制度决定。如雨期前缺水，可取用小定额灌水；霜冻或干热危害时应提前灌水；大风时可推迟灌水，避免引起作物倒伏等。作物生长需水关键时期要及时灌水，其他时期可据水源等情况灵活执行灌溉制度。我国制定灌溉制度的途径和方法有以下几种：第一种是根据当地群众丰产灌溉实践经验进行分析总结制定，群众的宝贵经验对确定灌水时间、灌水次数、稻田的灌水深度等都有很大参考价值，但对确定旱作物的灌水定额，尤其是在考虑水文年份对灌溉的影响等方面，只能提供大致的范围；第二种是根据灌溉试验资料制定灌溉制度，灌溉试验成果虽然具有一定的局限性，但在地下水利用量、稻田渗漏量、作物日需水量、降雨有效利用系数等方面，可以提供准确的资料；第三种是按农田水量平衡原理通过分析计算制定灌溉制度，这种方法有一定的理论依据和比较清楚的概念，但也必须在前两种方法提供资料的基础上，才能得到比较可靠的成果。生产实践中，通常将三种方法同时并用，相互参照，最后确定出切实可行的灌溉制度，作为灌区规划、设计、用水管理工作的依据。

三、灌溉用水量

灌溉用水按其目的可分为播前灌溉、生育期灌溉、储水灌溉（提前储存水量）、培肥灌溉、调温灌溉、冲淋灌溉等。灌溉目的不同，灌溉用水的特点也不同。一般情况下，灌溉用水应满足水量、水质、水温、水位等方面的要求。水量方面，应满足各种作物、各生育阶段对灌溉用水量的要求。水质方面，水流中的含沙量与含盐量，应低于作物正常生长的允许值（粒径大于 0.1~0.15mm 的泥沙，不得入田；含盐量超过 2g/L 的水以及其他不合格的水，不得作灌溉用水）。水温方面，应不低于作物正常生长的允许值。水位方面，应尽量保证灌溉时需要的控制高程。

灌溉用水量是指灌溉农田从水源获取的水量，以 m^3 计，分净灌溉用水量（作物正常生长所需灌溉的水量）和毛灌溉用水量（从渠首取用的灌溉用水量，包括净灌溉用水量及沿程渠系到田间的各种损失水量）。

灌区某次灌水的净灌溉用水量，应为灌区某次灌水的各种作物的净灌溉用水量之和。灌区灌水的净灌溉用水量，应为灌区各种作物在一年内各次灌水的净灌溉用水量之和。净灌溉用水量，计入水量损失后，即为毛灌溉用水量。

四、灌溉技术及灌溉措施

灌溉技术是在一定的灌溉措施条件下，能适时、适量、均匀灌水，并能省水、省工、节能，使农作物达到增产目的而采取的一系列技术措施。灌溉技术的内容很多，除各种灌溉措施有各种相应的灌溉技术外，还可分为节水节能技术、增产技术。在节水节能技术中，有工程方面和非工程方面的技术，其中非工程技术又包括灌溉管理技术和作物改良方面的技术等。

灌溉措施是指向田间灌水的方式，即灌水方法，有地面灌溉、地下灌溉、喷灌、滴灌等。

（一）地面灌溉

地面灌溉是水由高向低沿着田面流动，借水的重力及土壤毛细管作用，湿润土壤的灌水方法，是世界上最早、最普通的灌水方法。按田间工程及湿润土壤方式的不同，地面灌溉又分畦灌、沟灌、淹灌、漫灌等。漫灌即田面不修畦、沟、渠，任水漫流，是一种不科学的灌水方法。主要缺点是灌地不匀，严重破坏土壤结构，浪费水量，抬高地下水位，易使土壤盐碱化、沼泽化。非特殊情况应尽量少用。

地面灌溉具有投资少、技术简单、节省能源等优点，目前世界上许多国家仍然很重视地面灌溉技术的研究。我国 98% 以上的灌溉面积采用地面灌溉。

（二）地下灌溉

地下灌溉又叫渗灌、浸润灌溉，是将灌溉水引入埋设在耕作层下的暗管，通过管壁孔隙渗入土壤，借毛细管作用由下而上湿润耕作层。

地下灌溉具有以下优点：能使土壤基本处于非饱和状态，使土壤湿润均匀，湿度适宜，因此土壤结构疏松，通气良好，不产生土壤板结，并且能经常保持良好的水、肥、气、热状态，使作物处于良好的生育环境；能减少地面蒸发，节约用水；便于灌水与田间作业同时进行，灌水工作简单等。其缺点是：表层土壤湿润较差，造价较高，易淤塞，检修维护工作不便。因此，此法适用于干旱缺水地区的作物灌溉。

（三）喷灌

喷灌是利用专门设备，把水流喷射到空中，散成水滴洒落到地面，如降雨般地湿润土壤的灌水方法。一般由水源工程、动力机械、水泵、管道系统、喷头等组成，统称喷灌系统。

喷灌具有以下优点：可灵活控制喷洒水量；不会破坏土壤结构，还能冲洗作物茎、叶上的尘土，利于光合作用；能节水、增产、省劳力、省土地，还可防霜冻、降温；可结合化肥、农药等同时使用。其主要缺点是：设备投资较高，需要消耗动力；喷灌时受风力影响，喷洒不均。喷灌适用于各种地形、各种作物。

（四）滴灌

滴灌是利用低压管道系统将水或含有化肥的水溶液一滴一滴地、均匀地、缓慢地滴入作物根部土壤，是维持作物主要根系分布区最适宜的土壤水分状况的灌水方法。滴灌系统一般由水源工程、动力机、水泵、管道、滴头及过滤器、肥料等组成。

滴灌的主要优点是节水性能很好。灌溉时用管道输水，洒水时只湿润作物根部附近土壤，既避免了输水损失，又减少了深层渗漏，还消除了喷灌中水流的漂移损失，蒸发损失也很小。据统计，滴灌的用水量为地面灌溉用水量的1/8~1/6，为喷灌用水量的2/3。因此，滴灌是现代各种灌溉方法中最省水的一种，在缺水干旱地区、炎热的季节、透水性强的土壤、丘陵山区、沙漠绿洲尤为适用。其主要缺点是滴头易堵塞，对水质要求较高。其他优缺点与喷灌相同。

第五节　其他水利部门

除了防洪、治涝、灌溉和水力发电之外，尚有内河航运、城市和工业供水、水利环境保护、淡水水产养殖等水利部门。

一、内河航运

内河航运是指利用天然河湖、水库或运河等陆地内的水域进行船、筏浮运，它既是交通运输事业的一个重要组成部分，又是水利事业的一个重要部门。作为交通运输来说，内河航运由内河水道、河港与码头、船舶三部分组成一个内河航运系统，在规划、设计、经营管理等方面，三者紧密联系、互相制约。特别是在决定其主要参数的方案经济比较中，常常将三者作为一个整体来进行分析评价。但是，将它作为一项水利部门来看时，我们的着眼点主要在于内河水道，因为它在水资源综合利用中是一个不可分割的组成部分。至于船舶，通常只将其最大船队的主要尺寸作为设计内河水道的重要依据之一，而对于河港和码头，则只看作是一项重要的配套工程，因为它们与水资源利用和水利计算并没有直接关系。因此，这里我们将只简要介绍有关内河水道的概念及其主要工程措施，而不介绍船舶与码头。

一般来说，内河航运只利用内河水道中水体的浮载能力，并不消耗水量。利用河、湖航运，需要一条连续而通畅的航道，它一般只是河流整个过水断面中较深的一部分。它应具有必需的基本尺寸，即在枯水期的最小深度和最小宽度、洪水期的桥孔水上最小净高和最小净宽等；并且，还要具有必需的转弯半径，以及允许的最大流速。这些数据取决于计划通航的最大船筏的类型、尺寸及设计通航水位，可查阅内河水道工程方面的资料。天然航道除了必须具备上述尺寸和流速外，还要求河床相对稳定和尽可能全年通航。有些河流只能季节性通航，例如，有些多沙河流以及平原河流，常存在不断的冲淤交替变化，因而河床不稳定，造成枯水期航行困难；有些山区河流在枯水期河水可能过浅，甚至干涸，而在洪水期又可能因山洪暴发而流速过大；还有些北方河流，冬季封冻，春季漂凌流冰。这些都可能造成季节性的断航。

如果必须利用为航道的天然河流不具备上述基本条件，就需要采取工程措施加以改善，这就是水道工程的任务。

二、疏浚与整治工程

对航运来说，疏浚与整治工程是为了修改天然河道枯水河槽的平面轮廓，疏浚险滩，清除障碍物，以保证枯水航道的必需尺寸，并维持航道相对稳定。但这主要适用于平原河流。整治建筑物有多种，用途各不相同。疏浚与整治工程的布置最好通过模型试验决定。

（一）渠化工程与径流调节

这是两个性质不同但又密切相关的措施。渠化工程是沿河分段筑闸坝，以逐段升高河水水位，保证闸坝上游枯水期航道必需的基本尺寸，使天然河流运河化（渠化）。渠化工程主要适用于山丘区河流。平原河流，由于防洪、淹没等原因，常不适于渠化。径流调节是利用湖泊、水库等蓄洪，以补充枯水期河水之不足，因而可提高湖泊、水库下游河流的枯水期水位，改善通航条件。

（二）运河工程

这是人工开凿的航道，用于沟通相邻河湖或海洋。我国主要河流多半横贯东西，因此开凿南北方向的大运河具有重要意义。并且，运河可兼做灌溉、发电等的渠道。运河跨越高地时，需要修建船闸，并要拥有补给水源，以经常保持必要的航深。运河所需补给水量，主要靠河湖和水库等来补给。

在渠化工程和运河工程中，船筏通过船闸时，要耗用一定的水量。尽管这些水量仍可供下游水利部门使用，但对于取水处的河段、水库、湖泊来说，是一种水量支出。船闸耗水量的计算方法可参阅内河水道工程方面的书籍。由于各月船筏过闸次数有变化，所以船闸月耗水量及月平均流量也有一定变化。通常在调查统计的基础上，求出船闸月平均耗水流量过程线，或近似地取一固定流量，供水利计算作依据。此外，用径流调节措施来保证下游枯水期通航水位时，可根据下游河段的水文资料进行分析计算，求出通航需水流量过程线，或枯水期最小保证流量，作为调节计算的依据。

三、水利环境保护

水利环境保护是自然环境保护的重要组成部分，大体上包括：防治水域污染、生态保护及与水利有关的自然资源合理利用和保护等。

地球上的天然水中，经常含有各种溶解的或悬浮的物质，其中有些物质对人或生物有害。尽管人和生物对有害物质有一定的耐受能力，天然水体本身又具有一定的自净能力（即通过物理、化学和生物作用，使有害物质稀释、转化），但水体自净能力有一定限度。

如果侵入天然水体的有害物质，其种类和浓度超过了水体自净能力，并且超过了人或生物的耐受能力（包括长期积蓄量），就会使水质恶化到危害人或生物的健康与生存的程度，这称为水域污染。污染天然水域的物质，主要来自工农业生产废水和生活污水。

防治水域污染的关键在于废水、污水的净化处理和生产技术的改进，使有害物质尽量不侵入天然水域。为此，必须对污染源进行调查和对水域污染情况进行监测，并采取各种有效措施制止污染源继续污染水域。经过净化处理的废水、污水中，可能仍含有低浓度的有害物质，为防止其积累富集，应使排水口尽可能分散在较大范围中，以利于稀释、分解、转化。

对于已经污染的水域，为促进和强化水体的自净作用，要采取一定人工措施。例如：保证被污染的河段有足够的清水流量和流速，以促进污染物质的稀释、氧化；引取经过处理的污水灌溉，促使污水氧化、分解并转化为肥料（但不能使有毒元素进入农田）等。

在采取某种措施前，应进行周密的研究与试验，以免导致相反效果或产生更大的危害。目前，比较困难的是水库和湖泊污染的治理，因为其流速很小，污染物质容易积累，水体自净作用很弱。特别是库底、湖底沉积的淤泥中，积累的无机毒物较难清除。

四、城市和工业供水

城市和工业供水的水源大体上有：水库、河湖、井泉等。例如，密云水库的主要任务之一，即是保证北京市的供水。在综合利用水资源时，对供水要求，必须优先考虑，即使水资源量不足，也一定要保证优先满足供水。这是因为居民生活用水绝不允许长时间中断，而工业用水若匮缺超过一定限度，也将使国民经济遭到严重损失。一般说来，供水所需流量不大，只要不是极度干旱年份，往往不难满足。通常，在编制河流综合利用规划时，可将供水流量取为常数，或通过调查做出需水流量过程线备用。

供水对水质要求较高，尤其是生活用水及某些工业用水（如食品、医药、纺织印染及产品纯度较高的化学工业等）。在选择水源时，应对水质进行仔细的检验。供水虽属耗水部门，但很大一部分用过的水成为生活污水和工业废水排出。废水与污水必须净化处理后，才允许排入天然水域，以免污染环境引起公害。

五、淡水水产养殖（或称渔业）

这是指在水利建设中如何发展水产养殖。修建水库可以形成良好的深水养鱼场所，但是拦河筑坝妨碍洄游性的鱼类繁殖。所以，在开发利用水资源时，一定要考虑渔业的特殊要求。为了使水库渔场便于捕捞，在蓄水前应做好库底清理工作，特别要清除树木、墙垣等障碍物。还要防止水库的污染，并保证在枯水期水库里留有必需的最小水深和水库面积，以利鱼类生长。也应特别注意河湖的水质和最小水深。

特别要重视的是洄游性野生鱼类的繁殖问题。有些鱼类需要在河湖淡水中甚至山溪浅水急流中产卵孵化，却在河口或浅海育肥成长；另一些鱼类则要在河口或近海产卵孵化，却上溯到河湖中育肥成长。这些鱼类称为洄游性鱼类，其中有不少名贵品种，例如鲥鱼、刀鱼等。水利建设中常需拦河筑坝、闸，以致截断了洄游性鱼类的通路，使它们有绝迹的危险。因鱼类洄游往往有季节性，故采取的必要措施大体如下：

第一，在闸、坝旁修筑永久性的鱼梯（鱼道），供鱼类自行过坝，其形式、尺寸及布置，常需通过试验确定，否则难以收效。

第二，在洄游季节，间断地开闸，让鱼类通行，此法效果尚好，但只适用于上下游水位差较小的情况。

第三，利用机械或人工方法，捞取孕卵活亲鱼或活鱼苗，运送过坝，此法效果较好，但工作量大。

第六节 各水利部门间的矛盾及其协调

综上所述，在许多水利工程中，常有可能实现水资源的综合利用。然而，各水利部门之间，也还存在一些矛盾。例如，当上中游灌溉和工业供水等大量耗水，则下游灌溉和发电用水就可能不够。许多水库常是良好航道，但多沙河流上的水库，上游末端（亦称尾端）常可能淤积大量泥沙，形成新的浅滩，不利于上游航运。疏浚河道有利于防洪、航运等，但降低了河流水位，可能不利于自流灌溉引水；若筑堰抬高水位引水灌溉，又可能不利于泄洪、排涝。利用水电站的水库滞洪。有时汛期要求腾空水库，以备拦洪，削减下泄流量，但却降低了水电站的水头，使所发电能减少。为了发电、灌溉等的需要而拦河筑坝，常会阻碍船、筏、鱼通行等。可见，不但兴利、除害之间存在矛盾，在各兴利部门之间也常存在矛盾，若不能妥善解决，常会造成不应有的损失。例如，埃及阿斯旺水库虽有许多水利效益，但却使上游造成大片次生盐碱化土地，下游两岸农田因缺少富含泥沙的河水淤灌而渐趋瘠薄。在我国，也不乏这类例子，其结果是：有的工程建成后不能正常运用，不得不改建，或另建其他工程来补救，事倍功半；有的工程虽然正常运用，但未能满足综合利用要求而存在缺陷，带来长期的损失。所以，在研究水资源综合利用的方案和效益时，要重视各水利部门之间可能存在的矛盾，并妥善解决。

上述矛盾，有些是可以协调的，应统筹兼顾、“先用后耗”，力争“一水多用、一库多利”。例如，水库上游末端新生的浅滩妨碍航运，有时可以通过疏浚航道或者洪水期降低水库水位，借水力冲沙等方法解决；又如，发电与灌溉争水，有时（灌区位置较低时）可以先取水发电，发过电的尾水再用来灌溉；再如，拦河闸坝妨碍船、筏、鱼通行的矛盾，可以建船闸、筏道、鱼梯来解决；等等。但也有不少矛盾无法完全协调，这时就不得不分清主次，合理安排，保证主要部门、适当兼顾次要部门。例如，若水电站水库不足以负担防洪任务，就只好采取其他防洪措施去满足防洪要求；反之，若当地防洪比发电更重要，而又没有更好代替办法，则也可以在汛期降低库水位，以备蓄洪或滞洪，宁愿汛期少发电。再如，蓄水式水电站虽然能提高水能利用率，并使出力更好地符合用电户要求，但若淹没损失太大，只好采用径流式等。总之，要根据当时当地的具体情况，拟订几种可能方案，然后从国民经济总利益最大的角度来考虑，选择合理的解决办法。

现举一例来说明各部门之间的矛盾及其解决方法。

某丘陵地区某河的中下游两岸有良田约 200 万亩，临河有一工业城市 A。因工农业生产急需电力，拟在 A 城下游约 100 km 处修建一蓄水式水电站，要求水库回水不淹 A 城，并尽量少淹近岸低田。因此，只能建成一个平均水头为 25 m 的水电站，水库兴利库容约 6 亿 m^3，而多年平均年径流量约达 160 亿 m^3。水库建成前，枯水季最小日平均流量还不足 30 m^3/s，要求通过水库调蓄，将枯水季的发电日平均流量提高至 100 m^3/s，以保证水电站月平均出力不小于 2 万 kW。同时还要兼顾以下要求：第一，适当考虑沿河两岸的防洪要求；第二，尽量改善灌溉水源条件；第三，城市供水的水源要按远景要求考虑；第四，根据航运部门的要求，坝下游河道中枯水季最小日平均流量不能小于 80m^3/s；第五，其他如渔业、环保等也不应忽视。

以上这些要求间有不少矛盾，必须妥善解决。例如，水库相对较小，径流调节能力较差，若从水库中引取过多灌溉水量，则发电日平均流量将不能保证在 100 m^3/s 以上，也不能保证下游最小日平均通航流量 80~100 m^3/s。经分析研究，该工程应是以发电为主的综合利用工程，首先要满足发电要求。其次，应优先照顾供水部门，其重要性不亚于发电。再次考虑灌溉、航运要求。至于防洪，因水库较小，只能适当考虑。具体说来，解决矛盾的措施如下。

第一，发电。保证发电最小日平均水流量为 100 m^3/s，使水电站月平均出力不小于 2 万 kW。同时，在兼顾其他水利部门的要求之后，发电最大流量达 400 m^3/s，BP 水电站装机容量达 8.5 万 kW，平均每年生产电能 4 亿 kW/h。若不兼顾其他水利部门的要求，还能多发电约 1 亿 kW · h，但为了全局利益，少发这 1 亿 kW · h 的电是应该的。具体原因从下面的叙述中可以弄清楚。

第二，供水。应该保证供水，所耗流量并不大，从水库中汲取。每年所耗水量相当于 0.12 亿 kW · h 电能，对水电站影响很小。

第三，防洪。关于下游两岸的防洪，因水库相对较小，无法承担（防洪库容需 10 亿 m^3），只能留待以后上游建造的大水库去承担。暂在下游加固堤防以防御一般性洪水。至于上游防洪问题，建库后的最高库水位，以不淹没工业城市 A 及市郊名胜古迹为准，但洪水期水库回水曲线将延伸到该城附近。若将水库最高水位进一步降低，则发电水头和水库兴利库容都要减少很多，从而过分减小发电效益；若不降低水库最高水位，则回水曲线将使该城及名胜古迹受到洪水威胁。衡量得失，最后采取的措施是：在 4—6 月（汛期），不让水库水位超过 88m 高程，即比水库设计蓄水位 92m 低 4m，以保证 A 城及市郊不受洪水威胁。在洪水期末，再让水库蓄水至 92m，以保证枯水期发电用水，这一措施将使水电站平均每年少发电能约 0.45 亿 kW · h，但枯水期出力不受影响，同时还可起到水库上游末端的冲沙作用。

第四，灌溉。近 200 万亩田的灌溉用水若全部取自水库，则 7 月、8 月旱季取水流量将达 200 m^3/s，而枯水期取水流量约 50 m^3/s。这样就使发电要求无法满足，还要影响航运。因此，只能在保证发电用水的同时适当照顾灌溉需要。经估算，只能允许自水库取水灌溉 28 万亩田。其中 20 万亩田位于大坝上游侧水库周围。无其他水源可用，必须从水库提水灌溉。建库前，这些土地系从河中提水灌溉，扬程高、费用大，而且水源无保证。建库后，虽然仍是提水灌溉，但水源有了保证，而且扬程平均减少约 10m，农业增产效益显著。另外 8 万亩田位于大坝下游，距水库较近，比下游河床高出较多，宜从水库取水自流灌溉。这 28 万亩田自水库引走的灌溉用水，虽使水电站平均每年少发约 0.22 亿 kW · h 电能，但这样每年可节约提水灌溉所需的电能 0.13 亿 kW · h，并使农业显著增产，因而是合算的。其余170万亩左右农田位于坝址下游，距水库较远，高程较低，可利用发电尾水提水灌溉。由于水库的调节作用，使枯水流量提高，下游提灌的水源得到保证，虽然不能自流灌溉，仍是受益的。

第五，航运。库区航运的效益很显著。从坝址至上游A城间的100km形成了深水航道，淹没了浅滩、礁石数十处。并且，如前所述，洪水期水库降低水位4m运行，可避免水库上游末端形成阻碍航运的新浅滩。为了便于船筏过坝，建有船闸一座，可通过1000 t级船舶，初步估算平均耗用流量10 m^3/s，相当于水电站每年少发0.2亿kW·h电能。至于下游航运，按通过1000 t级船舶计算，最小通航流量需要80~100 m^3/s。枯水期水电站及船闸下泄最小日平均流量共110 m^3/s。在此期间下游灌溉约需提水42.5 m^3/s的流量。可见下游最小日平均流量不能满足需要，即灌溉与航运之间仍然存在一定矛盾。解决的办法是：①使下游提水灌溉的取水口位置尽量选在距坝址较远处和支流上，以充分利用坝下游的区间流量来补充不足。②使枯水期通航的船舶在1000 t级以下，从而使最小通航流量不超过80 m^3/s，当坝下游流量增大后再放宽限制。③用疏浚工程清除下游浅滩和礁石，改善航道。这些措施使灌溉和航运间的矛盾初步得到解决，基本满足航运要求。

第六，渔业。该河原来野生淡水鱼类资源丰富。水库建成后，人工养鱼，年产量约100万kg。但坝旁未设鱼梯等过鱼设备，尽管采取人工捞取亲鱼及鱼苗过坝等措施，仍使野生鱼类产量大减，这是一个缺陷。

第七，水利环境保护。未发现水库有严重污染现象。由于洪水期降低水位运行，名胜古迹未遭受损失。水库改善了当地局部气候，增加了工业城市市郊风景点和水上运动场。但由于水库库周地下水位升高，使数千亩果园减产。

以上实例并非水资源综合利用的范例，只是用于解释各水利部门间的矛盾及其协调，供读者参考。在实际规划工作中，往往要拟订若干可行方案，然后通过技术经济比较和分析，选出最优方案。

第六章
水资源管理

水资源是生命之源，是实现经济社会可持续发展的重要保证，现在世界各国在经济社会发展中都面临着水资源短缺、水污染和洪涝灾害等各种水问题，水问题对人类生存发展的威胁越来越大，因此，必须加强对水资源的管理，进行水资源的合理分配和优化调度，提高水资源开发利用水平和保护水资源的能力，保障经济社会的可持续发展。

第一节 我国水资源管理概况

水资源是生态环境中不可缺少的最活跃的要素，是人民生活和经济社会建设发展的基础性自然资源和战略性经济资源，面对不断加剧的水资源危机，世界各国都必须不断加强水资源管理，构建适应可持续发展要求的水资源管理体系。

一、国外水资源管理的经验借鉴

不同国家的水资源管理各有自己的特色，不同国家的水资源管理经验能够为我国水资源管理提供以下几个方面的借鉴意义。

（一）实行水资源公有制，增强政府控制能力

水资源的特点之一是具有公共性。目前，国际上普遍重视水资源的这一特点，提倡所有的水资源都应为社会所公有，为社会公共所用，并强化国家对水资源的控制和管理。

（二）完善水资源统一管理体制

水资源管理的一个原则就是加强水资源统一管理，完善水资源统一管理体制，统一管理和调配水资源，有利于保护和节约水资源，大大提高水资源的利用效益与利用效率。

（三）实行以用水许可制度或水权登记制度为核心的水权管理制度

实行以用水许可制度或水权登记制度为核心的水权管理制度，改变了长期以来任意取水和用水的历史习惯，实现国家水管理机关统一管理水权，合理统筹资源配置。

（四）重视立法工作

水资源法律管理是水资源管理的基础，在进行水资源管理的过程中，必须坚持依法治水的原则，重视立法工作，正确制定水资源相关法律法规，是有效实施水资源管理的根本手段。

（五）引导和改变大众用水观念

水资源短缺是许多国家和地区面临的水问题之一，造成水资源短缺的其中一个原因就是水资源利用效率不高，水资源浪费严重，因此，必须采取各种措施，实行高效节约用水，改变大众用水观念。

（六）强调水环境的保护

水资源的不合理开发利用会对水环境造成破坏，应借鉴其他国家水环境管理的先进经验，避免走“先污染、后治理”的道路，保护水环境不被破坏。

二、我国水资源管理概况

我国是世界上开发水利、防治水患最早的国家之一。中华人民共和国成立后，水利建设有了很大发展。我国水资源管理概况如下：

国家对水资源实行流域管理与行政区域管理相结合的体制。国务院水行政主管部门负责全国水资源的统一管理和监督管理工作，水利部为国务院水行政主管部门。国务院水行政主管部门在国家确定的重要河流、湖泊设立的流域管理机构，在所管辖的范围内行使法律、行政法规规定的国务院水行政主管部门授予的水资源管理和监督管理职责。县级以上地方人民政府水行政主管部门按照规定的权限，负责本行政区域内水资源的统一管理和监督管理。国务院有关部门按照职责分工，负责水资源开发、利用、节约和保护的有关工作。县级以上地方人民政府有关部门按照职责分工，负责本行政区域内水资源开发、利用、节约和保护的有关工作。

全国水资源与水土保持工作领导小组负责审核大江大河的流域综合规划；审核全国水土保持工作的重要方针、政策和重点防治的重大问题；处理部门之间有关水资源综合利用方面的重大问题；处理协调省际间的重大水事矛盾。

七大江河流域机构是水利部的派出机构，被授权对所在的流域行使《水法》赋予水行政主管部门的部分职责。按照统一管理和分级管理的原则，统一管理本流域的水资源和河道。负责流域的综合治理，开发管理具控制性的重要水利工程，搞好规划、管理、协调、监督、服务，促进江河治理和水资源的综合开发、利用和保护。

我国水资源管理主要实行以下九个基本制度：水资源优化配置制度；取水许可制度；水资源有偿使用制度；计划用水、超定额用水累进加价制度；节约用水制度；水质管理制度；水事纠纷调理制度；监督检查制度；水资源公报制度。

第二节 水资源法律管理

一、水资源法律管理的概念

水资源法律管理是水资源管理的基础，在进行水资源管理的过程中，必须通过依法治水才能实现水资源开发、利用和保护目的，满足社会经济和环境协调发展的需要。

水资源法律管理是以立法的形式，通过水资源法规体系的建立，为水资源的开发、利用、治理、配置、节约和保护提供制度安排，调整与水资源有关的人与人的关系，并间接调整人与自然的关系。

水法有广义和狭义之分，狭义的水法是《中华人民共和国水法》。广义的水法是指调整在水的管理、保护、开发、利用和防治水害过程中所发生的各种社会关系的法律规范的总称。

二、水资源法律管理的作用

水资源法律管理的作用是借助国家强制力，对水资源开发、利用、保护、管理等各种行为进行规范，解决与水资源有关的各种矛盾和问题，实现国家的管理目标。具体表现在以下几个方面：规范、引导用水部门的行为，促进水资源可持续利用；加强政府对水资源的管理和控制，同时对行政管理行为产生约束；明确的水事法律责任规定，为解决各种水事冲突提供了依据；有助于提高人们保护水资源和生态环境的意识。

三、我国水资源管理的法规体系构成

我国在水资源方面颁布了大量具有行政法规效力的规范性文件，如《中华人民共和国水法》《中华人民共和国水污染防治法》《中华人民共和国水土保持法》《中华人民共和国防洪法》《中华人民共和国环境保护法》《中华人民共和国河道管理条例》和《取水许可证制度实施办法》等一系列法律法规，初步形成了一个由中央到地方、由基本法到专项法再到法规条例的多层次的水资源管理的法规体系。按照立法体制、效力等级的

不同，我国水资源管理的法规体系构成如下：

（一）宪法中有关水的规定

宪法是一个国家的根本大法，具有最高法律效力，是制定其他法律法规的依据。《中华人民共和国宪法》中有关水的规定也是制定水资源管理相关的法律法规的基础。《中华人民共和国宪法》第 9 条第 1、2 款分别规定，“水流属于国家所有，即全民所有”，“国家保障自然资源的合理利用”。这是关于水权的基本规定以及合理开发利用、有效保护水资源的基本准则。对于国家在环境保护方面的基本职责和总政策，第 26 条做了原则性的规定，“国家保护和改善生活环境和生态环境，防治污染和其他公害”。

（二）全国人大制定的有关水的法律

由全国人大制定的有关水的法律主要包括与（水）资源环境有关的综合性法律和有关水资源方面的单项法律。目前，我国还没有一部综合性资源环境法律，《中华人民共和国环境保护法》可以认为是我国在环境保护方面的综合性法律；《中华人民共和国水法》是我国第一部有关水的综合性法律，是水资源管理的基本大法。针对我国水资源洪涝灾害频繁、水资源短缺和水污染现象严重等问题，我国专门制定了《中华人民共和国水污染防治法》《中华人民共和国水土保持法》和《中华人民共和国防洪法》等有关水资源方面的单项法律，为我国水资源保护、水土保、洪水灾害防治等工作的顺利开展提供法律依据。

1.《中华人民共和国水法》

《中华人民共和国水法》于 1988 年 1 月 21 日第六届全国人民代表大会常务委员会第 24 次会议审议通过，于 2002 年 8 月 29 日第九届全国人民代表大会常务委员会第二十九次会议修订通过，修订后的《中华人民共和国水法》自 2002 年 10 月 1 日起施行。

《中华人民共和国水法》包括八章：总则（第一章）、水资源规划（第二章）、水资源开发利用（第三章）、水资源、水域和水工程的保护（第四章）、水资源配置和节约使用（第五章）、水事纠纷处理与执法监督检查（第六章）、法律责任（第七章）、附则（第八章）。

2.《中华人民共和国环境保护法》

《中华人民共和国环境保护法》于 1989 年 12 月 26 日第七届全国人民代表大会常务委员会第十一次会议通过，从 1989 年 12 月 26 日起施行。

《中华人民共和国环境保护法》包括六章：总则（第一章）、环境监督管理（第二章）、保护和改善环境（第三章）、防治环境污染和其他公害（第四章）、法律责任（第五章）、附则（第六章）。《中华人民共和国环境保护法》是为保护和改善生活环境与生态环境，防治污染和其他公害，保障人体健康，促进社会主义现代化建设的发展而制定的。《中华人民共和国环境保护法》中的环境，是指影响人类生存和发展的各种天然的和经过人工改造的自然因素的总体，包括大气、水、海洋、土地、矿藏、森林、草原、野生生物、自然遗迹、人文遗迹、自然保护区、风景名胜区、城市和乡村等。《中华人民共和国环境保护法》适用于中华人民共和国领域和中华人民共和国管辖的其他海域。

3.《中华人民共和国水污染防治法》

《中华人民共和国水污染防治法》于 1984 年 5 月 11 日第六届全国人民代表大会常务委员会第五次会议通过，根据 1996 年 5 月 15 日第八届全国人民代表大会常务委员会第十九次会议《关于修改〈中华人民共和国水污染防治法〉的决定》修正，2008 年 2 月 28 日第十届全国人民代表大会常务委员会第三十二次会议修订。

《中华人民共和国水污染防治法》包括八章：总则（第一章）、水污染防治的标准和规划（第二章）、水污染防治的监督管理（第三章）、水污染防治措施（第四章）、饮用水水源和其他特殊水体保护（第五章）、水污染事故处置（第六章）、法律责任（第七章）、附则（第八章）。《中华人民共和国水污染防治法》是为了防治水污染，保护和改善环境，保障饮用水安全，促进经济社会全面协调可持续发展而制定的；《中华人民共和国水污染防治法》适用于中华人民共和国领域内的江河、湖泊、运河、渠道、水库等地表水体以及地下水体的污染防治；水污染防治应当坚持预防为主、防治结合、综合治理的原则，优先保护饮用水水源，严格控制工业污染、城镇生活污染，防治农业面源污染，积极推进生态治理工程建设，预防、控制和减少水环境污染和生态破坏。

4.《中华人民共和国水土保持法》

《中华人民共和国水土保持法》于 1991 年 6 月 29 日第七届全国人民代表大会常务委员会第二十次会议通过，2010 年 12 月 25 日第十一届全国人民代表大会常务委员会第十八次会议修订，修订后的《中华人民共和国水土保持法》自 2011 年 3 月 1 日起施行。

《中华人民共和国水土保持法》包括七章：总则（第一章）、规划（第二章）、预防（第三章）、治理（第四章）、监测和监督（第五章）、法律责任（第六章）、附则（第七章）。《中华人民共和国水土保持法》是为了预防和治理水土流失，保护和合理利用水土资源，减轻水、旱、风沙灾害，改善生态环境，保障经济社会可持续发展而制定的；在中华人民共和国境内从事水土保持活动，应当遵守本法。《中华人民共和国水土保持法》中的水土保持，是指对自然因素和人为活动造成水土流失所采取的预防和治理措施。水土保持工作实行预防为主、保护优先、全面规划、综合治理、因地制宜、突出重点、科学管理、注重效益的方针。

5.《中华人民共和国防洪法》

《中华人民共和国防洪法》于 1997 年 8 月 9 日第八届全国人民代表大会常务委员会第二十七次会议通过，自 1998 年 1 月 1 日起施行。

《中华人民共和国防洪法》包括八章：总则（第一章）、防洪规划（第二章）、治理与防护（第三章）、防洪区和防洪工程设施的管理（第四章）、防汛抗洪（第五章）、保障措施（第六章）、法律责任（第七章）、附则（第八章）。《中华人民共和国防洪法》

是为了防治洪水，防御、减轻洪涝害，维护人民的生命和财产安全，保障社会主义现代化建设顺利进行而制定的。防洪工作实行全面规划、统筹兼顾、预防为主、综合治理、局部利益服从全局利益的原则。

（三）由国务院制定的行政法规和法规性文件

由国务院制定的与水相关的行政法规和法规性文件内容涉及水利工程的建设和管理水污染防治、水量调度分配、防汛、水利经济和流域规划等众多方面。如《中华人民共和国河道管理条例》和《取水许可证制度实施办法》等，与各种综合、单项法律相比，国务院制定的这些行政法规和法规性文件更为具体、详细，操作性更强。

1.（中华人民共和国河道管理条例》

《中华人民共和国河道管理条例》于 1988 年 6 月 3 日国务院第七次常务会议通过，从 1988 年 6 月 10 日起施行。

《中华人民共和国河道管理条例》包括七章：总则（第一章）、河道整治与建设（第二章）、河道保护（第三章）、河道清障（第四章）、经费（第五章）、罚则（第六章）、附则（第七章）。《中华人民共和国河道管理条例》是为加强河道管理，保障防洪安全，发挥江河湖泊的综合效益，根据《中华人民共和国水法》而制定的。《中华人民共和国河道管理条例》适用于中华人民共和国领域内的河道（包括湖泊、人工水道、行洪区、蓄洪区、滞洪区）。

2.《取水许可证制度实施办法》

《取水许可证制度实施办法》于 1993 年 6 月 11 日国务院第五次常务会议通过，自 1993 年 9 月 1 日施行。

《取水许可证制度实施办法》分为 38 条条款。《取水许可证制度实施办法》是为加强水资源管理，节约用水，促进水资源合理开发利用，根据《中华人民共和国水法》而制定的；《取水许可证制度实施办法》中的取水，是指利用水工程或者机械提水设施直接从江河、湖泊或者地下取水。一切取水单位和个人，除本办法第三条、第四条规定的情形外，都应当依照本办法申请取水许可证，并依照规定取水。水工程包括闸（不含船闸）、坝、跨河流的引水式水电站、渠道、人工河道、虹吸管等取水、引水工程。取用自来水厂等供水工程的水，不适用本办法。

（四）由国务院所属部委制定的相关部门行政规章

由于我国水资源管理在很长的一段时间内实行的是分散管理的模式，因此，不同部门从各自管理范围、职责出发，制定了很多与水有关的行政规章，以环境保护部门和水利部门分别形成的两套规章系统为代表。环境保护部门侧重水质、水污染防治，主要是针对排放系统的管理，制定的相关行政规章有《环境标准管理》和《全国环境监测管理条例》等；水利部门侧重水资源的开发、利用，制定的相关行政规章有《取水许可申请审批程序规定》《取水许可水质管理办法》和《取水许可监督管理办法》等。

（五）地方性法规和行政规章

我国水资源的时空分布存在很大差异，不同地区的水资源条件、面临的主要水资源问题，以及地区经济实力等都各不相同，因此，水资源管理需因地制宜地展开，各地方可指定与区域特点相符合、能够切实有效解决区域问题的法律法规和行政规章。目前我国已经颁布很多与水有关的地方性法规、省级政府规章及规范性文件。

（六）其他部门中相关的法律规范

水资源问题涉及社会生活的各个方面，其他部门中相关的法律规范也适用于水资源法律管理，如《中华人民共和国农业法》和《中华人民共和国土地法》中的相关法律规范。

（七）立法机关、司法机关的相关法律解释

立法机关、司法机关对以上各种法律、法规、规章、规范性文件做出的说明性文字，或是对实际执行过程中出现的问题解释、答复，也是水资源管理法规体系的组成部分。

（八）依法制定的各种相关标准

由行政机关根据立法机关的授权而制定和颁布的各种相关标准，是水资源管理法规体系的重要组成部分，如《地表水环境质量标准》《地下水质量标准》和《生活饮用水卫生标准》等。

第三节　水资源水量及水质管理

一、水资源水量管理

（一）水资源总量

水资源总量是地表水资源量和地下水资源量两者之和，这个总量应是扣除地表水与地下水重复量之后的地表水资源和地下水资源天然补给量的总和。由于地表水和地下水相互联系和相互转化，故在计算水资源总量时，需将地表水与地下水相互转化的重复水量扣除。水资源总量的计算公式为：

$$W=R+Q-D$$

公式中：W 为水资源总量；R 为地表水资源量；Q 为地下水资源量；D 为地表水与

地下水相互转化的重复水量。

用多年平均河川径流量表示的我国水资源总量 27115 亿 m^3 居世界第六位，仅次于巴西、俄罗斯、美国、印度尼西亚、加拿大，水资源总量比较丰富。

水资源总量中可能被消耗利用的部分称为水资源可利用量，包括地表水资源可利用量和地下水资源可利用量，水资源可利用量是指在可预见的时期内，在统筹考虑生活、生产和生态环境用水的基础上，通过经济合理、技术可行的措施，在当地水资源中可一次性利用的最大水量。

（二）水资源供需平衡管理

水是基础性的自然资源和战略性的经济资源，是生态环境的控制性要素。水资源的可持续利用，是城市乃至国家经济社会可持续发展极为重要的保证，也是维护人类环境的极为重要的保证。我国人均、亩均占有水资源量少，水资源时空分布极为不均匀。特别是西北干旱、半干旱区，水资源是制约当地社会经济发展和生态环境改善的主要因素。

1. 水资源供需平衡分析的意义

城市水资源供需平衡分析是指在一定范围内（行政、经济区域或流域）不同时期的可供水量和需水量的供求关系分析。其目的：一是通过可供水量和需水量的分析，弄清楚水资源总量的供需现状和存在的问题；二是通过不同时期、不同部门的供需平衡分析，预测未来了解水资源余缺的时空分布；三是针对水资源供需矛盾，进行开源节流的总体规划，明确水资源综合开发利用保护的主要目标和方向，以实现水资源的长期供求计划。因此，水资源供需平衡分析是国家和地方政府制订社会经济发展计划和保护生态环境必须进行的行动，也是进行水源工程和节水工程建设，加强水资源、水质和水生态系统保护的重要依据。开展此项工作，有助于使水资源的开发利用获得最大的经济、社会和环境效益，满足社会经济发展对水量和水质日益增长的要求，同时在维护资源的自然功能，以及维护和改善生态环境的前提下，实现社会经济的可持续发展，使水资源承载力、水环境承载力相协调。

2. 水资源供需平衡分析的原则

水资源供需平衡分析涉及社会、经济、环生态等方面，不管是从可供水量还是需水量方面分析，牵涉面广且关系复杂。因此，水资源供需平衡分析必须遵循以下原则：

（1）长期与近期相结合原则

水资源供需平衡分析实质上就是对水的供给和需求进行平衡计算。水资源的供与需不仅受自然条件的影响，更重要的是受人类活动的影响。在社会不断发展的今天，人类活动对供需关系的影响已经成为基本的因素，而这种影响又随着经济条件的不断改善而发生阶段性的变化。因此，在进行水资源供需平衡分析时，必须有中长期的规划，做到未雨绸缪，不能临渴掘井。

在对水资源供需平衡做具体分析时，根据长期与近期原则，可以分成几个分析阶段：

①现状水资源供需分析，即对近几年来本地区水资源实际供水、需水的平衡情况，以及在现有水资源设施和各部门需水的水平下，对本地区水资源的供需平衡情况进行分析；②今后五年内水资源供需分析，它是在现状水资源供需分析的基础上结合国民经济五年计划对供水与需求的变化情况进行供需分析；③今后10年或20年内水资源供需分析，这项工作必须紧密结合本地区的长远规划来考虑，同样也是本地区国民经济远景规划的组成部分。

（2）宏观与微观相结合原则

即大区域与小区域相结合，单一水源与多个水源相结合，单一用水部门与多个用水部门相结合。水资源具有区域分布不均匀的特点，在进行全省或全市（县）的水资源供需平衡分析时，往往以整个区域内的平衡值来计算，这就势必造成全局与局部矛盾。大区域内水资源平衡了，各小区域内可能有亏有盈。因此，在进行大区域的水资源供需平衡分析后，还必须进行小区域的供需平衡分析，只有这样才能反映各小区域的真实情况，从而提出切实可行的措施。

在进行水资源供需平衡分析时，除了对单一水源地（如水库、河闸和机井群）的供需平衡加以分析外，更应重视对多个水源地联合起来的供需平衡进行分析，这样可以最大限度地发挥各水源地的调解能力和提高供水保证率。

由于各用水部门对水资源的量与质的要求不同，对供水时间的要求也相差较大。因此在实践中许多水源是可以重复交叉使用的。例如，内河航运与养鱼、环境用水相结合，城市河湖用水、环境用水和工业冷却水相结合等。一个地区水资源利用得是否科学，重复用水量是一个很重要的指标。因此，在进行水资供需平衡分析时，除考虑单一用水部门的特殊需要外，本地区各用水部门应综合起来统一考虑，否则往往会造成很大的损失。这对一个地区的供水部门尚未确定安置地点的情况尤为重要。这项工作完成后可以提出哪些部门设在上游，哪些部门设在下游，或哪些部门可以放在一起等合理的建议，为将来水资源合理调度创造条件。

（3）科技、经济、社会三位一体统一考虑原则

对现状或未来水资源供需平衡的分析都涉及技术和经济方面的问题、行业间的矛盾，以及省市之间的矛盾等社会问题。在解决实际的水资源供需不平衡的许多措施中，被采用的可能是技术上合理，而经济上并不一定合理的措施；也可能是矛盾最小，但技术与经济上都不合理的措施。因此，在进行水资源供需平衡分析，应统一考虑以下三种因素，即社会矛盾最小、技术与经济都较合理，并且综合起来最为合理（对某一因素而言并不一定是最合理的）。

（4）水循环系统综合考虑原则

水循环系统指的是人类利用天然的水资源时所形成的社会循环系统。人类开发利用水资源经历三个系统：供水系统、用水系统、排水系统。这三个系统彼此联系、相互制约。从水源地取水，经过城市供水系统净化，提升至用水系统；经过使用后，受到某种程度

的污染流入城市排水系统；经过污水处理厂处理后，一部分退至下游，一部分达到再生水回用的标准重新返回到供水系统中，或回到用户再利用，从而形成了水的社会循环。

3. 水资源供需平衡分析的方法

水资源供需平衡分析必须根据一定的雨情、水情来进行，主要有两种分析方法：一种为系列法，一种为典型年法（或称代表年法）。系列法是按雨情，水情的历史系列资料进行逐年的供需平衡分析计算；而典型年法仅是根具有代表性的几个不同年份的雨情、水情进行分析计算，而不必逐年计算。这里必须强调，不管采用何种分析方法，所采用的基础数据（如水文系列资料、水文地质的有关参数等）的质量至关重要的，其将直接影响到供需分析成果的合理性和实用性。下面介绍两种方法：一种叫典型年法，另一种叫水资源系统动态模拟法（系列法的一种）。在了解两种分析方法之前，首先介绍一下供水量和需水量的计算与预测。

（1）供水量的计算与预测

可供水量是指不同水平年、不同保证率或不同频率条件下通过工程设施可提供的符合一定标准的水量，包括区域内的地表水、地下水外流域的调水，污水处理回用和海水利用等。它有别于工程实际的供水量，也有别于工程最大的供水能力，不同水平年意味着计算可供水量时，要考虑现状近期和远景的几种发展水平的情况，是一种假设的来水条件。不同保证率或不同频率条件表示计算可供水量时，要考虑丰、平、枯几种不同的来水情况，保证率是指工程供水的保证程度（或破坏程度），可以通过系列调算法进行计算习得。频率一般表示来水的情况，在计算可供水量时，既表示要按来水系列选择代表年，也表示应用代表年法来计算可供水量。

可供水量的影响因素：

①来水条件

由于水文现象的随机性，将来的来水是不能预知的，因而将来的可供水量是随不同水平年的来水变化及其年内的时空变化而变化。

②用水条件

由于可供水量有别于天然水资源量，例如只有农业用户的河流引水工程，虽然可以长年引水，但非农业用水季节所引水量则没有用户，不能算为可供水量；又例如河道的冲淤用水、河道的生态用水，都会直接影响到河道外的直接供水的可供水量；河道上游的用水要求也直接影响到下游的可供水量。因此，可供水量是随用水特性、合理用水和节约用水等条件的不同而变化的。

③工程条件

工程条件决定了供水系统的供水能力。现有工程参数的变化，不同的调度运行条件以及不同发展时期新增工程设施，都将决定出不同的供水能力。

④水质条件

可供水量是指符合一定使用标准的水量，不同用户有不同的标准。在供需分析中计算可供水量时要考虑到水质条件。例如从多沙河流引水，高含沙量河水就不宜引用；高矿化度地下水不宜开采用于灌溉；对于城市的被污染水、废污水在未经处理和论证时也不能算作可供水量。

总之，可供水量不同于天然水资源量，也等于可利用水资源量。一般情况下，可供水量小于天然水资源量，也小于可利用水源量。对于可供水量，要分类、分工程、分区逐项逐时段计算，最后还要汇总成全区域的总供水量。

另外，需要说明的是所谓的供水保证率是指多年供水过程中，供水得到保证的年数占总年数的百分数，常用下式计算：

$$P=\frac{m}{n+1}\times 100\%$$

式中，P——供水保证率；

m——保证正常供水的年数；

n——供水总年数。

在供水规划中，按照供水对象的不同，应规定不同的供水保证率。例如居民生活供水保证率 P=95% 以上，工业用水 P=90% 或 95%，农业用水 P=50% 或 75% 等。保证正常供水是指通常按用户性质，能满足其需水量的 90~98%（即满足程度），视作正常供水。对供水总年数，通常指统计分析中的样本总数，如所取降雨系列的总年数或系列法供需分析的总年数。根据上述供水保证率的概念，可以得出两种确定供水保证率的方法。

第一，上述的在今后多年供水过程中有保证年数占总供水年数的百分数。今后多年是一个计算系列，在这个系列中，不管哪一个年份，只要有保证的年数足够，就可以达到所需的保证率。

第二，规定某一个年份（例如 2021 年这个水平年），这一年的来水可以是各种各样的。现在把某系列各年的来水都放到 2021 年这一水平年去进行供需分析，计算其供水有保证的年数占系列总年数的百分数，即为 2021 年这一水平年的供水遇到所用系列的来水时的供水保证率。

（2）需水量的计算与预测

①需水量概述

需水量可分为河道内用水和河道外用水两大类。河道内用水包括水力发电、航运、放牧、冲淤、环境、旅游等，主要利用河水的势能和生态功能，基本上不消耗水量或污染水质，属于非耗损性清洁用水。河道外用水包括生活需水量、工业需水量、农业需水量、生态环境需水量等四种。

生活需水量是指为满足居民高质量生活所需要的用水量。生活需水量分为城市生活需水量和农村生活需水量，城市生活需水量是供给城市居民生活的用水量，包括居民家庭生活用水和市政公共用水两部分。居民家庭生活用水是指维持日常生活的家庭和个人需水，主要指饮用和洗涤等室内用水；市政公共用水包括饭店、学校、医院、商店、浴池、洗车场、公路冲洗、消防、公用厕所、污水处理厂等用。农村生活需水量可分为农村家庭需水量、家养禽畜需水量等。

工业需水量是指在一定的工业生产水平下，为实现一定的工业生产产品量所需要的用水量。工业需水量分为城市工业需水量和农村工业需水量。城市工业需水量是供给城市工业企业的工业生产用水，一般是指工业企业生产过程中，用于制造、加工、冷却、空调、制造、净化、洗涤和其他方面的用水，也包括工业企业内工作人员的生活用水。

农业需水量是指在一定的灌溉技术条件下供给农业灌溉、保证农业生产产量所需要的用水量，主要取决于农作物品种、耕作与灌溉方法。农业需水量分为种植业需水量、畜牧业需水量、林果业需水量和渔业需水量。

生态环境需水量是指为达到某种生态水平，并维持这种生态系统平衡所需要的用水量。

生态环境需水量由生态需水量和环境需水量两部分构成。生态需水量是达到某种生态水平或者维持某种生态系统平衡所需要的水量，包括维持天然植被所需水量、水土保持及水保范围外的林草植被建设所需水量以及保护水生物所需水量；环境需水量是为保护和改善人类居住环境及其水环境所需要的水量，包括改善用水水质所需水量、协调生态环境所需水量、回补地下水量、美化环境所需水量及休闲旅游所需水量。

②用水定额

用水定额是用水核算单元规定或核定的使用新鲜水的水量限额，即单位时间内，单位产品、单位面积或人均生活所需要的用水量。用水定额一般可分为生活用水定额、工业用水定额和农业用水定额三部分。核算单元，对于城市生活用水可以是人、床位、面积等，对于城市工业用水可以是某种单位产品、单位产值等，对于农业用水可以是灌溉面积、单位产量等。

用水定额随社会、科技进步和国民经济发展而变化，经济发展水平、地域、城市规模工业结构、水资源重复利用率、供水条件、水价、生活水平、给排水及卫生设施条件、生活方式等，都是影响用水定额的主要因素。如生活用水定额随社会的发展、文化水平提高而逐渐提高。通常住房条件较好、给水设备较完善、居民生活水平相对较高的大城市，生活用水定额也较高。而工业用水定额和农业用水定额因科技进步而逐渐降低。

用水定额是计算与预测需水量的基础，需水量计算与预测的结果正确与否，与用水定额的选择有极大的关系，应该根据节水水平和社会经济的发展，通过综合分析和比较，确定适应地区水资源状况和社会经济特点的合理用水定额。

城市生活需水量取决于城市人口、生活用水定额和城市给水普及率等因素。

A. 城市用水定额

我国城市生活用水定额主要包括人均综合用水定额和居民生活用水定额，可按照相关标准及设计规范所规定的指标值选取。

a. 居民生活用水定额

确定城市居民生活用水定额时应充分考虑各影响因素，可根据所在分区按《城市居民生活用水量标准》中规定的指标值选取。当居民实际生活用水量与表中规定有较大出入时，可按当地生活用水量统计资料适当增减，做适当的调整，使其符合当时当地的实际情况。

b. 人均综合用水定额

城市综合用水指标是指从加强城市水资源宏观控制，合理确定城市用水需求的目的出发，为城市水资源总量控制管理以及城市相关规划服务，反映城市总体用水水平的特定用水指标。城市综合用水指标包括人均综合用水指标、地均综合用水指标、经济综合用水指标三类。人均综合用水指标是指将城市用总量折算到城市人口特定指标上所反映的用水量水平。综合生活用水为城市居民日常生活用水和公共建筑用水之和，不包括浇洒道路、绿地市政用水和管网漏失水量。

城市综合生活用水定额应根据当地国民经济和社会发展、水资源充沛程度、用水习惯在现有用水定额基础上，结合城市总体规划，本着节约用水的原则，综合分析确定。人均综合生活用水定额宜按我国《室外给水设计规范》中给定的指标值选择确定。

B. 工业取水定额

我国的工业取水定额国家标准是按单位工业产品编制的，主要包括 7 类工业企业产品的取水定额：《取水定额第 1 部分：火力发电》《取水定额第 2 部分：钢铁联合企业》《取水定额第 3 部分：石油炼制》《取水定额第 4 部分：纺织染整产品》《取水定额第 5 部分：造纸产品》《取水定额第 6 部分：啤酒制造》和《取水定额第 7 部分：酒精制造》。

C. 农业用水定额

农业用水定额主要包括农业灌溉用水定额和畜禽养殖业用水定额。由于农业用水量中约 90% 以上为灌溉用水量，所以对农业灌溉用水定额的研究较多，资料也较丰富。

农业灌溉用水定额指某一种作物在单位面积上的各次灌水定额总和，即在播种前以及全生育期内单位面积上的总灌水量。其中，灌水时间和灌水次数根据作物的需水要求和土壤水分状况来确定，以达到适时适量灌溉。

对于作物灌溉用水定额，由于干旱年和丰水年的交替变换，同一地区的同一种作物的灌溉定额是不同的；不同地区和不同年份的同一种作物，也会因降水、蒸发等气候上的差异和不同性质的土壤使灌溉定额有很大的不同；因灌水技术的改变，如采用地面灌溉、喷灌、滴灌、地下灌溉等不同技术，灌溉定额也会随之而改变。

进行农业需水量计算与预测分析时：综合考虑地理位置、地形、土壤、气候条件、水资源特征及管理等因素，结合水资源综合利用、农业发展及节水灌溉发展等规划，根据研究区域所属的不同省份、省内不同分区或不同作物类型及灌溉方式，按照各省现行或在编的灌溉定额标准选取合理适宜的农业灌溉用水定额，这里不再详细介绍。

③城市生活需水量预测

随着经济与城市化进程发展，我国用水人口相应增加，城市居民生活水平不断提高，公共市政设施范围不断扩大与完善，用水量不断增加。影响城市生活需水量的因素很多，如城市的规模、人口数量、所处的地域、住房面积、生活水平、卫生条件、市政公共设施、水资源条件等，其中最主要的影响因素是人口数量和人均用水定额。

④农业需水量计算与预测

农业用水主要包括农业灌溉、林牧灌溉、渔业用水及农村居民生活用水，农村工业企业用水等。与城市工业和生活用水相比，具有面广量大、一次性消耗的特点，而且受气候的影响较大，同时也受作物的组成和生长期的影响。农业灌溉用水是农业用水的主要部分，约占 90% 以上，所以农业需水量可主要计算农业灌溉需水量。农业灌溉用水的保证率要低于城市工业用水和生活用水的保证率。因此，当水资源短缺时，一般要减少农业用水以保证城市工业用水和生活用水的需要。区域水资源供需平衡分析研究所关心的是区域的农业用水现状和对未来不同水平年、不同保证率需水量的预测，因为它的大小和时空分布极大地影响到区域水资源的供需平衡。

农业灌溉需水量按农田面积和单位面积农田的灌溉用水量计算与预测：

$$W_{灌溉} = \sum m_i q_i$$

式中，$W_{灌溉}$——农业灌溉需水量；

m_i——第 i 种农田的总面积；

q_i——第 i 种农田的灌溉用水定额。

其他农业需水量也可按类似的用水定额与用水数进行计算或估算。

⑤生态环境需水量计算

生态环境需水量的计算方法分为水文学和生态学两类方法。水文学方法主要关注最小流量的保持，生态学方法主要基于生态管理的目标。这里以河道为例，介绍生态环境需水量的计算方法。

河道环境需水量是为保护和改善河流水体水质、为维持河流水沙平衡、水盐平衡及维持河口地区生态环境平衡所需要的水量。河道最小环境需水量是为维系和保护河流的最基本环境功能不受破坏，所必须在河道内保留的最小水量，理论上由河流的基流量组成。

A. 河道生态环境需水量计算

国内外对河流生态环境需水量的计算主要有标准流量法、水力学法、栖息地法等方法，其中标准流量法包括 7Q10 法和 Tennant 法。7Q10 法采用 90% 保证率、连续 7 天最枯的平均水量作为河流的最小流量设计值；Tennant 法以预先确定的年平均流量的百分数为基础，通常作为在优先度不高的河段研究时使用。我国一般采用的方法有 10 年最枯月平均流量法，即采用近 10 年最枯月平均流量或 90% 保证率河流最枯月平均流量作为河流的生态环境需水量。

B. 河道基本环境需水量

根据系列水文统计资料，在不同的月（年）保证率前提下，以不同的天然径流量百分比作为河道环境需水量的等级，分别计算不同保证率、不同等级下的月（年）河道基本环境需水量，并以计算出的河道基本环境需水量作为约束条件，计算相应于不同水质目标的污染物排放量及废水排放量，以满足河流的纳污能力。

按照上述原则，即可对河道生态环境用水进行评价。以地表水供水量与地表水资源量为指标，将地表水供水量看作河道外经济用水，地表水资源总量即天然径流量，则天然径流量与经济用水之差就是当年的河道生态环境用水。

（3）水资源供需平衡分析

①典型年法的含义

典型年（又称代表年）法，是指对一定区域、一定时段内的水资源供需关系，只进行典型年份平衡分析计算的方法。其优点是可以克服资料不全（系列资料难以取得时）及计算工作量太大的问题。首先，根据需要来选择不同频率的若干典型年。我国规范规定：平水年频率 P=50%，一般枯水年频率 P=75%，特别枯水年频率 P=90%（或 95%）。在进行区域水资源供需平衡分析时，北方干旱和半干旱地区一般要对 P=50% 和 P=75% 两种代表年的水供需进行分析；而在南方湿润地区，一般要对 P=50%、P=75% 和 P=90%（或 95%）三种代表年的水供需进行分析。实际上，选哪几种代表年，要根据水供需的目的来确定，可不必拘泥于上述的情况。如北方干旱缺水地区，若想通过水供需分析来寻求特枯年份的水供需对策措施则必须对 P=90%（或 95%）代表年进行水供需分析。

②计算分区和时段划分

水资源供需分析，就某一区域来说，其可供水量和需水量在地区上和时间上分布都是不均匀的。如果不考虑这些差别，在大跨度的时间和空间内进行平均计算，往往使供需矛盾不能充分暴露出来，那么其计算结果不能反映实际的状况，这样的供需分析不能起到指导作用。所以，必须进行分区和确定计算时段。

A. 区域划分

分区进行水资源供需分析研究，便于弄清水资源供需平衡要素在各地区之间的差异，以便针对不同地区的特点采取不同的措施和对策。另外，将大区域划分成若干个小区后，可以使计算分析得到相应的简化，便于研究工作的开展。

在分区时一般应考虑以下原则：

第一，尽量按流域、水系划分，对地下水开采区应尽量按同一水文地质单元划分。

第二，尽量照顾行政区划的完整性，便于资料的收集和统计，更有利于水资源的开发利用和保护的决策和管理。

第三，尽量不打乱供水、用水、排水系统。

分区的方法是应逐级划分，即把要研究的区域划分成若干个一级区，每一个一级区又划分为若干个二级区。依此类推，最后一级区称为计算单元。分区面积的大小应根据需要和实际的情况而定。分区过大，往往会掩盖水资源在地区分布的差异性，无法反映供需的真实情况。而分区过小，不仅增加计算工作量，而且同样会使供需平衡分析结果反映不了客观情况。因此，在实际的工作中，在供需矛盾比较突出的地方，或工农业发达的地方，分区宜小。对于不同类型的地貌单元（如山区和平原）或不同类型的行政单元（如城镇和农村），宜划为不同的计算区。对于重要的水利枢纽所控制的范围，应专门划出进行研究。

B. 时段划分

时段划分也是供需平衡分析中一项基本的工作，目前，分别采用年、季、月、旬和日等不同的时段。从原则上讲，时段划分得越小越好，但实践表明，时段的划分也受各种因素的影响，究竟按哪一种时段划分最好，应对各种不同情况加以综合考虑。

由于城市水资源供需矛盾普遍尖锐，管理运行部门为了最大限度地满足各地区的需水要求，将供水不足所造成的损失压缩到最低限度，需要紧密结合需水部门的生产情况，实行科学供水。同时，也需要供水部门实行准确计量，合理收费。因此，供水部门和需水部门都要求把计算时段分得小一些，一般以旬、日为单位进行供需平衡分析。

在做水资源规划（流域水资源规划、地区水资源规划、供水系统水资源规划）时，应着重方案的多样性，而不宜对某一具体方案做得过细，所以在这个阶段，计算时段一般不宜太小，以“年”为单位即可。

对于无水库调节的地表水供水系统，特别是北方干旱、半干旱地区，由于来水年内变化很大，枯水季节水量比较稳定，在选取段时，枯水季节可以选得长些，而丰水季节应短些。如果分析的对象是全市或与本市有的外围区域，由于其范围大、情况复杂，分析时段一般以年为单位，若取小了，不仅加大工作量，而且也因资料差别较大而无法提高精度。如果分析对象是一个卫星城镇或一个供水系统，范围不大，则应尽量将时段选得小些。

③典型年和水平年的确定

A. 典型年来水量的选择及分布

典型年的来水需要用统计方法推求。首先根据各分区的具体情况来选择控制站，以控制站的实际来水系列进行频率计算，选择符合某一设计频率的实际典型年份，然后求出该典型年的来水总量。可以选择年天然径流系列或年降雨量系列进行频率分析计算。如北方干旱半干旱地区，降雨较少，供水主要靠径流调节，则常用年径流系列来选择典型年。南方湿润地区，降雨较多，缺水既与降雨有关，又与用水季节径流调节分配有关，故可以有多种的系列选择。例如在西北内陆地区，农业灌溉取决于径流调节，故多采用年径流系列来选择代表年，而在南方地区农作物一年三熟，全年灌溉，降雨量对灌溉用水影响很大，故常用年降雨量系列来选择典型年。至于降雨的年内分配，一般是挑选年降雨量接近典型年的实际资料进行缩放分配。

典型年来水量的分布常采用的一种方法是按实际典型年的来水量进行分配，但地区内降雨、径流的时空分配受所选择典型年所支配，具有一定的偶然性，为了克服这种偶然性，通常选用频率相近的若干个实际年份进行分析计算，并从中选出对供需平衡偏于不利的情况进行分配。

B. 水平年

水资源供需分析是要弄清研究区域现状和未来的几个阶段的水资源供需状况，这几个阶段的水资源供需状况与区域的国民经济和社会发展有密切关系，并应与该区域的可持续发展的总目标相协调。一般情况下，需要研究分析四个发展阶段的供需情况，即所谓的四个水平年的情况，分别为现状水平年（又称基准年，系指现状情况以该年为标准）、近期水平年（基准年以后 5 年或 10 年）、远景水平（基准年以后 15 年或 20 年）、远景设想水平年（基准年以后 30~50 年）。一个地区的水资源供需平衡分析究竟取几个水平年，应根据有关规定或当地具体条件以及供需分析的目的而定，一般可取前三个水平年即现状、近期、远景三个水平年进行分析。对于重要的区域多有远景水平年，而资料条件差的一般地区，也有只取两个水平年的。当资料条件允许而又需要时，也应进行远景设想水平年的供需分析的工作，如长江、黄河等七大流域为配合国家中长期的社会经济可持续发展规划，原则上都要进行四种阶段的供需分析。

④水资源供需平衡分析—动态模拟分析法

A. 水资源系统

一个区域的水资源供需系统可以看成是由水、用水、蓄水和输水等子系统组成的大系统。供水水源有不同的来水、储水系统，如地面水库、地下水库等，有本区产水和区外来水或调水，而且彼此互相联系，互相影响。用水系统由生活、工业、农业、环境等用水部门组成，输、配水系统既相对独立于以上的两子系统，又起到相互联系的作用。水资源系统可视为由既相互区别又相互制约的各个子系统组成的有机联系的整体，它既考虑到城市的用水，又要考虑到工农业和航运、发电、防洪除涝和改善水环境等方面的用水。水资源系统是一个多用途、多目标的系统，涉及社会，经济和生态环境等多项的效益，因此，仅用传统的方法来进行供需分析和管理规划，是满足不了要求的。应该应用系统分析的方法，通过多层次和整体的模拟模型和规划模型以及水资源决策支持系统，进行各个子系统和全区水资源多方案调度，以寻求解决一个区域水资源供需的最佳方案和对策，下面介绍一种水资源供需平衡分析动态模拟的方法。

B. 水资源系统供需平衡的动态模拟分析方法

该方法的主要内容包括以下几方面：

第一，基本资料的调查收集和分析基本资料是模拟分析的基础，决定了成果的好坏，故要求基本资料准确、完整和系列化。基本资料包括来水系列、区域内的水资源量和质、各部门用水（如城市生活用水、工业用水、农业用水等）、水资源工程资料、有关基本参数资料如地下含水层水文地质资料、渠系渗漏水库蒸发等）以及相关的国民经济指标的资料等。

第二，水资源系统管理调度包括水量管理调度（如地表水库群的水调度、地表水和地下水的联合调度、水资源的分配等）、水量水质的控制调度等。

第三，水资源系统的管理规划通过建立水资源系统模拟来分析现状和不同水平年的各个用水部门（城市生活、工业和农业等）的供需情况（供水保证率和可能出现的缺水状况）；解决各种工程和非工程的水资源供需矛盾的措施，并进行定量分析；对工程经济、社会和环境效益的分析和评价等。

与典型年法相比，水资源供需平衡动态模拟分析方法有以下特点：

第一，该方法不是对某一个别的典型年进分析，而是在较长的时间系列里对一个地区的水资源供需的动态变化进行逐个时段模拟和预测，因此可以综合考虑水资源系统中各因素随时间变化及随机性而引起的供需的动态变化。例如，当最小计算时段选择为天，则既能反映水均衡在年际的变化，又能反映在年内的动态变化。

第二，该方法不仅可以对整个区域的水资源进行动态模拟分析，而且由于采用不同子区和不同水源（地表水与地下水、本地水资源和外域水资源等）之间的联合调度，能考虑它们之间的相互联系和转化，因此该方法能够反映水在时间上的动态变化，也能够反映地域空间上的水供需的不平衡性。

第三，该方法采用系统分析方法中的模拟方法，仿真性好，能直观形象地模拟复杂的水资源供需关系和管理运行方面的功能，可以按不同调度及优化的方案进行多方案模拟，并可以对不同方案的供水的社会经济和环境效益进行评价分析，便于了解不同时间、不同地区的供需状况以及采取对策措施所产生的效果，使得水资源在整个系统中得到合理的利用，这是典型年法不可比的

第四，模拟模型的建立、检验和运行。

由于水资源系统比较复杂，涉及的方面很多，诸如水量和水质、地表水和地下水的联合调度、地表水库的联合调度、本地区和外区水资源的合理调度、各个用水部门的合理配水、污水处理及其再利用等。因此，在这样庞大而又复杂的系统中有许多非线性关系和约束条件在最优化模型中无法解决，而模拟模型具有很好的仿真性能，这些问题在模型中就能得到较好的模拟。但模拟并不能直接解决规划中的最优解问题，而是要给出必要的信息或非劣解集。可能的水供需平衡方案很多，需要决策者来选定。为了使模拟给出的结果接近最优解，往往在模拟中规划好运行方案，或整体采用模拟模型，而局部采用优化模型。也常常将这两种方法结合起来，如区域水资源供需分析中的地面水库调度采用最优化模型，使地表水得到充分的利用，然后对地表水和地下水采用模拟模型联合调度，来实现水资源的合理利用。

二、水资源水质管理

水体的水质标志着水体的物理（如色度、浊度、臭味等）、化学（无机物和有机物的含量）和生物（细菌、微生物、浮游生物、底栖生物）的特性及其组成的状况。在水文循环过程中，天然水水质会发生一系列复杂的变化，自然界中完全纯净的水是不存在的，水体的水质一方面决定于水体的天然水质，而更加重要的是随着人口和工农业的发展而导致的人为水质水体污染。因此，要对水资源的水质进行管理，通过调查水资源的污染源实行水质监测，进行水质调查和评价，制定有关法规和标准，制订水质规划等。水资源水质管理

的目标是注意维持地表水和地下水的水质是否达到国家规定的不同要求标准，特别是保证对饮用水源地不受污染，以及风景游览区和生活区水体不致发生富营养化和变臭。

水资源用途的广泛，不同用途对水资源的水质要求也不一致，为适用于各种供水目的，我国制定颁布了许多水质标准和行业标准，如《地表水环境质量标准》《地下水质量标准》《生活饮用水卫生标准》《农业灌溉水质标准》和《污水综合排放标准》等。

（一）《地表水环境质量标准》

为贯彻执行《中华人民共和国环境保护法》和《中华人民共和国水污染防治法》，防治水污染，保护地表水水质，保障人体健康，维护良好的生态系统，制定《地表水环境质量标准》。本标准运用于中华人民共和国领域内江河、湖泊、运河、渠道、水库等具有使用功能的地表水水域，具有特定功能的水域，执行相应的专业水质标准。

依据地表水水域环境功能和保护目标，按功能高低依次划分为五类：

Ⅰ类：主要适用于源头水、国家自然保护区。

Ⅱ类：主要适用于集中式生活饮用水水源地一级保护区、珍稀水生生物栖息地、鱼虾类产卵场等。

Ⅲ类：主要适用于集中式生活饮用水水源地二级保护区、鱼虾类越冬场、洄游通道、水产养殖区等渔业水域及游泳区。

Ⅳ类：主要适用于一般工业用水区及人体非直接接触的娱乐用水区。

Ⅴ类：主要适用于农业用水区及一般景观要求水域。

对应地表水上述五类水域功能，将地表水环境质量标准基本项目标准值分为五类，不同功能类别分别执行相应类别的标准值。同一水域兼有多类使用功能的，执行最高功能类别对应的标准。

正确认识我国水资源质量现状，加强对水环境的保护和治理是我国水资源管理工作的一项重要内容。

（二）《地下水质量标准》

为保护和合理开发地下水资源，防止和控制地下水污染，保障人民身体健康，促进经济建设，特制定《地下水质量标准》。本标准是地下水勘查评价、开发利用和监督管理的依据。本标准适用于一般地下水，不适用于地下热水、矿水、盐卤水。

依据我国地下水水质现状、人体健康基准值及地下水质量保护目标，并参照了生活饮用水、工业用水水质要求，将地下水质量划分为五类：

Ⅰ类：主要反映地下水化学组分的天然背景含量。适用于各种用途。

Ⅱ类：主要反映地下水化学组分的天然背景含量。适用于各种用途。

Ⅲ类：以人体健康基准值为依据。主要适用于集中式生活饮用水及工、农业用水。

Ⅳ类：以农业和工业用水要求为依据。除适用于农业和部分工业用水外，适当处理后可作生活饮用水。

Ⅴ类：不宜饮用，其他用水可根据使用目的选用。

对应地下水上述五类质量用途，将地下水环境质量标准基本项目标准值分为五类，不同质量类别分别执行相应类别的标准值。

据有关部门统计，我国地下水环境并不乐观，地下水污染问题日趋严重，我国北方丘陵山区及山前平原地区的地下水水质较好，中部平原地区地下水水质较差，滨海地区地下水水质最差，南方大部分地区的地下水水质较好，可直接作为饮用水饮用。

三、水资源水量与水质统一管理

联合国教科文组织和世界气象组织共同制定的《水资源评价活动—国家评价手册》将水资源定义为：可以利用或有可能被利用的水源，具有足够的数量和可用的质量，并能在某一地点为满足某种用途而可被利用。从水资源的定义看，水资源包含水量和水质两个方面的含义，是“水量”和“水质”的有机结合，互为依存，缺一不可。

造成水资源短缺的因素有很多，其中两个主要因素是资源性缺水和水质性缺水，资源性缺水是指当地水资源总量少，不能适应经济发展的需要，形成供水紧张；水质性缺水是大量排放的废污水造成淡水资源受污染而短缺的现象。很多时候，水资源短缺并不是由于资源性缺水造成的，而是由于水污染，使水资源的水质达不到用水要求。

水体本身具有自净能力，只要进入水体的污染物的量不超过水体自净能力的范围，便不会对水体造成明显的影响，而水体的自净能力与水体的水量具有密切的关系，同等条件下，水体的水量越大，允许容纳的污染物的量越多。

地球上的水体受太阳能的作用，不断地进行相互转换和周期性的循环过程。在水循环过程中，水不断地与其周围的介质发生复杂的物理和化学作用，从而形成自己的物理性质和化学成分，自然界中完全纯净的水是不存在的。

因此，进行水资源水量和水质管理时，需将水资源水量与水质进行统一管理，只考虑水资源水量或者水质，都是不可取的。

第四节　水价管理

水资源管理措施可分为制度性和市场性两种手段，对于水资源的保护，制度性手段可限制不必要的用水，市场性手段是用价格刺激自愿保护，市场性管理就是应用价格的杠杆作用，调节水资源的供需关系，达到资源管理的目的。一个完善合理的水价体系是我国现代水权制度和水资源管理体制建设的必要保障。价格是价值的货币表现，研究水资源价格需要首先研究水资源价值。

一、水资源价值

（一）水资源价值论

水资源有无价值，国内外学术界有不同的解释。研究水资源是否具有价值的理论学说有劳动价值论、效用价值论、生态价值论和哲学价值论等，下面简要介绍劳动价值论与效用价值论。

1. 劳动价值论

马克思在其政治经济学理论中，把价值定义为抽象劳动的凝结，即物化在商品中的抽象劳动。价值量的大小决定于商品所消耗的社会必要劳动时间的多少，即在社会平均的劳动熟练程度和劳动强度下，制造某种使用价值所需的劳动时间。运用马克思的劳动价值论来考察水资源的价值，关键在于水资源是否凝结着人类的劳动。

对于水资源是否凝结着人类的劳动，存在两种观点：一种观点认为，自然状态下的水资源是自然界赋予的天然产物，不是人类创造的劳动产品，没有凝结着人类的劳动，因此，水资源不具有价值；另一种观点认为，随着时代的变迁，当今社会早已不是马克思所处的年代，在过去，水资源的可利用量相对比较充裕，不需要人们再付出具体劳动就会自我更新和恢复，因而在这一特定的历史条件下，水资源似乎是没有价值的。随着社会经济的高速发展，水资源短缺等问题日益严重，这表明水资源仅仅依靠自然界的自然再生产已不能满足日益增长的经济需求，我们必须付出一定的劳动参与水资源的再生产，水资源具有价值又正好符合劳动价值论的观点。

上述两种观点都是从水资源是否物化人类的劳动为出发点展开论证，但得出的结论截然相反，究其原因，主要是劳动价值论是否适用于现代的水资源。随着时代的变迁和社会的发展与进步，仅仅单纯地利用劳动价值论，来解释水资源是否具有价值是有一定困难的。

2. 效用价值论

效用价值论是从物品满足人的欲望能力或人对物品效用的主观评价角度来解释价值及其形成过程的经济理论。物品的效用是物品能够满足人的欲望程度。价值则是人对物品满足人的欲望的主观估价。

效用价值论认为，一切生产活动都是创造效用的过程，然而人们获得效用却不一定非要通过生产来实现，效用不但可以通过大自然的赐予获得，而且人们的主观感觉也是效用的一个源泉。只要人们的某种欲望或需要得到了满足，人们就获得了某种效用。

边际效用论是效用价值论后期发展的产物，边际效用是指在不断增加某一消费品所取得一系列递减的效用中，最后一个单位所带来的效用。边际效用论主要包括四个观点：价值起源于效用，效用是形成价值的必要条件又以物品的稀缺性为条件，效用和稀缺性是价值得以出现的充分条件；价值取决于边际效用量，即满足人的最后的即最小欲望的那一单位商品的效用；边际效用递减和边际效用均等规律，边际效用递减规律是指人们对某种物品的欲望程度随着享用的该物品数量的不断增加而递减，边际效用均等规律（也称边际效用均衡定律）是指不管几种欲望最初绝对量如何，最终使各种欲望满足的程度彼此相同，才能使人们从中获得的总效用达到最大；效用量是由供给和需求之间的状况决定的，其大小与需求强度成正比例关系，物品价值最终由效用性和稀缺性共同决定。

根据效用价值理论，凡是有效用的物品都具有价值，很容易得出水资源具有价值。因为水资源是生命之源、文明的摇篮、社会发展的重要支撑和构成生态环境的基本要素，对人类具有巨大的效用，此外，水资源短缺已成为全球性问题，水资源满足既短缺又有用的条件。

根据效用价值理论，能够很容易得出水资源具有价值，但效用价值论也存在几个问题，如效用价值论与劳动价值论相对抗，将商品的价值混同于使用价值或物品的效用，效用价值论决定价值的尺度是效用。

（二）水资源价值的内涵

水资源价值可以利用劳动价值论、效用价值论、生态价值论和哲学价值论等进行研究和解释，但不管用哪种价值论来解释水资源价值，水资源价值的内涵主要表现在以下三个方面。

1. 稀缺性

稀缺性是资源价值的基础，也是市场形成的根本条件，只有稀缺的东西才会具有经济学意义上的价值，才会在市场上有价格。对水资源价值的认识，是随着人类社会的发展和水资源稀缺性的逐步提高（水资源供需关的变化）而逐渐发展和形成的，水资源价值也存在从无到有、由低向高的演变过程。

资源价值首要体现的是其稀缺性，水资源具有时空分布不均匀的特点，水资源价值的大小也是其在不同地区不同时段稀缺性的体现。

2. 资源产权

产权是与物品或劳务相关的一系列权利和一组权利。产权是经济运行的基础，商品和劳务买卖的核心是产权的转让，产权是交易的基本先决条件。资源配置、经济效率和外部性问题都和产权密切相关。

从资源配置角度看，产权主要包括所有权、使用权、收益权和转让权。要实现资源的最优配置，转让权是关键。要体现水资源的价值，一个很重要的方面就是对其产权的体现。产权体现了所有者对其拥有的资源的一种权利，是规定使用权的一种法律手段。

我国宪法第一章第九条明确规定，水流等自然资源属于国家所有，禁止任何组织或者个人用任何手段侵占或者破坏自然资源。《中华人民共和国水法》第一章第三条明确规定，水资源属于国家所有，水资源的所有权由国务院代表国家行使；国家鼓励单位和个人依法开发、利用水资源，并保护其合法权益，开发、利用水资源的单位和个人有依法保护水资源的义务。上述规定表明，国家对水资源拥有产权，任何单位和个人开发利用水资源，即是水资源使用权的转让，需要支付一定的费用，这是国家对水资源所有权的体现，这些费用也正是水资源开发利用过程中所有权及其所包含的其他一些权力（使用权等）的转让的体现。

3. 劳动价值

水资源价值中的劳动价值主要是指水资源所有者为了在水资源开发利用和交易中处于有利地位，需要通过水文监测、水资源规划和水资源保护等手段，对其拥有的水资源的数量和质量进行调查和管理，这些投入的劳动和资金，必然使得水资源价值中拥有一部分劳动价值。

水资源价值中的劳动价值是区分天然水资源价值和已开发水资源价值的重要标志，若水资源价值中含有劳动价值，则称其为已开发的水资源，反之，称其为尚未开发的水资源。尚未开发的水资源同样有稀缺性和资源产权形成的价值。

水资源价值的内涵包括稀缺性、资源产权和劳动价值三个方面。对于不同水资源类型来讲，水资源的价值所包含的内容会有所差异，比如对水资源丰富程度不同的地区来说，水资源稀缺性体现的价值就会不同。

（三）水资源价值定价方法

水资源价值的定价方法包括影子价格法、市场定价法、补偿价格法、机会成本法、供求定价法、级差收益法和生产价格法等，下面简要介绍影子价格法、市场定价法、补偿价格法、机会成本法等方法。

1. 影子价格法

影子价格法是通过自然资源对生产和劳务所带来收益的边际贡献来确定其影子价格，然后参照影子价格将其乘以某个价格系数来确定自然资源的实际价格。

2. 市场定价法

市场定价法是用自然资源产品的市场价格减去自然资源产品的单位成本，从而得到自然资源的价值。市场定价法适用于市场发育完全的条件。

3. 补偿价格法

补偿价格法是把人工投入增强自然资源再生、恢复和更新能力的耗费作为补偿费用来确定自然资源价值定价的方法。

4. 机会成本法

机会成本法是按自然资源使用过程中的社会效益及其关系，将失去的使用机会所创造的最大收益作为该资源被选用的机会成本。

二、水价

（一）水价的概念与构成

水价是指水资源使用者使用单位水资源所付出的价格。

水价应该包括商品水的全部机会成本，水价的构成概括起来应该包括资源水价、工程水价和环境水价。目前多数发达国家都在实行这种机制。资源水价、工程水价和环境水价的内涵如下：

1. 资源水价

资源水价即水资源价值或水资源费，是水资源的稀缺性、产权在经济上的实现形式。资源水价包括对水资源耗费的补偿；对水生态（如取水或调水引起的水生态变化）影响的补偿；为加强对短缺水资源的保护，促进技术开发，还应包括促进节水、保护水资源和海水淡化技术进步的投入。

2. 工程水价

工程水价是指通过具体的或抽象的物化劳动把资源水变成产品水，进入市场成为商品水所花费的代价，包括工程费（勘测、设计和施工等）、服务费（包括运行、经营、管理维护和修理等）和资本费（利息和折旧等）的代价。

3. 环境水价

环境水价是指经过使用的水体排出用户范围后污染了他人或公共的水环境，为污染治理和水环境保护所需要的代价。

资源水价作为取得水权的机会成本，受到需水结构和数量、供水结构和数量、用水效率和效益等因素的影响，在时间和空间上不断变化。工程水价和环境水价主要受取水工程和治污工程的成本影响，通常变化不大。

（二）水价制定原则

制定科学合理的水价，对加强水资源管理，促进节约用水和保障水资源可持续利用等具有重要意义。制定水价时应遵循以下四个原则：

1. 公平性和平等性原则

水资源是人类生存和社会发展的物质基础，而且水资源具有公共性的特点，任何人都享有用水的权利，水价的制定必须保证所有人都能公平和平等地享受用水的权利，此外，水价的制定还要考虑行业、地区以及城乡之间的差别。

2. 高效配置原则

水资源是稀缺资源，水价的制定必须重视水资源的高效配置，以发挥水资源的最大效益。

3. 成本回收原则

成本回收原则是指水资源的供给价格不应小于水资源的成本价格。成本回收原则是保证水经营单位正常运行，促进水投资单位投资积极性的一个重要举措。

4. 可持续发展原则

水资源的可持续利用是人类社会可持发展的基础，水价的制定，必须有利于水资源的可持续利用，因此，合理的水价应包含水资源开发利用的外部成本（如排污费或污水处理费等）。

（三）水价实施种类

水价实施种类有单一计量水价、固定收费、二部制水价、季节水价、基本生活水价、阶梯式水价、水质水价、用途分类水价、峰谷水价、地下水保护价和浮动水价等。

第五节　水资源管理信息系统

一、信息化与信息化技术

（一）信息化

信息化是指培养、发展以计算机为主的智能化工具为代表的新生产力，并使之造福于社会的历史过程。

（二）信息化技术

信息化技术是以计算机为核心，包括网络、通信、3S 技术、遥测、数据库、多媒体等技术的综合。

二、水资源管理信息化的必要性

水资源管理是一项涉及面广、信息量大和内容复杂的系统工程，水资源管理决策要科学、合理、及时和准确。水资源管理信息化的必要性包括以下几个方面：

第一，水资源管理是一项复杂的水事行为，需要收集、储存和处理大量的水资源系统信息，传统的方法难于济事，信息化技术在水资源管理中的应用，能够实现水资源信息系统管理的目标。

第二，远距离水信息的快速传输，以及水资源管理各个业务数据的共享也需要现代网络或无线传输技术。

第三，复杂的系统分析也离不开信息化技术的支撑，它需要对大量的信息进行及时和可靠的分析，特别是对于一些突发事件的实时处理，如洪水问题，需要现代信息技术做出及时的决策。

第四，对水资源管理进行实时的远程控制管理等也需要信息化技术的支撑。

三、水资源管理信息系统

（一）水资源管理信息系统的概念

水资源管理信息系统是传统水资源管理方法与系统论、信息论、控制论和计算机技术的完美结合，它具有规范化、实时化和最优化管理的特点，是水资源管理水平的一个飞跃。

（二）水资源管理信息系统的结构

为了实现水资源管理信息系统的主要工作，水资源管理信息系统一般有数据库、模型库和人机交互系统三部分组成。

（三）水资源管理信息系统的建设

1. 建设目标

水资源管理信息系统建设的具体目标：实时、准确地完成各类信息的收集、处理和存储；建立和开发水资源管理系统所需的各类数据库；建立适用于可持续发展目标下的水资源管理模型库；建立自动分析模块和人机交互系统；具有水资源管理方案提取及分析功能；能够实现远距离信息传输功能。

2. 建设原则

水资源管理信息系统是一项规模强大、结构复杂、功能强、涉及面广、建设周期长的系统工程。为实现水资源管理信息系统的建设目标，水资源管理信息系统建设过程中应遵循以下八个原则：

（1）实用性原则

系统各项功能的设计和开发必须紧密结合实际，能够运用于生产过程中，最大限度地满足水资源管理部门的业务需求。

（2）先进性原则

系统在技术上要具有先进性（包括软硬件和网络环境等的先进性），确保系统具有较强的生命力，高效的数据处理与分析等能力。

（3）简捷性原则

系统使用对象并非全都是计算机专业人员，故系统表现形式要简单直观、操作简便、界面友好、窗口清晰。

（4）标准化原则

系统要强调结构化、模块化、标准化，特别是接口要标准统一，保证连接通畅，可以实现系统各模块之间、各系统之间的资源共享，保证系统的推广和应用。

（5）灵活性原则

系统各功能模块之间能灵活实现相互转换；系统能随时为使用者提供所需的信息和动态管理决策。

（6）开放性原则

系统采用开放式设计，保证系统信息不断补充和更新；具备与其他系统的数据和功能的兼容能力。

（7）经济性原则

在保持实用性和先进性的基础上，以最小的投入获得最大的产出，如尽量选择性价比高的软硬件配置，降低数据维护成本，缩短开发周期，降低开发成本。

（8）安全性原则

应当建立完善的系统安全防护机制，阻止非法用户的操作，保障合法用户能方便地访问数据和使用系统；系统要有足够的容错能力，保证数据的逻辑准确性和系统的可靠性。

第七章

水利工程施工管理

第一节　概述

一、建设项目管理发展历程

（一）古代的建设工程项目管理

建设工程项目的历史悠久，相应的项目管理工作也源远流长。早期的建设工程项目主要包括：房屋建筑（如皇宫、庙宇、住宅等）、水利工程（如运河、沟渠等）、道路桥梁工程、陵墓工程、军事工程（如城墙、兵站）等。古人用自己的智慧与才能，运用当时的工程材料、工程技术和管理方法，创造了一个又一个令后人瞩目的宏伟建筑工程，如我国的万里长城、都江堰水利工程、京杭大运河、北京紫禁城、拉萨的布达拉宫等。这些工程项目至今还发挥着巨大的经济效益和社会效益。从这些宝贵的文化遗产中可以反映出我国早期经济、政治、社会以及工程技术的发展水平，也体现了当时的工程建设管理水平。虽然我们对当时的工程项目管理情况了解甚少，但是它一定具有严密的组织管理体系，具有详细的工期和费用方面的计划和控制，也一定具有严格的质量检验标准和控制手段。由于我国早期科学技术水平和人们认识能力的限制，历史上的建设工程项目管理是经验型的、非系统的，不可能有现代意义上的工程项目管理。因此，古人在建设工程项目组织实施上的做法只能称为“项目管理”的思想雏形。

（二）现代的建设工程项目管理

现代的建设工程项目管理产生于20世纪中叶。第二次世界大战结束以后，国际社会出现了一个和平环境，世界各国的科学技术与经济社会都得到了快速的发展。各国的科学研究项目、国防工程项目和民用工程项目的规模越来越大，应用技术也越来越复杂，所需资源种类越来越多，耗费时间也越来越长，所有这些工程项目的开展势必对建设工程项目管理提出了新的要求。

早在20世纪40年代美国的原子弹计划，50年代美国海军的“北极星”导弹计划以及60年代的阿波罗登月计划都应用了网络计划技术，以确保工期目标和成本目标的实现。与此同时，系统论、信息论、控制论的思想得到了较快的发展，这些理论和方法被人们应用于建设工程项目管理中，极大地促进了建设工程项目管理理论与实践的发展。但是在70年代以前，建设工程项目管理的重点是对项目的范围、费用、质量和采购等方面的管理，管理对象主要是“创造独特的工程产品和服务”的项目。

20世纪70年代以后，计算机技术逐渐普及，网络计划优化的功能得以发挥，人们开始利用计算机对工期和资源、工期和费用进行优化，以求最佳的管理效果。此外，管理学的成熟理论与方法在建设工程项目管理中也得到了大量的应用，拓宽了建设项目管理的研究领域。

总之，现代建设工程项目管理是在20世纪50年代以后发展起来的，在将近60年的发展过程中，建设工程项目管理经历了以下几个阶段。

1. 网络计划应用阶段

20世纪50年代，网络技术应用于工程项目（主要是美国的军事工程项目）的工期计划和控制中，并取得了很大的成功。最著名的两个实例是美国1957年的“北极星”导弹研制和后来的登月计划。

2. 计算机应用初级阶段

20世纪60年代，大型计算机用于网络计划的分析中。当时大型计算机的网络计划分析计算日趋成熟，但因当时的计算机尚未普及且上机费用较高，一般的项目不可能使用计算机进行管理。所以这一时期的计算机在项目管理中尚不十分普及。

3. 信息系统方法应用阶段

20世纪70年代，人们开始将信息系统的方法引入建设项目管理，提出了项目管理信息系统。这个时期计算机网络分析程序已经十分成熟，项目管理信息系统的提出扩大了项目管理的研究深度和广度，同时扩大了网络技术的作用和应用范围，在工期计划的基础上实现了用计算机进行资源和成本的计划、优化和控制。整个70年代，人们对项目管理过程和各种管理职能进行了全面的、系统的研究，项目管理的职能在不断扩展。同时人们研究了在企业职能组织中对项目组织的应用，使项目管理在企业管理方面得以推广。

4. 普及计算机阶段

20世纪70年代末80年代初，计算机的普及使项目管理理论和方法的应用走向了更广阔的领域。这个时期的项目管理工作致力于简化、高效，使一般的项目管理公司和中小企业在中小型项目中都可以使用现代化的项目管理方法和手段，并取得了很大的成功，经济效益显著。

5. 管理领域扩大阶段

20 世纪 80 年代以后，建设项目管理的研究领域进一步扩大，包含了合同管理、界面管理、项目风险管理、项目组织行为和沟通管理等。在计算机应用上则加强了决策支持系统、专家系统和互联网技术应用的研究。

作为现代管理科学的一个重要分支学科——建设工程项目管理，至今已有近 40 年的历史。在各级政府、建设主管部门的大力推动和全国工程界的努力实践下，到目前为止我国建设工程项目管理已经取得了较大的发展。

（三）现代建设工程项目管理的特征

1. 内容更加丰富

现代建设工程项目管理内容由原来对项目范围、费用、质量和采购等方面的管理，扩展到对项目的合同管理、人力资源管理、项目组织管理、沟通协调管理、项目风险管理和信息管理等。

2. 强调整体管理

从前期的项目决策、项目计划、实施和变更控制到项目的竣工验收与运营，涵盖了建设工程项目寿命周期的全过程。

3. 管理技术更加科学

现代建设项目管理从管理技术手段上，更加依赖计算机技术和互联网技术，更加及时地吸收工程技术进步与管理方法创新的最新成果。

4. 应用范围更广泛

建设工程项目管理的应用，已经从传统的土木工程、军事方面扩展到航空航天、环境工程、公用工程、各类企业研发工程以及资源性开发项目和政府投资的文教、卫生、社会事业等工程项目管理领域。

二、建设项目管理趋势

随着人类社会在经济、技术、社会和文化等各方面的发展，建设工程项目管理理论与知识体系的逐渐完善，进入21世纪以后，在工程项目管理方面出现了以下新的发展趋势。

（一）建设工程项目管理的国际化

随着经济全球化的逐步深入，工程项目管理的国际化已经形成潮流。工程项目的国际化要求项目按国际惯例进行管理。按国际惯例就是依照国际通用的项目管理程序、准则与方法以及统一的文件形式进行项目管理，使参与项目的各方（不同国家、不同种族、不同文化背景的人及组织）在项目实施中建立起统一的协调基础。

我国加入 WTO 后，我国的行业壁垒下降、国内市场国际化、国内外市场全面融合，外国工程公司利用其在资本、技术、管理、人才、服务等方面的优势进入我国国内市场，尤其是工程总承包市场，国内建设市场竞争日趋激烈。工程建设市场的国际化必然导致工程项目管理的国际化，这对我国工程管理的发展既是机遇也是挑战。一方面，随着我国改革开放的步伐加快，我国经济日益深刻地融入全球市场，我国的跨国公司和跨国项目越来越多。许多大型项目要通过国际招标、国际咨询或 BOT 等方式运行。这样做不仅可以从国际市场上筹措到资金，加快国内基础设施、能源交通等重大项目的建设，而且可以从国际合作项目中学习到发达国家工程项目管理的先进管理制度与方法。另一方面，入世后根据最惠国待遇和国民待遇准则，我国将获得更多的机会，并能更加容易地进入国际市场。加入 WTO 后，作为一名成员国，我国的工程建设企业可以与其他成员国企业拥有同等的权利，并享有同等的关税减免待遇，将有更多的国内工程公司从事国际工程承包，并逐步过渡到工程项目自由经营。国内企业可以走出国门在海外投资和经营项目，也可在海外工程建设市场上竞争，锻炼队伍，培养人才。

（二）建设工程项目管理的信息化

伴随着计算机和互联网走进人们的工作与生活，以及知识经济时代的到来，工程项目管理的信息化已成必然趋势。作为当今更新速度最快的计算机技术和网络技术在企业经营管理中普及应用的速度迅猛，而且呈现加速发展的态势。这给项目管理带来很多新的生机，在信息高度膨胀的今天，工程项目管理越来越依赖于计算机和网络，无论是工程项目的预算、概算、工程的招标与投标、工程施工图设计、项目的进度与费用管理、工程的质量管理、施工过程的变更管理、合同管理，还是项目竣工决算都离不开计算机与互联网，工程项目的信息化已成为提高项目管理水平的重要手段。目前西方发达国家的一些项目管理公司已经在工程项目管理中运用了计算机与网络技术，开始实现了项目管理网络化、虚拟化。另外，许多项目管理公司也开始大量使用工程项目管理软件进行项目管理，同时还从事项目管理软件的开发研究工作。为此，21 世纪的工程项目管理将更多地依靠计算机技术和网络技术，新世纪的工程项目管理必将成为信息化管理。

（三）建设工程项目全寿命周期管理

建设工程项目全寿命周期管理就是运用工程项目管理的系统方法、模型、工具等对工程项目相关资源进行系统地集成，对建设工程项目寿命期内各项工作进行有效地整合，并达成工程项目目标和实现投资效益最大化的过程。

建设工程项目全寿命周期管理是将项目决策阶段的开发管理，实施阶段的项目管理和使用阶段的设施管理集成为一个完整的项目全寿命周期管理系统，是对工程项目实施全过程的统一管理，使其在功能上满足设计需求，在经济上可行，达到业主和投资人的投资收益目标。所谓项目全寿命周期是指从项目前期策划、项目目标确定，直至项目终止、临时设施拆除的全部时间年限。建设工程项目全寿命周期管理既要合理确定目标、范围、规模、建筑标准等，又要使项目在既定的建设期限内，在规划的投资范围内，保质保量地完成建设任务，确保所建设的工程项目满足投资商、项目的经营者和最终用户的要求；还要在项目运营期间，对永久设施物业进行维护管理、经营管理，使工程项目尽可能创造最大的经济效益。这种管理方式是工程项目更加面对市场，直接为业主和投资人服务的集中体现。

（四）建设工程项目管理专业化

现代工程项目投资规模大、应用技术复杂、涉及领域多、工程范围广泛的特点，带来了工程项目管理的复杂性和多变性，对工程项目管理过程提出了更新更高的要求。因此，专业化的项目管理者或管理组织应运而生。在项目管理专业人士方面，通过 IPMP（国际项目管理专业资质认证）和 PMP（国际资格认证）认证考试的专业人员就是一种形式。在我国工程项目领域的执业咨询工程师、监理工程师、造价工程师、建造师，以及在设计过程中的建设工程师、结构工程师等，都是工程项目管理人才专业化的形式。而专业化的项目管理组织—工程项目（管理）公司是国际工程建设界普遍采用的一种形式。除此之外，工程咨询公司、工程监理公司、工程设计公司等也是专业化组织的体现。可以预见，随着工程项目管理制度与方法的发展，工程管理的专业化水平还会有更大的提高。

第二节　施工项目管理

施工项目管理是施工企业对施工项目进行有效地掌握控制，主要特征包括：一是施工项目管理者是建筑施工企业，他们对施工项目全权负责；二是施工项目管理的对象是施工项目，具有时间控制性，也就是施工项目有运作周期（投标—竣工验收）；三是施工项目管理的内容是按阶段变化的，根据建设阶段及要求的变化，管理的内容具有很大的差异；四是施工项目管理要求强化组织协调工作，主要是强化项目管理班子，优选项目经理，科学地组织施工并运用现代化的管理方法。

在施工项目管理的全过程中，为了取得各阶段目标和最终目标的实现，在进行各项活动中，必须加强管理工作。

一、建立施工项目管理组织

第一，由企业采用适当的方式选聘称职的施工项目经理。

第二，根据施工项目组织原则，选用适当的组织形式，组建施工项目管理机构，明确责任、权利和义务。

第三，在遵守企业规章制度的前提下，根据施工项目管理的需要，制定施工项目管理制度。

项目经理作为企业法人代表的代理人，对工程项目施工全面负责，一般不准兼管其他工程，当其负责管理的施工项目临近竣工阶段且经建设单位同意，可以兼任另一项工程的项目管理工作。项目经理通常由企业法人代表委派或组织招聘等方式确定。项目经理与企业法人代表之间需要签订工程承包管理合同，明确工程的工期、质量、成本、利润等指标要求和双方的责、权、利以及合同中止处理、违约处罚等项内容。

项目经理以及各有关业务人员组成、人数根据工程规模大小而定。各成员由项目经理聘任或推荐确定，其中技术、经济、财务主要负责人需经企业法人代表或其授权部门同意。项目领导班子成员除了直接受项目经理领导，实施项目管理方案外，还要按照企业规章制度接受企业主管职能部门的业务监督和指导。

项目经理应有一定的职责，如贯彻执行国家和地方的法律、法规；严格遵守财经制度、加强成本核算；签订和履行“项目管理目标责任书”；对工程项目施工进行有效控制等。项目经理应有一定的权力，如参与投标和签订施工合同；用人决策权；财务决策权；进度计划控制权；技术质量决定权；物资采购管理权；现场管理协调权等。项目经理还应获得一定的利益，如物质奖励及表彰等。

二、项目经理的地位

项目经理是项目管理实施阶段全面负责的管理者，在整个施工活动中有举足轻重的地位。确定施工项目经理的地位是搞好施工项目管理的关键。

第一，从企业内部看，项目经理是施工项目实施过程中所有工作的总负责人，是项目管理的第一责任人。从对外方面来看，项目经理代表企业法定代表人在授权范围内对建设单位直接负责。由此可见，项目经理既要对有关建设单位的成果性目标负责，又要对建筑业企业的效益性目标负责。

第二，项目经理是协调各方面关系，使之相互紧密协作与配合的桥梁与纽带。要承担合同责任、履行合同义务、执行合同条款、处理合同纠纷、受法律的约束和保护。

第三，项目经理是各种信息的集散中心。通过各种方式和渠道收集有关的信息，并运用这些信息，达到控制的目的，使项目获得成功。

第四，项目经理是施工项目责、权、利的主体。这是因为项目经理是项目中人、财、物、技术、信息和管理等所有生产要素的管理人。项目经理首先是项目的责任主体，是实现项目目标的最高责任者。责任是实现项目经理责任制的核心，它构成了项目经理工作的压力，也是确定项目经理权力和利益的依据。其次，项目经理必须是项目的权力主体。权力是确保项目经理能够承担起责任的条件和手段。如果不具备必要的权力，项目经理就无法对工作负责。项目经理还必须是项目利益的主体。利益是项目经理工作的动力。如果没有一定的利益，项目经理就不愿负相应的责任，难以处理好国家、企业和职工的利益关系。

三、项目经理的任职要求

项目经理的任职要求包括执业资格的要求、知识方面的要求、能力方面的要求和素质方面的要求。

（一）执业资格的要求

根据建设部《建筑施工企业项目经理资质管理办法》文的规定，项目经理要经过有关部门培训、考核和注册，获得《全国建筑施工企业项目经理培训合格证》或《建筑施工企业项目经理资质证书》才能上岗。

项目经理的资质分为一、二、三、四级。其中：

一级项目经理应担任过一个一级建筑施工企业资质标准要求的工程项目，或两个二级建筑施工企业资质标准要求的工程项目施工管理工作的主要负责人，并已取得国家认可的高级或者中级专业技术职称。

二级项目经理应担任过两个工程项目，其中至少一个为二级建筑施工企业资质标准要求的工程项目施工管理工作的主要负责人，并已取得国家认可的中级或初级专业技术职称。

三级项目经理应担任过两个工程项目，其中至少一个为三级建筑施工企业资质标准要求的工程项目施工管理工作的主要负责人，并已取得国家认可的中级或初级专业技术职称。

四级项目经理应担任过两个工程项目，其中至少一个为四级建筑施工企业资质标准要求的工程项目施工管理工作的主要负责人，并已取得国家认可的初级专业技术职称。

项目经理承担的工程规模应符合相应的项目经理资质等级。一级项目经理可承担一级资质建筑施工企业营业范围内的工程项目管理；二级项目经理可承担二级以下（含二级）建筑施工企业营业范围内的工程项目管理；三级项目经理可承担三级以下（含三级）建筑企业营业范围内的工程项目管理；四级项目经理可承担四级建筑施工企业营业范围内的工程项目管理。

项目经理每两年接受一次项目资质管理部门的复查。项目经理达到上一个资质等级条件的，可随时提出升级的要求。

（二）知识方面的要求

通常项目经理应接受过大专、中专以上相关专业的教育，必须具备专业知识，如土木工程专业或其他专业工程方面的专业，一般应是某个专业工程方面的专家，否则很难被人们接受或很难开展工作。项目经理还应受过项目管理方面的专门培训或再教育，掌握项目管理的知识。作为项目经理需要的广博的知识，能迅速解决工程项目实施过程中遇到的各种问题。

（三）能力方面的要求

项目经理应具备以下几方面的能力：

第一，必须具有一定的施工实践经历和按规定经过一段实践锻炼，特别是对同类项目有成功的经历。对项目工作有成熟的判断能力、思维能力和随机应变的能力。

第二，具有很强的沟通能力、激励能力和处理人事关系的能力，项目经理要靠领导艺术、影响力和说服力而不是靠权力和命令行事。

第三，有较强的组织管理能力和协调能力。能协调好各方面的关系，能处理好与业主的关系。

第四，有较强的语言表达能力，有谈判技巧。

第五，在工作中能发现问题，提出问题，能够从容地处理紧急情况。

（四）素质方面的要求

第一，项目经理应注重工程项目对社会的贡献和历史作用。在工作中能注重社会公德，保证社会的利益，严守法律和规章制度。

第二，项目经理必须具有良好的职业道德，将用户的利益放在第一位，不牟私利，必须有工作的积极性、热情和敬业精神。

第三，具有创新精神，务实的态度，勇于挑战，勇于决策，勇于承担责任和风险。

第四，敢于承担责任，特别是有敢于承担错误的勇气，言行一致，正直，办事公正、公平，实事求是。

第五，能承担艰苦的工作，任劳任怨，忠于职守。

第六，具有合作的精神，能与他人共事，具有较强的自我控制能力。

四、项目经理的责、权、利

（一）项目经理的职责

第一，贯彻执行国家和地方政府的法律制度，维护企业的整体利益和经济利益。法规和政策，执行建筑业企业的各项管理制度。

第二，严格遵守财经制度，加强成本核算，积极组织工程款回收，正确处理国家、企业和项目及单位个人的利益关系。

第三，签订和组织履行“项目管理目标责任书”，执行企业与业主签订的“项目承包合同”中由项目经理负责履行的各项条款。

第四，对工程项目施工进行有效控制，执行有关技术规范和标准，积极推广应用新技术、新工艺、新材料和项目管理软件集成系统，确保工程质量和工期，实现安全、文明生产，努力提高经济效益。

第五，组织编制施工管理规划及目标实施措施，组织编制施工组织设计并实施之。

第六，根据项目总工期的要求编制年度进度计划，组织编制施工季（月）度施工计划，包括劳动力、材料、构件及机械设备的使用计划，签订分包及租赁合同并严格执行。

第七，组织制定项目经理部各类管理人员的职责和权限、各项管理制度，并认真贯彻执行。

第八，科学地组织施工和加强各项管理工作。做好内、外各种关系的协调，为施工创造优越的施工条件。

第九，做好工程竣工结算，资料整理归档，接受企业审计并做好项目经理部解体与善后工作。

（二）项目经理的权力

为了保证项目经理完成所担负的任务，必须授予相应的权力。项目经理应当有以下权力：

第一，参与企业进行施工项目的投标和签订施工合同。

第二，用人决策权。项目经理应有权决定项目管理机构班子的设置，选择、聘任班子内成员，对任职情况进行考核监督、奖惩，乃至辞退。

第三，财务决策权。在企业财务制度规定的范围内，根据企业法定代表人的授权和施工项目管理的需要，决定资金的投入和使用，决定项目经理部的计酬方法。

第四，进度计划控制权。根据项目进度总目标和阶段性目标的要求，对项目建设的进度进行检查、调整，并在资源上进行调配，从而对进度计划进行有效的控制。

第五，技术质量决策权。根据项目管理实施规划或施工组织设计，有权批准重大技术方案和重大技术措施，必要时召开技术方案论证会，把好技术决策关和质量关，防止技术上决策失误，主持处理重大质量事故。

第六，物资采购管理权。按照企业物资分类和分工，对采购方案、目标、到货要求，以及对供货单位的选择、项目现场存放策略等进行决策和管理。

第七，现场管理协调权。代表公司协调与施工项目有关的内外部关系，有权处理现场突发事件，事后及时报公司主管部门。

（三）项目经理的利益

施工项目经理最终的利益是其行使权力和承担责任的结果，也是市场经济条件下责、权、利、效相互统一的具体体现。项目经理应享有以下的利益：

第一，获得基本工资、岗位工资和绩效工资。

第二，在全面完成“项目管理目标责任书”确定的各项责任目标，交工验收交结算后，接受企业考核和审计，可获得规定的物质奖励外，还可获得表彰、记功、优秀项目经理等荣誉称号和其他精神奖励。

第三，经考核和审计，未完成“项目管理目标责任书”确定的责任目标或造成亏损的，按有关条款承担责任，并接受经济或行政处罚。

项目经理责任制是指以项目经理为主体的施工项目管理目标责任制度，用以确保项目履约，用以确立项目经理部与企业、职工三者之间的责、权、利关系。项目经理开始工作之前由建筑业企业法人或其授权人与项目经理协商、编制“项目管理目标责任书”，双方签字后生效。

项目经理责任制是以施工项目为对象，以项目经理全面负责为前提，以“项目管理目标责任书”为依据，以创优质工程为目标，以求得项目的最佳经济效益为目的，实行的一次性、全过程的管理。

五、项目经理责任制的特点

（一）项目经理责任制的作用

实行项目管理必须实现项目经理责任制。项目经理责任制是完成建设单位和国家对建筑业企业要求的最终落脚点。因此，必须规范项目管理，通过强化建立项目经理全面组织生产诸要素优化配置的责任、权力、利益和风险机制，更有利于对施工项目、工期、质量、成本、安全等各项目标实施强有力的管理，使项目经理有动力和压力，也有法律依据。

项目经理责任制的作用如下：

第一，明确项目经理与企业和职工三者之间的责、权、利、效关系。

第二，有利于运用经济手段强化对施工项目的法制管理。

第三，有利于项目规范化、科学化管理和提高产品质量。

第四，有利于促进和提高企业项目管理的经济效益和社会效益。

（二）项目经理责任制的特点

1. 对象终一性

以工程施工项目为对象，实行施工全过程的全面一次性负责。

2. 主体直接性

在项目经理负责的前提下，实行全员管理，指标考核、标价分离、项目核算，确保上缴集约增效、超额奖励的复合型指标责任制。

3. 内容全面性

根据先进、合理、可行的原则，以保证工程质量、缩短工期、降低成本、保证安全和文明施工等各项指标为内容的全过程的目标责任制。

4. 责任风险性

项目经理责任制充分体现了“指标突出、责任明确、利益直接、考核严格”的基本要求。

六、项目经理责任制的原则和条件

（一）项目经理责任制的原则

实行项目经理责任制有以下原则：

1. 实事求是

实事求是的原则就是从实际出发，做到具有先进性、合理性、可行性。不同的工程和不同的施工条件，其承担的技术经济指标不同，不同职称的人员实行不同的岗位责任，不追求形式。

2. 兼顾企业、责任者、职工三者的利益

企业的利益放在首位，维护责任者和职工个人的正当利益，避免人为的分配不公，切实贯彻按劳分配、多劳多得的原则。

3. 责、权、利、效统一

尽到责任是项目经理责任制的目标，以“责”授“权”、以“权”保“责”，以“利”激励尽“责”。“效”是经济效益和社会效益，是考核尽“责”水平的尺度。

4. 重在管理

项目经理责任制必须强调管理的重要性。因为承担责任是手段，效益是目的，管理是动力。没有强有力的管理，“效益”不易实现。

（二）项目经理责任制的条件

实施项目经理责任制应具备下列条件：

第一，工程任务落实、开工手续齐全、有切实可行的施工组织设计。

第二，各种工程技术资料齐全、劳动力及施工设施已配备，主要原材料已落实并能按计划提供。

第三，有一个懂技术、会管理、敢负责的人才组成的精干、得力的高效的项目管理班子。

第四，赋予项目经理足够的权力，并明确其利益。

第五，企业的管理层与劳务作业层分开。

七、项目管理目标责任书

在项目经理开始工作之前，由建筑业企业法定代表人或其授权人与项目经理协商，制定“项目管理目标责任书”，双方签字后生效。

（一）编制项目管理目标责任书的依据

第一，项目的合同文件。

第二，企业的项目管理制度。

第三，项目管理规划大纲。

第四，建筑业企业的经营方针和目标。

（二）项目管理目标责任书的内容

第一，项目的进度、质量、成本、职业健康安全与环境目标。

第二，企业管理层与项目经理部之间的责任、权利和利益分配。

第三，项目需用的人力、材料、机械设备和其他资源的供应方式。

第四，法定代表人向项目经理委托的特殊事项。

第五，项目经理部应承担的风险。

第六，企业管理层对项目经理部进行奖惩的依据、标准和方法。

第七，项目经理解职和项目经理部解体的条件及办法。

八、项目经理部的作用

项目经理部是施工项目管理的工作班子，置于项目经理的领导之下。在施工项目管理中有以下作用：

第一，项目经理部在项目经理的领导下，作为项目管理的组织机构，负责施工项目从开工到竣工的全过程施工生产的管理，是企业在某一工程项目上的管理层，同时对作业层负有管理与服务的双重职能。

第二，项目经理部是项目经理的办事机构，为项目经理决策提供信息依据，当好参谋。同时又要执行项目经理的决策意图，向项目经理负责。

第三，项目经理部是一个组织体，其作用包括：完成企业所赋予的基本任务——项目管理与专业管理等。要具有凝聚管理人员的力量并调动其积极性，促进管理人员的合作；协调部门之间、管理人员之间的关系，发挥每个人的岗位作用；贯彻项目经理责任制，搞好管理；做好项目与企业各部门之间、项目经理部与作业队之间、项目经理部与建设单位、分包单位、材料和构件供方等的信息沟通。

第四，项目经理部是代表企业履行工程承包合同的主体，对项目产品和业主全面、全过程负责；通过履行合同主体与管理实体地位的影响力，使每个项目经理部成为市场竞争的成员。

九、项目经理部建立原则

第一，要根据所选择的项目组织形式设置项目经理部。不同的组织形式对施工项目管理部的管理力量和管理职责提出了不同的要求，同时也提供了不同的管理环境。

第二，要根据施工项目的规模、复杂程度和专业特点设置项目经理部。项目经理部规模大、中、小的不同，职能部门的设置相应不同。

第三，项目经理部是一个弹性的、一次性的管理组织，应随工程任务的变化而进行调整。工程交工后项目经理部应解体，不应有固定的施工设备及固定的作业队伍。

第四，项目经理部的人员配置应面向施工现场，满足施工现场的计划与调度、技术与质量、成本与核算、劳务与物资、安全与文明施工的需要，而不应设置研究与发展、政工与人事等与项目施工关系较少的非生产性管理部门。

第五，应建立有益于组织运转的管理制度。

十、项目经理部的机构设置

项目经理部的部门设置和人员的配置与施工项目的规模和项目的类型有关，要能满足施工全过程的项目管理，成为全体履行合同的主体。

项目经理部一般应建立工程技术部、质量安全部、生产经营部、物资（采购）部及综合办公室等。复杂及大型的项目还可设机电部。项目经理部人员由项目经理、生产或经营副经理、总工程师及各部门负责人组成。管理人员持证上岗。一级项目部由30~45人组成，二级项目部由20~30人组成，三级项目部由10~20人组成，四级项目部由5~10人组成。出任项目部项目经理的要求按建设部《关于建筑业企业项目经理资质管理制度向建造师执业资格制度过渡有关问题的通知》文中的规定执行。

项目经理部的人员实行一职多岗、一专多能、全部岗位职责覆盖项目施工全过程的管理，不留死角，以避免职责重叠交叉，同时实行动态管理，根据工程的进展程度，调整项目的人员组成。

十一、项目经理部的管理制度

项目经理部管理制度应包括以下各项：

第一，项目管理人员岗位责任制度。

第二，项目技术管理制度。

第三，项目质量管理制度。

第四，项目安全管理制度。

第五，项目计划、统计与进度管理制度。

第六，项目成本核算制度。

第七，项目材料、机械设备管理制度。

第八，项目现场管理制度。

第九，项目分配与奖励制度。

第十，项目例会及施工日志制度。

第十一，项目分包及劳务管理制度。

第十二，项目信息管理制度。

项目经理部自行制定的管理制度应与企业现行的有关规定保持一致。如项目部根据工程的特点、环境等实际内容，在明确适用条件、范围和时间后自行制定的管理制度，有利于项目目标的完成，可作为例外批准执行。项目经理部自行制定的管理制度与企业现行的有关规定不一致时，应报送企业或其授权的职能部门批准。

十二、项目经理部的建立步骤和运行

（一）项目经理部设立的步骤

第一，根据企业批准的“项目管理规划大纲”，确定项目经理部的管理任务和组织形式。

第二，确定项目经理部的层次；设立职能部门与工作岗位。

第三，确定人员、职责、权限。

第四，由项目经理根据“项目管理目标责任书”进行目标分解。

第五，组织有关人员制定规章制度和目标责任考核、奖惩制度。

（二）项目经理部的运行

第一，项目经理应组织项目经理部成员学习项目的规章制度，检查执行情况和效果，并应根据反馈信息改进管理。

第二，项目经理应根据项目管理人员岗位责任制度对管理人员的责任目标进行检查、考核和奖惩。

第三，项目经理部应对作业队伍和分包人实行合同管理，并应加强控制与协调。

十三、编制施工项目管理规划

施工项目管理规划是对施工项目管理目标、组织、内容、方法、步骤、重点进行预测和决策，做出具体安排的纲领性文件。施工项目管理规划的内容主要如下。

第一，进行工程项目分解，形成施工对象分解体系，以便确定阶段控制目标，从局部到整体地进行施工活动和进行施工项目管理。

第二，建立施工项目管理工作体系，绘制施工项目管理工作体系图和施工项目管理工作信息流程图。

第三，编制施工管理规划，确定管理点，形成施工组织设计文件，以利于执行。现阶段这个文件便以施工组织设计代替。

十四、进行施工项目的目标控制

施工项目的目标有阶段性目标和最终目标。实现各项目标是施工项目管理的目的所在，因此应当坚持以控制论理论为指导，进行全过程的科学控制。施工项目的控制目标包括进度控制目标、质量控制目标、成本控制目标、安全控制目标和施工现场控制目标。

在施工项目目标控制的过程中，会不断受到各种客观因素的干扰，各种风险因素随时可能发生，故应通过组织协调和风险管理，对施工项目目标进行动态控制。

十五、对施工项目的生产要素进行优化配置和动态管理

施工项目的生产要素是施工项目目标得以实现的保证，主要包括劳动力资源、材料、设备、资金和技术（即5M）。生产要素管理的内容如下。

第一，分析各项生产要素的特点。

第二，按照一定的原则、方法对施工项目生产要素进行优化配置，并对配置状况进行评价。

第三，对施工项目各项生产要素进行动态管理。

十六、施工项目的合同管理

由于施工项目管理是在市场条件下进行的特殊交易活动的管理，这种交易活动从投标开始，持续于项目实施的全过程，因此必须依法签订合同。合同管理的好坏直接关系到项目管理及工程施工技术经济效果和目标的实现，因此要严格执行合同条款约定，进行履约经营，保证工程项目顺利进行。合同管理势必涉及国内和国际上有关法规和合同文本、合同条件，在合同管理中应予以高度重视。为了取得更多的经济效益，还必须重视索赔，研究索赔方法、策略和技巧。

十七、施工项目的信息管理

项目信息管理旨在适应项目管理的需要，为预测未来和正确决策提供依据，提高管理水平。项目经理部应建立项目信息管理系统，优化信息结构，实现项目管理信息化。

项目信息包括项目经理部在项目管理过程中形成的各种数据、表格、图纸、文字、音像资料等。项目经理部应负责收集、整理、管理本项目范围内的信息。项目信息收集应随工程的进展进行，保证真实、准确。

施工项目管理是一项复杂的现代化的管理活动，要依靠大量信息及对大量信息进行管理。进行施工项目管理和施工项目目标控制、动态管理，必须依靠计算机项目信息管理系统，获得项目管理所需要的大量信息，并使信息资源共享。另外要注意信息的收集与储存，使本项目的经验和教训得到记录和保留，为以后的项目管理提供必要的资料。

十八、组织协调

组织协调是指以一定的组织形式、手段和方法，对项目管理中产生的关系不畅进行疏通，对产生的干扰和障碍进行排除的活动。

第一，协调要依托一定的组织、形式的手段。

第二，协调要有处理突发事件的机制和应变能力。

第三，协调要为控制服务，协调与控制的目的，都是保证目标实现。

第三节　建设项目管理模式

建设项目管理模式对项目的规划、控制、协调起着重要的作用。不同的管理模式有不同的管理特点。目前国内外较为常用的建设工程项目管理模式有：工程建设指挥部模式、传统管理模式、建筑工程管理模式（CM 模式）、设计—采购—建造（EPC）交钥匙模式、BOT（建造—运营—移交）模式、设计—管理模式、管理承包模式、项目管理模式、更替型合同模式（NC 模式）。其中工程建设指挥部模式是我国计划经济时期最常采用的模式，在今天的市场经济条件下，仍有相当一部分建设工程项目采用这种模式。国际上通常采用的模式是后面的八大管理模式，在八大管理模式中，最常采用的是传统管理模式，目前世界银行、亚洲开发银行以及国际其他金融组织贷款的建设工程项目，包括采用国际惯例 FIDIC（国际咨询工程师联合会）合同条件的建设工程项目均采用这种模式。

一、工程建设指挥部模式

工程建设指挥部是我国计划经济体制下，大中型基本建设项目管理所采用的一种模式，它主要是以政府派出机构的形式对建设项目的实施进行管理和监督，依靠的是指挥部领导的权威和行政手段，因而在行使建设单位的职能时有较大的权威性，决策、指挥直接有效。尤其是有效地解决征地、拆迁等外部协调难题，以及在建设工期要求紧迫的情况下，能够迅速集中力量，加快工程建设进度。但是由于工程建设指挥部模式采用纯行政手段来管理技能管理活动，存在着以下弊端。

（一）工程建设指挥部缺乏明确的经济责任

工程建设指挥部不是独立的经济实体，缺乏明确的经济责任。政府对工程建设指挥部没有严格、科学的经济约束，指挥部拥有投资建设管理权，却对投资的使用和回收不承担任何责任。也就是说，作为管理决策者，却不承担决策风险。

（二）管理水平低，投资效益难以保证

工程建设指挥部中的专业管理人员是从本行业相关单位抽调并临时组成的团队，应有的专业人员素质难以保障。而当他们在工程建设过程中积累了一定经验之后，又随着工程项目的建成而转入其他工程岗位。以后即使是再建设新项目，也要重新组建工程建设指挥部。为此，导致工程建设的管理水平难以提高。

（三）忽视了管理的规划和决策职能

工程建设指挥部采用行政管理手段，甚至采用军事作战的方式来管理工程建设，而不善于利用经济的方式和手段。它着重于工程的实现，而忽视了工程建设投资、进度、质量三大目标之间的对立统一关系。它努力追求工程建设的进度目标，却往往不顾投资效益和对工程质量的影响。

由于这种传统的建设项目管理模式自身的先天不足，使得我国工程建设的管理水平和投资效益长期得不到提高，建设投资和质量目标的失控现象也在许多工程中存在。随着我国社会主义市场经济体制的建立和完善，这种管理模式将逐步为项目法人责任制所替代。

二、传统管理模式

传统管理模式又称为通用管理模式。采用这种管理模式，业主通过竞争性招标将工程施工的任务发包给或委托给报价合理和最具有履约能力的承包商或工程咨询、工程监理单位，并且业主与承包商、工程师签订专业合同。承包商还可以与分包商签订分包合同。涉及材料设备采购的，承包商还可以与供应商签订材料设备采购合同。

这种模式形成于19世纪，目前仍然是国际上最为通用的模式，世界银行贷款、亚洲开发银行贷款项目和采用国际咨询工程师联合会（FIDIC）的合同条件的项目均采用这种模式。

传统管理模式的优点是：由于应用广泛，因而管理方法成熟，各方对有关程序比较熟悉；可自由选择设计人员，对设计进行完全控制；标准化的合同关系；可自由选择咨

询人员；采用竞争性投标。

传统管理模式的缺点是：项目周期长，业主的管理费用较高；索赔和变更的费用较高；在明确整个项目的成本之前投入较大。此外，由于承包商无法参与设计阶段的工作，设计的“可施工性”较差，当出现重大的工程变更时，往往会降低施工的效率，甚至造成工期延误等。

三、建筑工程管理模式（CM 模式）

采用建筑工程管理模式，是以项目经理为特征的工程项目管理方式，是从项目开始阶段就由具有设计、施工经验的咨询人员参与到项目实施过程中来，以便为项目的设计、施工等方面提供建议。为此，又称为“管理咨询方式”。

建筑工程管理模式的特点，与传统的管理模式相比较，具有的主要优点有以下几个方面。

（一）设计深度到位

由于承包商在项目初期（设计阶段）就任命了项目经理，他可以在此阶段充分发挥自己的施工经验和管理技能，协同设计班子的其他专业人员一起做好设计，提高设计质量，为此，其设计的“可施工性”好，有利于提高施工效率。

（二）缩短建设周期

由于设计和施工可以平行作业，并且设计未结束便开始招标投标，使设计施工等环节得到合理搭接，可以节省时间，缩短工期，可提前运营，提高投资效益。

四、设计—采购—建造（EPC）交钥匙模式

EPC 模式是从设计开始，经过招标，委托一家工程公司对“设计—采购—建造”进行总承包，采用固定总价或可调总价合同方式。

EPC 模式的优点是：有利于实现设计、采购、施工各阶段的合理交叉和融合，提高效率，降低成本，节约资金和时间。

EPC 模式的缺点是：承包商要承担大部分风险，为减少双方风险，一般均在基础工程设计完成、主要技术和主要设备均已确定的情况下进行承包。

五、BOT 模式

BOT 模式即建造—运营—移交模式，它是指东道国政府开放本国基础设施建设和运营市场，吸收国外资金、本国私人或公司资金，授给项目公司特许权，由该公司负责融

资和组织建设，建成后负责运营及偿还贷款。在特许期满时将工程移交给东道国政府。

BOT 模式作为一种私人融资方式，其优点是：可以开辟新的公共项目资金渠道，弥补政府资金的不足，吸收更多投资者；减轻政府财政负担和国际债务，优化项目，降低成本；减少政府管理项目的负担；扩大地方政府的资金来源，引进外国的先进技术和管理，转移风险。

BOT 模式的缺点是：建造的规模比较大，技术难题多，时间长，投资高。东道国政府承担的风险大，较难确定回报率及政府应给予的支持程度，政府对项目的监督、控制难以保证。

六、国际采用的其他管理模式

（一）设计—管理模式

设计—管理合同通常是指一种类似 CM 模式但更为复杂的，由同一实体向业主提供设计和施工管理服务的工程管理方式，在通常的 CM 模式中，业主分别就设计和专业施工过程管理服务签订合同。采用设计—管理合同时，业主只签订一份既包括设计也包括类似 CM 服务在内的合同。在这种情况下，设计师与管理机构是同一实体。这一实体常常是设计机构与施工管理企业的联合体。

设计—管理模式的实现可以有两种形式：一种是业主与设计—管理公司和施工总承包商分别签订合同，由设计—管理公司负责设计并对项目实施进行管理；另一种形式是业主只与设计—管理公司签订合同，由设计公司分别与各个单独的承包商和供应商签订分包合同，由他们施工和供货。这种方式看作是 CM 与设计—建造两种模式相结合的产物，这种方式也常常对承包商采用阶段发包方式以加快工程进度。

（二）管理承包模式

业主可以直接找一家公司进行管理承包，管理承包商与业主的专业咨询顾问（如建筑师、工程师、测量师等）进行密切合作，对工程进行计划管理、协调和控制。工程的实际施工由各个承包商承担。承包商负责设备采购、工程施工以及对分包商的管理。

（三）项目管理模式

目前许多工程日益复杂，特别是当一个业主在同一时间内有多个工程处于不同阶段实施时，所需执行的多种职能超出了建筑师以往主要承担的设计、联络和检查的范围，这就需要项目经理。项目经理的主要任务是自始至终对一个项目负责，这可能包括项目任务书的编制，预算控制，法律与行政障碍的排除，土地资金的筹集，同时使设计者、计量工程师、结构、设备工程师和总承包商的工作协调地、分阶段地进行。在适当的时候引入指定分包商的合同，使业主委托的工作顺利进行。

（四）更替型合同模式（NC 模式）

NC 模式是一种新的项目管理模式，即用一种新合同更替原有合同，而二者之间又有密不可分的联系。业主在项目实施初期委托某一设计咨询公司进行项目的初步设计，当这一部分工作完成（一般达到全部设计要求的 30%~80%）时，业主可开始招标选择承包商，承包商与业主签约时承担全部未完成的设计与施工工作，由承包商与原设计咨询公司签订设计合同，完成后一部分设计。设计咨询公司成为设计分包商，对承包商负责，由承包商对设计进行支付。

这种方式的主要优点是：既可以保证业主对项目的总体要求，又可以保持设计工作的连贯性，还可以在施工详图设计阶段吸收承包商的施工经验，有利于加快工程进度、提高施工质量，还可以减少施工中设计的变更，由承包商更多地承担这一实施期间的风险管理，为业主方减轻了风险，后一阶段由承包商承担了全部设计建造责任，合同管理也比较容易操作。采用 NC 模式，业主方必须在前期对项目有一个周密的考虑，因为设计合同转移后，变更就会比较困难，此外，在新旧设计合同更替过程中要细心考虑责任和风险的重新分配，以免引起纠纷。

第四节　水利工程建设程序

水利水电工程的建设周期长，施工场面布置复杂，投资金额巨大，对国民经济的影响不容忽视。工程建设必须遵守合理的建设程序，才能顺利地按时完成工程建设任务，并且能够节省投资。

在计划经济时代，水利水电工程建设一直沿用自建自营模式。在国家总体计划安排下，建设任务由上级主管单位下达，建设资金由国家拨款。建设单位一般是上级主管单位、已建水电站、施工单位和其他相关部门抽调的工程技术人员和工程管理人员临时组建的工程筹备处或工程建设指挥部。在条块分割的计划经济体制下，工程建设指挥部除了负责工程建设外，还要平衡和协调各相关单位的关系和利益。工程建成后，工程建设指挥部解散。其中一部分人员转变为水电站运行管理人员，其余人员重新回到原单位。这种体制形成于新中国成立初期。那时候国家经济实力薄弱，建筑材料匮乏，技术人员稀缺。集中财力、物力、人力于国家重点工程，对于新中国成立后的经济恢复和繁荣起到了重要作用。随着国民经济的发展和经济体制的转型，原有的这种建设管理模式已经不能适应国民经济的迅速发展，甚至严重地阻碍了国民经济的健康发展。经过 10 多年的改革，终于在 20 世纪 90 年代后期初步建立了既符合社会主义市场经济运行机制，又与国际惯例接轨的新型建设管理体系。在这个体系中，形成了项目法人责任制、投标招标制和建设监理制三项基本制度。在国家宏观调控下，建立了“以项目法人责任制为主体，以咨询、科研、设计、监理、施工、物资供应为服务、承包体系”的建设项目管理体制。投资主体可以是国资，也可以是民营或合资，充分调动各方的积极性。

项目法人的主要职责是：负责组建项目法人在现场的管理机构；负责落实工程建设计划和资金进行管理、检查和监督；负责协调与项目相关的对外关系。工程项目实行招标投标，将建设单位和设计、施工企业推向市场，达到公平交易、平等竞争。通过优胜劣汰，优化社会资源，提高工程质量，节省工程投资。建设监理制度是借鉴国际上通行的工程管理模式。监理为业主提供费用控制、质量控制、合同管理、信息管理、组织协调等服务。在业主授权下，监理对工程参与者进行监督、指导、协调，使工程在法律、法规和合同的框架内进行。

水利工程建设程序一般分为项目建议书、可行性研究、初步设计、施工准备（包括投标设计）、建设实施、生产准备、竣工验收、后评价等阶段。根据国民经济总体要求，项目建议书在流域规划的基础上，提出工程开发的目标和任务，论证工程开发的必要性。可行性研究阶段，对工程进行全面勘测、设计，进行多方案比较，提出工程投资估算，对工程项目在技术上是否可行和经济上是否合理进行科学的论证和分析，提出可行性研究报告。项目评估由上级组织的专家组进行，全面评估项目的可行性和合理性。项目立项后，顺序进行初步设计、技术设计（招标设计）和技施设计，并进行主体工程的实施。工程建成后经过试运行期，即可投产运行。

第五节　水利工程施工组织

一、施工方案、设备的确定

在施工工程的组织设计方案研究中，施工方案的确定和设备及劳动力组合的安排和规划是重要的内容。

（一）施工方案选择原则

在具体施工项目的方案确定时，需要遵循以下几条原则。

第一，确定施工方案时尽量选择施工总工期时间短、项目工程辅助工程量小、施工附加工程量小、施工成本低的方案。

第二，确定施工方案时尽量选择先后顺序工作之间、土建工程和机电安装之间、各项程序之间互相干扰小、协调均衡的方案。

第三，确定施工方案时要确保施工方案选择的技术先进、可靠。

第四，确定施工方案时着重考虑施工强度和施工资源等因素，保证施工设备、施工材料、劳动力等需求之间处于均衡状态。

（二）施工设备及劳动力组合选择原则

在确定劳动力组合的具体安排以及施工设备的选择上，施工单位要尽量遵循以下几条原则。

1. 施工设备选择原则

施工单位在选择和确定施工设备时要注意遵循以下原则。

第一，施工设备尽可能地符合施工场地条件，符合施工设计和要求，并能保证施工项目保质保量地完成。

第二，施工项目工程设备要具备机动、灵活、可调节的性质，并且在使用过程中能达到高效低耗的效果。

第三，施工单位要事先进行市场调查，以各单项工程的工程量、工程强度、施工方案等为依据，确定何时的配套设备。

第四，尽量选择通用性强，可以在施工项目的不同阶段和不同工程活动中反复使用的设备。

第五，应选择价格较低，容易获得零部件的设备，尽量保证设备便于维护、维修、保养。

2. 劳动力组合选择原则

施工单位在选择和确定劳动力组合时要注意遵循以下原则。

第一，劳动力组合要保证生产能力可以满足施工强度要求。

第二，施工单位需要事先进行调查研究，确保劳动力组合能满足各个单项工程的工程量和施工强度。

第三，在选择配套设备的基础上，要按照工作面、工作班制、施工方案等确定最合理的劳动力组合，混合劳动力工种，实现劳动力组合的最优化。

二、主体工程施工方案

水利工程涉及多种工种，其中主体工程施工主要包括地基处理、混凝土施工、碾压式土石坝施工等。而各项主体施工还包括多项具体工程项目。本节重点研究在进行混凝土施工和碾压式土石坝施工时，施工组织设计方案的选择应遵循的原则。

（一）混凝土施工方案选择原则

混凝土施工方案选择主要包括混凝土主体施工方案选择、浇筑设备确定、模板选择、坝体选择等内容。

1. 混凝土主体施工方案选择原则

在进行混凝土主体施工方案确定时，施工单位应该注意以下几部分的原则。

第一，混凝土施工过程中，生产、运输、浇筑等环节要保证衔接的顺畅和合理。

第二，混凝土施工的机械化程度要符合施工项目的实际需求，保证施工项目按质按量完成，并且能在一定程度上促进工程工期和进度的加快。

第三，混凝土施工方案要保证施工技术先进，设备配套合理，生产效率高。

第四，混凝土施工方案要保证混凝土可以得到连续生产，并且在运输过程中尽可能减少中转环节，缩短运输距离，保证温控措施可控、简便。

第五，混凝土施工方案要保证混凝土在初期、中期以及后期的浇筑强度可以得到平衡的协调。

第六，混凝土施工方案要尽可能保证混凝土施工和机电安装之间存在的相互干扰尽可能少。

2. 混凝土浇筑设备选择原则

混凝土浇筑设备的选择要考虑多方面的因素，比如混凝土浇筑程序能否适应工程强度和进度、各期混凝土浇筑部位和高程与供料线路之间能否平衡协调，等等。具体来说，在选择混凝土浇筑设备时，要注意以下几条原则。

第一，混凝土浇筑设备的起吊设备能保证对整个平面和高程上的浇筑部位形成控制。

第二，保持混凝土浇筑主要设备型号统一，确保设备生产效率稳定、性能良好，其配套设备能发挥主要设备的生产能力。

第三，混凝土浇筑设备要能在连续的工作环境中保持稳定的运行，并具有较高的利用效率。

第四，混凝土浇筑设备在工程项目中不需要完成浇筑任务的间隙可以承担起模板、金属构件、小型设备等的吊运工作。

第五，混凝土浇筑设备不会因为压块而导致施工工期的延误。

第六，混凝土浇筑设备的生产能力要在满足一般生产的情况下，尽可能满足浇筑高峰期的生产要求。

第七，混凝土浇筑设备应该具有保证混凝土质量的保障措施。

3. 模板选择原则

在选择混凝土模板时，施工单位应当注意以下原则。

第一，模板的类型要符合施工工程结构物的外形轮廓，便于操作。

第二，模板的结构形式应该尽可能标准化、系列化，保证模板便于制作、安装、拆卸。

第三，在有条件的情况下，应尽量选择混凝土或钢筋混凝土模板。

4. 坝体接缝灌浆设计原则

在坝体的接缝灌浆时应注意考虑以下几个方面。

第一，接缝灌浆应该发生在灌浆区及以上部位达到坝体稳定温度时，在采取有效措施的基础上，混凝土的保质期应该长于四个月。

第二，在同一坝缝内的不同灌浆分区之间的高度应该为 10~15 米。

第三，要根据双曲拱坝施工期来确定封拱灌浆高程，以及浇筑层顶面间的限定高度差值。

第四，对空腹坝进行封顶灌浆，或者受气温影响较大的坝体进行接缝灌浆时，应尽可能采用坝体相对稳定且温度较低的设备进行。

（二）碾压式土石坝施工方案选择原则

在进行碾压式土石坝施工方案选择时，要事先对工程所在地的气候、自然条件进行调查，搜集相关资料，统计降水、气温等多种因素的信息，并分析它们可能对碾压式土石坝材料的影响程度。

1. 碾压式土石坝料场规划原则

在确定碾压式土石坝的料场时，应注意遵循以下原则。

第一，碾压式土石坝料场的物料物理学性质要符合碾压式土石坝坝体的用料要求，尽可能保证物料质地的统一。

第二，料场的物料应相对集中存放，总储量要保证能满足工程项目的施工要求。

第三，碾压式土石坝料场要保证有一定的备用料区，并保留一部分料场以供坝体合龙和抢拦洪高时使用。

第四，以不同的坝体部位为依据，选择不同的料场进行使用，避免不必要的坝料加工。

第五，碾压式土石坝料场最好具有剥离层薄、便于开采的特点，并且应尽量选择获得坝料效率较高的料场。

第六，碾压式土石坝料场应满足采集面开阔、料场运输距离短的要求，并且周围存在足够的废料处理场。

第七，碾压式土石坝料场应尽量少地占用耕地或林场。

2. 碾压式土石坝料场供应原则

碾压式土石坝料场的供应应当遵循以下原则。

第一，碾压式土石坝料场的供应要满足施工项目的工程和强度需求。

第二，碾压式土石坝料场的供应要充分利用开挖渣料，通过高料高用、低料低用等措施保证物料的使用效率。

第三，尽量使用天然砂石料用作垫层、过滤和反滤，在附近没有天然砂石料的情况下，再选择人工料。

第四，应尽可能避免物料的堆放，如果避免不了，就将堆料场安排在坝区上坝道路上，并要保证防洪、排水等一系列措施的跟进。

第五，碾压式土石坝料场的供应尽可能减少物料和弃渣的运输量，保证料场平整，防止水土流失。

3. 土料开采和加工处理要求

在进行土料开采和加工处理时，要注意满足以下要求。

第一，以土层厚度、土料物理学特征、施工项目特征等为依据，确定料场的主次并进行区分开采。

第二，碾压式土石坝料场土料的开采加工能力应能满足坝体填筑强度的需求。

第三，要时刻关注碾压式土石坝料场天然含水量的高低，一旦出现过高或过低的状况，要采用一定具体措施加以调整。

第四，如果开采的土料物理力学特性无法满足施工设计和施工要求，那么应选择对采用人工砾质土的可能性进行分析。

第五，对施工场地、料场输送线路、表土堆存场等进行统筹规划，必要情况下还要对还耕进行规划。

4. 坝料上坝运输方式选择原则

在选择坝料上坝运输方式的过程中，要考虑运输量、开采能力、运输距离、运输费用、地形条件等多方面因素，具体来说，要遵循以下原则。

第一，坝料上坝运输方式要能满足施工项目填筑强度的需求。

第二，坝料上坝的运输在过程中不能和其他物料掺混，以免污染和降低物料的物理力学性能。

第三，各种坝料应尽量选用相同的上坝运输方式和运输设备。

第四，坝料上坝使用的临时设备应具有设施简易、便于装卸、装备工程量小的特点。

第五，坝料上坝尽量选择中转环节少、费用较低的运输方式。

5. 施工上坝道路布置原则

施工上坝道路的布置应遵循以下原则。

第一，施工上坝道路的各路段要能满足施工项目坝料运输强度的需求，并综合考虑各路段运输总量、使用期限、运输车辆类型和气候条件等多项因素，最终确定施工上坝的道路布置。

第二，施工上坝道路要能兼顾当地地形条件，保证运输过程中不出现中断的现象。

第三，施工上坝道路要能兼顾其他施工运输，如施工期过坝运输等，尽量和永久公路相结合。

第四，在限制运输坡长的情况下，施工上坝道路的最大纵坡不能大于15%。

6. 碾压式土石坝施工机械配套原则

确定碾压式土石坝施工机械的配套方案时应遵循以下原则。

第一，确定碾压式土石坝施工机械的配套方案要能在一定程度上保证施工机械化水平的提升。

第二，各种坝面作业的机械化水平应尽可能保持一致。

第三，碾压式土石坝施工机械的设备数量应该以施工高峰时期的平均强度进行计算和安排，并适当留有余地。

第八章

施工项目合同管理

水利部组织编制了《水利水电工程标准施工招标资格预审文件》和《水利水电工程标准施工招标文件》，并以《关于印发水利水电工程标准施工招标资格预审文件和水利水电工程标准施工招标文件的通知》予以发布。凡列入国家或地方建设计划的大中型水利水电工程使用《水利水电工程标准施工招标文件》，小型水利水电工程可参照使用。

第一节 发包人的义务和责任界定

《水利水电工程标准施工招标文件》将发包人和承包人的义务和责任进行了合理划分。合同约定的发包人义务和责任反映了合同管理的主要方面，除合同约定外，发包人还须根据有关规定承担法定的义务和责任。

一、发包人的义务和责任

第一，遵守法律。

第二，发出开工通知。

第三，提供施工场地。

第四，协助承包人办理证件和批件。

第五，组织设计交底

第六，支付合同价款。

第七，组织法人验收。

第八，专用合同条款约定的其他义务和责任。

二、发包人在履行义务和责任时应注意的事项

第一，发包人在履行合同过程中应遵守法律，并保证承包人免予承担因发包人违反法律而引起的任何责任。

第二，发包人应及时向承包人发出开工通知，若延误发出开工通知，将可能使承包人失去开工的最佳时机，影响工程工期，并可能形成索赔。开工通知的具体要求如下：①监理人应在开工日期7天前向承包人发出开工通知。监理人在发出开工通知前应获得发包人同意。②工期自监理人发出的开工通知中载明的开工日期起计算。③承包人应在开工日期后尽快施工。承包人在接到开工通知后14天内未按进度计划要求及时进场组织施工，监理人可通知承包人在接到通知后7天内提交一份说明其进场延误的书面报告，报送监理人。书面报告应说明不能及时进场的原因和补救措施，由此增加的费用和工期延误责任由承包人承担。

第三，提供施工场地是发包人的义务和责任，特殊条件下，临时征地可由承包人负责实施，但责任仍旧是发包人的。施工场地包括永久占地和临时占地，发包人提供施工场地的要求如下：①发包人应在双方签订合同协议书后的14天内，将本合同工程的施工场地范围图提交给承包人。发包人提供的施工场地范围图应标明场地范围内永久占地与临时占地的范围和界限，以及指明提供给承包人用于施工场地布置的范围和界线及其有关资料。②发包人提供的施工用地范围在专用合同条款中约定。③除专用合同条款另有约定外，发包人应按技术标准和要求（合同技术条款）的约定，向承包人提供施工场地内的工程地质图纸和报告，以及地下障碍物图纸等施工场地有关资料，并保证资料的真实、准确、完整。

第四，发包人应协助承包人办理法律规定的有关施工证件和批件。

第五，发包人应根据合同进度计划，组织设计单位向承包人进行设计交底。

第六，发包人应按合同约定向承包人及时支付合同价款，包括按合同约定支付工程预付款和进度付款，工程通过完工验收后支付完工付款，保修期期满后及时支付最终结清款。

第七，发包人应按合同约定及时组织法人验收，发包人在验收方面的义务即承担法人验收职责：法人验收包括分部工程验收、单位工程验收、中间机组启动验收和合同工程完工验收。水利水电工程竣工验收是政府验收范畴，由政府负责。验收的具体要求根据《水利水电建设工程验收规程》在合同验收条款中约定。

三、发包人提供材料和工程设备时应注意的事项

（一）供货计划

第一，发包人提供的材料和工程设备，应在专用合同条款中写明材料和工程设备的

名称、规格、数量、价格、交货方式、交货地点和计划交货日期等。

第二，承包人应根据合同进度计划的安排，向监理人报送要求发包人交货的日期计划。发包人应按照监理人与合同双方当事人商定的交货日期，向承包人提交材料和工程设备。

（二）验收

第一，发包人应在材料和工程设备到货 7 天前通知承包人，承包人应会同监理人在约定的时间内，赴交货地点共同进行验收。

第二，发包人提供的材料和工程设备运至交货地点验收后，由承包人负责接收、卸货、运输和保管。

第三，发包人要求向承包人提前交货的，承包人不得拒绝，但发包人应承担承包人由此增加的费用。

第四，承包人要求更改交货日期或地点的，应事先报请监理人批准，所增加的费用和（或）工期延误由承包人承担。

第五，发包人提供的材料和工程设备的规格、数量或质量不符合合同要求，或由于发包人原因发生交货日期延误及交货地点变更等情况的，发包人应承担由此增加的费用和（或）工期延误，并向承包人支付合理利润。

（三）发包人提供材料时的费用处理

发包人提供材料时，材料供应商一般由招标选定。材料费的处理有以下两种情形。

1. 材料费包含在承包人签约合同价中

根据合同约定的计量规则计量（通常以监理人批准的领料计划作为领料和扣除的依据），按约定的材料预算价格（通常比该材料供应商中标价低）作为扣除价，由发包人在工程进度支付款中扣除发包人供应材料费。

2. 材料费不包括在承包人签约合同价中

合同规定材料预算价格及其损耗率的计入和扣回方式，承包人只获得该材料预算价格带来的管理费率滚动产生的费用，材料费由发包人直接向材料供应商支付。

四、发包人在履行义务和责任时应注意的事项

（一）监理人的职责和权力

1. 监理人角色

监理人是受发包人委托在施工现场实施合同管理的执行者。监理人按发包人与承包人签订的施工合同进行监理，监理人不是合同的第三方，他无权修改合同，无权免除或变更合同约定的发包人与承包人的责任、权利和义务。监理人的任务是忠实地执行合同

双方签订的合同，监理人的指示被认为已取得发包人授权。

2. 监理人权力来源

监理人的权力范围在专用合同条款中明确。发包人宜将工程的进度控制、质量监督、安全管理和日常的合同支付签证尽量授权给监理人，使其充分行使职权。有关工程分包、工期调整和重大变更（可规定合同价格限额）等重大问题，监理人应在做出指示前得到发包人的批准。

3. 紧急事件的处置权

当监理人认为出现了危及生命、工程或毗邻财产等安全的紧急事件时，在不免除合同约定的承包人责任的情况下，监理人可以指示承包人实施为消除或减少这种危险所必须进行的工作，即使没有发包人的事先批准，承包人也应立即遵照执行。监理人应按变更的约定增加相应的费用，并通知承包人。

4. 监理人履行权力的限制

监理人发出的任何指示应视为已得到发包人的批准，但监理人无权免除或变更合同约定的发包人和承包人的权利、义务和责任。

5. 监理人的检查和检验

合同约定应由承包人承担的义务和责任，不因监理人对承包人提交文件的审查或批准，对工程、材料和设备的检查和检验，以及为实施监理做出的指示等职务行为而减轻或解除。

（二）监理人的指示

第一，监理人的指示应盖有监理人授权的施工场地机构章，并由总监理工程师或总监理工程师授权的监理人员签字。

第二，承包人收到监理人指示后应遵照执行。指示构成变更的，应按变更条款处理。

第三，在紧急情况下，总监理工程师或被授权的监理人员可以当场签发临时书面指示，承包人应遵照执行。承包人应在收到上述临时书面指示后 24 小时内，向监理人发出书面确认函。监理人在收到书面确认函后 24 小时内未予答复的，该书面确认函应被视为监理人的正式指示。

第四，除合同另有约定外，承包人只从总监理工程师或其授权的监理人员处取得指示。

第五，由于监理人未能按合同约定发出指示、指示延误或指示错误而导致承包人费用增加和（或）工期延误的，由发包人承担赔偿责任。

（三）监理人的商定或确定权

监理人与合同双方经常通过协商处理好各项合同事宜，及时解决合同纠纷是提高合同管理效能的良好方法。监理人履行商定或确定权的要求如下：

第一，合同约定总监理工程师对如变更、价格调整、不可抗力、索赔等事项进行商定或确定时，总监理工程师应与合同当事人协商，尽量达成一致，不能达成一致的，总监理工程师应认真研究后审慎确定。

第二，总监理工程师应将商定或确定的事项通知合同当事人，并附详细依据。

第三，监理人的商定和确定不是强制的，也不是最终的决定，对总监理工程师的确定有异议的，构成争议，按照合同争议的约定处理。在争议解决前，双方应暂按总监理工程师的确定执行，按照合同争议的约定对总监理工程师的确定做出修改的，按修改后的结果执行。

合同争议的处理有以下方法：

1. 友好协商解决

合同争议的调解，包括社会调解、行政调解、仲裁调解和司法调解，无论采用哪种调解方式，都应遵守自愿和合法两项原则。

2. 提请争议评审组评审

发包人和承包人在签订协议书后，应共同协商成立争议调解组，并由双方与争议调解组签订协议。争议调解组由3（或5）名有合同管理和工程实践经验的专家组成，专家的聘请方法可由发包人和承包人共同协商确定，一般其中2（或4）名组员可由合同双方各提1（或2）名，并征得另一方同意，组长可由2（或4）名组员协商推荐并征得合同双方同意。也可请政府主管部门推荐或通过行业合同争议调解机构聘请，并经双方认同。争议调解组成员应与合同双方均无利害关系。争议调解组的各项费用由发包人和承包人平均分担。

3. 仲裁

争议双方不愿通过和解或调解，或者经过和解或调解不能解决争议时，可以选择由仲裁机构进行仲裁或由法院进行诉讼审判方式。

我国实行“或裁或审制”，即当事人只能选择仲裁或诉讼两种解决争议方式中的一种，如果合同中有仲裁条款，则因申请仲裁，且经过仲裁的合同争议不得再向法院起诉。

工程建设合同纠纷的仲裁，应由双方选定的仲裁委员会进行仲裁。平等主体的公民、法人和其他组织之间发生的合同纠纷和其他财产权益纠纷，可以仲裁。

当事人采用仲裁方式解决纠纷，应当双方自愿，达成仲裁协议。没有仲裁协议，一方申请仲裁的，仲裁委员会不予受理。

当事人达成仲裁协议，一方向人民法院起诉的，人民法院不予受理，但仲裁协议无效的除外。

仲裁委员会应当由当事人协议选定，仲裁不实行级别管辖和地域管辖。

仲裁应当根据事实，符合法律规定，公平、合理地解决纠纷。

仲裁依法独立进行，不受行政机关、社会团体和个人的干涉。

仲裁实行一裁终局的制度。裁决作出后，当事人就同一纠纷再申请仲裁或者向人民法院起诉的，仲裁委员会或者人民法院不予受理。

裁决被人民法院依法裁定撤销或者不予执行的，当事人就该纠纷可以根据双方重新达成的仲裁协议申请仲裁，也可以向人民法院起诉。

仲裁委员会独立于行政机关，与行政机关没有隶属关系。仲裁委员会之间也没有隶属关系。

中国仲裁协会是社会团体法人。仲裁委员会是中国仲裁协会的会员。中国仲裁协会的章程由全国会员大会制定。

仲裁时效，是指当事人获得、丧失仲裁权利的一种时间上的效力。权利人在此期限内不行使其权利，就不能再向仲裁机构申请仲裁。按照我国《合同法》规定，仲裁时效的期限为两年。

仲裁时效的开始，是当事人知道或应当知道其权利被侵害之日起计算，而不是自当事人权利事实上被侵害之日起开始。

4. 诉讼

合同争议案件诉讼活动必须有明确的原告和被告，经济组织与非经济组织参与争议案件的诉讼活动人应是法定代表人。

如果法定代表人不能参加诉讼活动，可以委托他人代办诉讼。

原告和被告在诉讼过程中有平等的权利和义务。双方都有申请回避、提供证据、进行辩论、请求调解、提起上诉、申请保全或执行、使用本民族语言诉讼的权利。原告和被告都有遵守诉讼程序和自动执行发生法律效力的调解、裁定和判决的义务。

诉讼时效，是指当事人获得、丧失诉讼权利的一种时间上的效力。权利人在此期限内不行使其权利，不提起诉讼，就丧失了实际意义上的诉讼权利。我国合同争议的诉讼时效在各种单项经济法律规范性文件中有规定，其长短不一。

单项经济法律、法规没有明确规定的，合同争议的诉讼时效为两年，法律另有规定的除外。

诉讼时效期从当事人知道或应当知道其权利被侵害时起算。

对超过期限的诉讼，法院一般不予受理。

第二节　承包人的义务和责任界定

《水利水电工程标准施工招标文件》将发包人与承包人的义务和责任进行了合理划分。合同约定的发包人义务和责任反映了合同管理的主要方面。除合同约定外，承包人还须根据有关规定承担法定的义务和责任。

一、承包人的义务和责任

第一，遵守法律。

第二，依法纳税。

第三，完成各项承包工作。

第四，对施工作业和施工方法的完备性负责。

第五，保证工程施工和人员的安全。

第六，负责施工场地及其周边环境与生态的保护工作。

第七，避免施工对公众与他人的利益造成损害。

第八，为他人提供方便。

第九，对工程进行维护和照管。

第十，履行专用合同条款约定的其他义务和责任。

二、承包人在履行义务和责任时应注意的事项

第一，承包人在履行合同过程中应遵守法律，并保证发包人免予承担因承包人违反法律而引起的任何责任。

第二，承包人应按有关法律规定纳税，应缴纳的税金包括在合同价格内。承包人应纳税包括营业税、城建税、教育费附加、企业所得税等。

第三，承包人应按合同约定以及监理人指示，实施、完成全部工程，并修补工程中的任何缺陷。除合同条款另有约定外，承包人应提供为完成合同工作所需的劳务、材料、施工设备、工程设备和其他物品，并按合同约定负责临时设施的设计、建造、运行、维护、管理和拆除。

第四，承包人应按合同约定的工作内容和施工进度要求，编制施工组织设计和施工措施计划，并对所有施工作业和施工方法的完备性及安全可靠性负责。

第五，承包人应采取施工安全措施，确保工程及其人员、材料、设备和设施的安全，防止因工程施工造成的人身伤害和财产损失。承包人必须按国家法律法规、技术标准和要求，通过详细编制并实施经批准的施工组织设计和措施计划，确保建设工程能满足合同约定的质量标准和国家安全法规的要求。承包人安全生产方面的职责和义务参见《水利工程建设项目安全生产管理规定》。

第六，承包人在进行合同约定的各项工作时，不得侵害发包人与他人使用公用道路、水源、市政管网等公共设施的权利，避免对邻近的公共设施产生干扰。承包人占用或使用他人的施工场地，影响他人作业或生活的，应承担相应责任。

第七，承包人应按监理人的指示为他人在施工场地或附近实施与工程有关的其他各项工作提供可能的条件。除合同另有约定外，提供有关条件的内容和可能发生的费用，

由监理人商定或确定。

第八，除合同另有约定外，合同工程完工证书颁发前，承包人应负责照管和维护工程。合同工程完工证书颁发时尚有部分未完工程的，承包人还应负责该未完工程的照管和维护工作，直至完工后移交给发包人为止。

三、履约担保的期限

承包人应按招标文件的要求，在中标前提交履约担保，履约担保在发包人颁发合同工程完工证书前一直有效。发包人应在合同工程完工证书颁发后 28 天内将履约担保退还给承包人。

四、承包人项目经理

（一）项目经理驻现场的要求

第一，承包人应按合同约定指派项目经理，并在约定的期限内到职。

第二，承包人更换项目经理应事先征得发包人同意，并应在更换 14 天前通知发包人和监理人。

第三，承包人项目经理短期离开施工场地，应事先征得监理人同意，并委派代表代行其职责。

第四，监理人要求撤换不能胜任本职工作、行为不端或玩忽职守的承包人项目经理和其他人员的，承包人应予以撤换。

（二）项目经理职责

第一，项目经理应按合同约定以及监理人指示，负责组织合同工程的实施。

第二，在情况紧急且无法与监理人取得联系时，可采取保证工程和人员生命财产安全的紧急措施，并在采取措施后 24 小时内向监理人提交书面报告。

第三，承包人为履行合同发出的一切函件均应盖有承包人授权的施工场地管理机构章，并由承包人项目经理或其授权代表签字。

第四，承包人项目经理可以授权其下属人员履行其某项职责，但事先应将这些人员的姓名和授权范围通知监理人。

五、现场地质资料

（一）发包人提供的现场资料

第一，发包人应将其持有的现场地质勘探资料、水文气象资料提供给承包人，并对其准确性负责。

第二，承包人应对其阅读发包人提供的有关资料后所做出的解释和推断负责。

第三，承包人应对施工场地和周围环境进行查勘，并收集有关地质资料、水文气象资料、交通条件、风俗习惯以及其他为完成合同工作有关的当地资料。

第四，在全部合同工作中，应视为承包人已充分估计了应承担的责任和风险。

（二）不利物质条件

1. 不利物质条件的界定原则

水利水电工程的不利物质条件，是指在施工过程中遭遇诸如地下工程开挖中遇到发包人进行的地质勘探工作未能查明的地下溶洞或溶蚀裂隙和坝基河床深层的淤泥层或软弱带等，使施工受阻。

2. 不利物质条件的处理方法

承包人遇到不利物质条件时，应采取适应不利物质条件的合理措施继续施工，并及时通知监理人，承包人有权要求延长工期及增加费用。监理人收到此类要求后，应在分析上述外界障碍或自然条件是否不可预见及不可预见程度的基础上，按照变更的约定办理。

六、承包人提供的材料和工程设备应注意的事项

（一）材料和工程设备的提供

水利水电工程所需材料宜由承包人负责采购；主要工程设备（如闸门、启闭机、水泵、水轮机、电动机）可由发包人另行组织招标采购。而对于电气设备、清污机、起重机、电梯等设备可根据招标项目具体情况在专用合同条款中进一步约定。

承包人负责采购、运输和保管完成合同工作所需的材料和工程设备的，承包人应对其采购的材料和工程设备负责。

（二）承包人采购要求

承包人应按专用合同条款的约定，将各项材料和工程设备的供货人及品种、规格、数量和供货时间等报送监理人审批。承包人应向监理人提交其负责提供的材料和工程设备的质量证明文件，并满足合同约定的质量标准。

（三）验收

对承包人提供的材料和工程设备，承包人应会同监理人进行检验和交货验收，查验材料合格证明和产品合格证书，并按合同约定和监理人指示，进行材料的抽样检验和工程设备的检验测试。检验和测试结果应提交监理人，所需费用由承包人承担。

（四）材料和工程设备专用于合同工程

第一，运入施工场地的材料、工程设备，包括备品备件、安装专用工器具与随机资料，必须专用于合同工程，未经监理人同意，承包人不得运出施工场地或挪作他用。

第二，随同工程设备运入施工场地的备品备件、专用工器具与随机资料，应由承包人会同监理人按供货人的装箱单清点后共同封存，未经监理人同意不得启用。承包人因合同工作需要使用上述物品时，应向监理人提出申请。

（五）禁止使用不合格的材料和工程设备

第一，监理人有权拒绝承包人提供的不合格材料或工程设备，并要求承包人立即进行更换。监理人应在更换后再次进行检查和检验，由此增加的费用和（或）延误由承包人承担。

第二，监理人发现承包人使用了不合格的材料和工程设备，应即时发出指示要求承包人立即改正，并禁止在工程中继续使用不合格的材料和工程设备。

七、施工交通

（一）道路通行权和场外设施

除专用合同条款另有约定外，承包人应根据合同工程的施工需要，负责办理取得出入施工场地的专用和临时道路的通行权，以及取得为工程建设所需修建场外设施的权利，并承担相关费用。发包人应协助承包人办理上述手续。

（二）场内施工道路

第一，除合同约定由发包人提供的部分道路和交通设施外，承包人应负责修建、维修、养护和管理其施工所需的全部临时道路和交通设施（包括合同约定由发包人提供的部分道路和交通设施的维修、养护和管理），并承担相应费用。

第二，承包人修建的临时道路和交通设施，应免费提供给发包人、监理人以及与合同有关的其他承包人使用。

（三）场外交通

第一，承包人车辆外出行驶所需的场外公共道路的通行费、养路费和税款等由承包人承担。

第二，承包人应遵守有关交通法规，严格按照道路和桥梁的限制荷重安全行驶，并服从交通管理部门的检查和监督。

第三节 施工安全生产、工程进度、质量管理

根据《水利水电工程标准施工招标文件》，合同管理中有关安全生产、工程进度、质量管理等主要要求如下。

一、施工安全生产管理

（一）发包人的施工安全责任

第一，发包人应按合同约定履行安全职责。

第二，发包人委托监理人对承包人的安全责任履行情况进行监督和检查。监理人的监督检查不减轻承包人应负的安全责任。

第三，发包人应对其现场机构雇用的全部人员的工伤事故承担责任，但由于承包人原因造成发包人人员工伤的，应由承包人承担责任。

第四，发包人应负责赔偿以下各种情况造成的第三者人身伤亡和财产损失：①工程或工程的任何部分对土地的占用所造成的第三者财产损失；②由于发包人原因在施工场地及其毗邻地带造成的第三者人身伤亡和财产损失。

第五，除专用合同条款另有约定外，发包人负责向承包人提供施工现场及施工可能影响的毗邻区域内供水、排水、供电、供气、供热、通信、广播电视等地下管线资料，气象和水文观测资料，拟建工程可能影响的相邻建筑物地下工程的有关资料，并保证有关资料的真实、准确、完整，满足有关技术规程的要求。

第六，发包人按照已标价工程量清单所列金额和合同约定的计量支付规定，支付安全作业环境及安全施工措施所需费用。

第七，发包人负责组织工程参建单位编制保证安全生产的措施方案。工程开工前，就落实保证安全生产的措施进行全面系统的布置，进一步明确承包人的安全生产责任。

第八，发包人负责在拆除工程和爆破工，程施工 14 天前向有关部门或机构报送相关备案资料。

（二）承包人的施工安全责任

第一，承包人应按合同约定履行安全职责，执行监理人有关安全工作的指示。承包人应编制施工安全技术措施提交监理人审批。

第二，承包人应加强施工作业安全管理，特别应加强易燃易爆材料、火工器材、有毒与腐蚀性材料和其他危险品的管理，以及对爆破作业和地下工程施工等危险作业的管理。

第三，承包人应严格按照国家安全标准制定施工安全操作规程，配备必要的安全生产和劳动保护设施，加强对承包人人员的安全教育，并发放安全工作手册和劳动保护用具。

第四，承包人应按监理人的指示制订应对灾害的紧急预案，报送监理人审批。承包人还应按预案做好安全检查，配置必要的救助物资和器材，切实保护好有关人员的人身和财产安全。

第五，合同约定的安全作业环境及安全施工措施所需费用应遵守有关规定，并包括在相关工作的合同价格中，因采取合同未约定的安全作业环境及安全施工措施增加的费用，由监理人商定或确定。

第六，承包人应对其履行合同所雇用的全部人员，包括分包人人员的工伤事故承担责任，但由于发包人原因造成承包人人员工伤事故的，应由发包人承担责任。

第七，由于承包人原因在施工场地内及其毗邻地带造成的第三者人员伤亡和财产损失，由承包人负责赔偿。

第八，承包人已标价工程量清单应包含工程安全作业环境及安全施工措施所需费用。

第九，承包人应建立健全安全生产责任制度和安全生产教育培训制度，制定安全生产规章制度和操作规程，保证本单位建立和完善安全生产条件所需资金的投入，对本工程进行定期和专项安全检查，并做好安全检查记录。

第十，承包人应设立安全生产管理机构，施工现场应有专职安全生产管理人员。专职安全生产管理人员应与投标文件承诺一致，专职安全生产管理人员应持证上岗并负责对安全生产进行现场监督检查。发现生产安全事故隐患，应当及时向项目经理和安全生产管理机构报告；对违章指挥、违章操作的，应当立即制止。

第十一，承包人应负责对特种作业人员进行专门的安全作业培训，并保证特种作业人员持证上岗。特种作业人员是指垂直运输作业人员、安装拆卸工、爆破作业人员、起重信号工、登高架设作业人员等与安全生产紧密相关的人员。

第十二，承包人应在施工组织设计中编制安全技术措施和施工现场临时用电方案。基坑支护与降水工程、土方和石方开挖工程、模板工程、起重吊装工程、脚手架工程、拆除爆破工程、围堰工程和其他危险性较大的工程对专用合同条款约定的工程，应编制专项施工方案报监理人批准。对高边坡、深基坑、地下暗挖工程、高大模板工程施工方案，还应组织专家进行论证、审查，其中一半专家应经发包人同意。

第十三，承包人在使用施工起重机械和整体提升脚手架、模板等自升式架设设施前，应组织有关单位进行验收。

二、工程进度管理

（一）合同进度计划

第一，承包人应编制详细的施工总进度计划及其说明，提交监理人审批。

第二，监理人应在约定的期限内批复承包人，否则该进度计划视为已得到批准。

第三，经监理人批准的施工进度计划称为合同进度计划，是控制合同工程进度的依据。

第四，承包人还应根据合同进度计划，编制更为详细的分阶段或单位工程或分部工程进度计划，报监理人审批。

（二）合同进度计划的修订

第一，不论何种原因造成工程的实际进度与合同进度计划不符时，承包人均应在14天内向监理人提交修订合同进度计划的申请报告，并附有关措施和相关资料，报监理人审批。

第二，监理人应在收到申请报告后的14天内批复：当监理人认为需要修订合同进度计划时，承包人应按监理人的指示，在14天内向监理人提交修订的合同进度计划，并附调整计划的相关资料，提交监理人审批、监理人应在收到进度计划后的14天内批复。

第三，不论何种原因造成施工进度延迟，承包人均应按监理人的指示，采取有效措施赶上进度。承包人应在向监理人提交修订合同进度计划的同时，编制一份赶工措施报告提交监理人审批。

第四，施工进度延迟在分清责任的基础上按合同约定处理。

（三）开工

第一，监理人应在开工日期7天前向承包人发出开工通知，监理人在发出开工通知前应获得发包人同意。工期自监理人发出的开工通知中载明的开工日期起计算。

第二，承包人应向监理人提交工程开工报审表，经监理人审批后执行。开工报审表应详细说明按合同进度计划正常施工所需的施工道路、临时设施、材料设备、施工人员等施工组织措施的落实情况以及工程的进度安排。

第三，若发包人未能按合同约定向承包人提供开工的必要条件，承包人有权要求延长工期。监理人应在收到承包人的书面要求后，与合同双方商定或确定增加的费用和延长的工期。

第四，承包人在接到开工通知后14天内未按进度计划要求及时进场组织施工，监理人可通知承包人在接到通知后7天内提交一份说明其进场延误的书面报告，报送监理人。书面报告应说明不能及时进场的原因和补救措施，由此增加的费用和工期延误责任由承包人承担。

（四）完工

承包人应在约定的期限内完成合同工程，合同工程实际完工日期在合同工程完工证书中明确。

1. 发包人的工期延误

在履行合同过程中，由于发包人的下列原因造成工期延误的，承包人有权要求发包人延长工期和（或）增加费用，并支付合理利润。需要修订合同进度计划的，按照约定办理。

第一，增加合同工作内容；

第二，改变合同中任何一项工作的质量要求或其他特性；

第三，发包人延迟提供材料、工程设备或变更交货地点；

第四，因发包人原因导致的暂停施工；

第五，提供图纸延误；

第六，未按合同约定及时支付预付款、进度款；

第七，发包人造成工期延误的其他原因。

2. 承包人的工期延误

由于承包人原因，未能按合同进度计划完成工作，或监理人认为承包人施工进度不能满足合同工期要求的，承包人应采取措施加快进度，并承担加快进度所增加的费用。由于承包人原因造成工期延误，承包人应支付逾期竣工违约金。逾期竣工违约金的计算方法在专用合同条款中约定。承包人支付逾期竣工违约金，不免除承包人完成工程及修补缺陷的义务。

3. 工期提前

发包人要求承包人提前完工，或承包人提出提前完工的建议能够给发包人带来效益的，应由监理人与承包人共同协商采取加快工程进度的措施和修订合同进度计划。发包人应承担承包人由此增加的费用，并向承包人支付专用合同条款约定的相应奖金。

发包人要求提前完工的，双方协商一致后应签订提前完工协议，协议内容包括：第一，提前的时间和修订后的进度计划；第二，承包人的赶工措施；第三，发包人为赶工提供的条件；第四，赶工费用（包括利润和奖金）。

三、质量管理

（一）承包人的质量管理

第一，承包人应在施工场地设置专门的质量检查机构，配备专职质量检查人员，建立完善的质量检查制度。

第二，承包人应按时编制工程质量保证措施文件，包括质量检查机构的组织和岗位责任、质量检查人员的组成、质量检查程序和实施细则等，提交监理人审批。

第三，承包人应加强对施工人员的质量教育和技术培训，定期考核施工人员的劳动技能，严格执行规范和操作规程。

第四，承包人应按合同约定对材料、工程设备以及工程的所有部位及其施工工艺进行全过程的质量检查和检验，并作详细记录，编制工程质量报表，报送监理人审查。

（二）监理人的质量检查

第一，监理人有权对工程的所有部位及其施工工艺、材料和工程设备进行检查与检验。

第二，承包人应为监理人的检查与检验提供方便，包括监理人到施工场地，或制造、加工地点，或合同约定的其他地方进行查看和查阅施工原始记录。

第三，承包人应按监理人指示，进行施工场地取样、工程复核测量和设备性能检测，提供试验样品、提交试验报告和测量成果以及监理人要求进行的其他工作。

第四，监理人的检查与检验，不免除承包人按合同约定应负的责任。

（三）工程隐蔽部位覆盖前的检查

1. 通知监理人检查

经承包人自检确认的工程隐蔽部位具备覆盖条件后，承包人应通知监理人在约定的期限内检查。承包人的通知应附有自检记录和必要的检查资料。监理人应按时到场检查。经监理人检查确认质量符合隐蔽要求，并在检查记录上签字后，承包人才能进行覆盖。监理人检查确认质量不合格的，承包人应在监理人指示的时间内修整返工后，由监理人重新检查。

2. 监理人未到场检查

监理人未按约定的时间进行检查的，除监理人另有指示外，承包人可自行完成覆盖工作，并做相应记录报送监理人，监理人应签字确认。监理人事后对检查记录有疑问的，可重新检查。

3. 监理人重新检查

承包人覆盖工程隐蔽部位后，监理人对质量有疑问的，可要求承包人对已覆盖的部位进行钻孔探测或揭开重新检验，承包人应遵照执行，并在检验后重新覆盖恢复原状。

经检验证明工程质量符合合同要求的，由发包人承担由此增加的费用和（或）工期延误，并支付承包人合理利润；经检验证明工程质量不符合合同要求的，由此增加的费用和（或）工期延误由承包人承担。

4. 承包人私自覆盖

承包人未通知监理人到场检查，私自将工程隐蔽部位覆盖的，监理人有权指示承包人钻孔探测或揭开检查，由此增加的费用和（或）工期延误由承包人承担。

第四节 工程保险、不可抗力、违约的管理

一、保险

（一）工程保险

除专用合同条款另有约定外，承包人应以发包人和承包人的共同名义向双方同意的保险人投保建筑工程一切险、安装工程一切险。其具体的投保内容、保险金额、保险费率、保险期限等有关内容在专用合同条款中约定。

（二）人员工伤事故的保险

1. 承包人员工伤事故的保险

承包人应依照有关法律规定参加工伤保险，为其履行合同所雇用的全部人员缴纳工伤保险费，并要求其分包人也参加此项保险。

2. 发包人员工伤事故的保险

发包人应依照有关法律规定参加工伤保险，为其现场机构雇用的全部人员缴纳工伤保险费，并要求其监理人也参加此项保险。

3. 人身意外伤害险

第一，发包人应在整个施工期间为其现场机构雇用的全部人员投保人身意外伤害险，缴纳保险费，并要求其监理人也参加此项保险。

第二，承包人应在整个施工期间为其现场机构雇用的全部人员投保人身意外伤害险，缴纳保险费，并要求其分包人也参加此项保险。

（三）第三者责任险

第一，第三者责任是指在保险期内，对因工程意外事故造成的、依法应由被保险人负责的工地上及毗邻地区的第三者人身伤亡、疾病或财产损失（本工程除外），以及被

保险人因此而支付的诉讼费用和事先经保险人书面同意支付的其他费用等赔偿责任。

第二，在缺陷责任期终止证书颁发前，承包人应以承包人和发包人的共同名义，投保第三者责任险，其保险费率、保险金额等有关内容在专用合同条款中约定。

（四）其他保险

除专用合同条款另有约定外，承包人应为其施工设备、进场的材料和工程设备等办理保险。

二、不可抗力

（一）不可抗力的确认

不可抗力是指承包人和发包人在订立合同时不可预见，在工程施工过程中不可避免发生并不能克服的自然灾害和社会性突发事件，如地震、海啸、瘟疫、水灾、骚乱、暴动、战争和专用合同条款约定的其他情形。

不可抗力发生后，发包人和承包人应及时认真统计所造成的损失，收集不可抗力造成损失的证据。合同双方对是否属于不可抗力或其损失的意见不一致的，由监理人商定或确定。发生争议时，按争议的约定办理。

（二）不可抗力的通知

第一，合同一方当事人遇到不可抗力事件，使其履行合同义务受到阻碍时，应立即通知合同另一方当事人和监理人，书面说明不可抗力和受阻碍的详细情况，并提供必要的证明。

第二，如不可抗力持续发生，合同一方当事人应及时向合同另一方当事人和监理人提交中间报告，说明不可抗力和履行合同受阻的情况，并于不可抗力事件结束后28天内提交最终报告及有关资料。

（三）不可抗力后果及其处理

1. 不可抗力造成损害的责任

除专用合同条款另有约定外，不可抗力导致的人员伤亡、财产损失、费用增加和（或）工期延误等后果，由合同双方按以下原则承担：

第一，永久工程，包括已运至施工场地的材料和工程设备的损害，以及因工程损害造成的第三者人员伤亡和财产损失由发包人承担。

第二，承包人设备的损坏由承包人承担。

第三，发包人和承包人各自承担其人员伤亡与其他财产损失及其相关费用。

第四，承包人的停工损失由承包人承担，但停工期间应监理人要求照管工程和清理、修复工程的金额由发包人承担。

第五，不能按期竣工的，应合理延长工期，承包人不需支付逾期竣工违约金。发包人要求赶工的，承包人应采取赶工措施，赶工费用由发包人承担。

2. 延迟履行期间发生的不可抗力

合同一方当事人延迟履行，在延迟履行期间发生不可抗力的，不免除其责任。

3. 避免和减少不可抗力损失

不可抗力发生后，发包人和承包人均应采取措施尽量避免和减少损失的扩大，任何一方没有采取有效措施导致损失扩大的，应对扩大的损失承担责任。

4. 因不可抗力解除合同

第一，合同一方当事人因不可抗力不能履行合同的，应当及时通知对方解除合同。

第二，合同解除后，承包人应撤离施工场地。已经订货的材料、设备由订货方负责退货或解除订货合同，不能退还的货款和因退货、解除订货合同发生的费用，由发包人承担，因未及时退货造成的损失由责任方承担。

三、违约

（一）承包人违约

在履行合同过程中发生的下列情况属承包人违约：

第一，承包人私自将合同的全部或部分权利转让给其他人，或私自将合同的全部或部分义务转移给其他人。

第二，承包人未经监理人批准，私自将已按合同约定进入施工场地的施工设备、临时设施或材料撤离施工场地。

第三，承包人使用了不合格材料或工程设备，工程质量达不到标准要求，又拒绝清除不合格工程。

第四，承包人未能按合同进度计划及时完成合同约定的工作，已造成或预期造成工期延误。

第五，承包人在缺陷责任期（工程质量保修期）内，未能对合同工程完工验收鉴定书所列的缺陷清单的内容或缺陷责任期（工程质量保修期）内发生的缺陷进行修复，而又拒绝按监理人指示再进行修补。

第六，承包人无法继续履行或明确表示不履行或实质上已停止履行合同。

第七，承包人不按合同约定履行义务的其他情况。

（二）发包人违约

在履行合同过程中发生的下列情形，属发包人违约：

第一，发包人未能按合同约定支付预付款或合同价款，或拖延、拒绝批准付款申请和支付凭证，导致付款延误的。

第二，发包人原因造成停工的。

第三，监理人无正当理由没有在约定期限内发出复工指示，导致承包人无法复工的。

第四，发包人无法继续履行或明确表示不履行或实质上已停止履行合同的

第五，发包人不履行合同约定其他义务的。

第五节 工程变更与索赔管理

一、变更管理

（一）变更的范围和内容

在履行合同中发生以下情形之一，应进行变更：

情形一，取消合同中任何一项工作，但被取消的工作不能转由发包人或其他人实施。

情形二，改变合同中任何一项工作的质量或其他特性。

情形三，改变合同工程的基线、标高、位置或尺寸。

情形四，改变合同中任何一项工作的施工时间或改变已批准的施工工艺或顺序。

情形五，为完成工程需要追加的额外工作。

情形六，增加或减少专用合同条款中约定的项目工程量超过其工程总量的一定数量百分比。

上述变更内容引起工程施工组织和进度计划发生实质性变动及影响其原定的价格时，才予调整该项目的单价。情形六下单价调整方式在专用合同条款中约定。

（二）变更权

在履行合同过程中，经发包人同意，监理人可按变更程序向承包人做出变更指示，承包人应遵照执行。没有监理人的变更指示，承包人不得擅自变更。

（三）变更程序

1. 变更的提出

第一，在合同履行过程中，可能发生变更约定情形的，监理人可向承包人发出变更

意向书。

第二，变更意向书应说明变更的具体内容和发包人对变更的时间要求，并附必要的图纸和相关资料。

第三，变更意向书应要求承包人提交包括拟实施变更工作的计划、措施和完工时间等内容的实施方案。

第四，发包人同意承包人根据变更意向书要求提交的变更实施方案的，由监理人发出变更指示。

第五，在合同履行过程中，发生变更情形的，监理人应向承包人发出变更指示。

第六，承包人收到监理人发出的图纸和文件，经检查认为其中存在变更情形的，可向监理人提出书面变更建议。变更建议应阐明要求变更的依据，并附必要的图纸和说明。

第七，监理人收到承包人书面建议后，应与发包人共同研究，确认存在变更的，应在收到承包人书面建议后的 14 天内做出变更指示。经研究后不同意作为变更的，应由监理人书面答复承包人。

第八，若承包人收到监理人的变更意向书后认为难以实施此项变更，应立即通知监理人，说明原因并附详细依据。监理人与承包人和发包人协商后确定撤销、改变或不改变原变更意向书。

2. 变更估价

第一，除专用合同条款对期限另有约定外，承包人应在收到变更指示或变更意向书后的 14 天内，向监理人提交变更报价书。报价内容应根据约定的估价原则，详细开列变更工作的价格组成及其依据，并附必要的施工方法说明和有关图纸。

第二，变更工作影响工期的，承包人应提出调整工期的具体细节。监理人认为有必要时，可要求承包人提交要求提前或延长工期的施工进度计划及相应的施工措施等详细资料。

第三，除专用合同条款对期限另有约定外，监理人收到承包人变更报价书后的 14 天内，根据约定的估价原则，按照商定或确定变更价格。

3. 变更指示

第一，变更指示只能由监理人发出。

第二，变更指示应说明变更的目的、范围、变更内容以及变更的工程量及其进度和技术要求，并附有关图纸和文件。承包人收到变更指示后，应按变更指示进行变更工作。

4. 变更的估价原则

除专用合同条款另有约定外，因变更引起的价格调整按照以下约定处理。

第一，已标价工程量清单中有适用于变更工作的子目的，采用该子目的单价。

第二，已标价工程量清单中无适用于变更工作的子目，但有类似子目的，可在合理范围内参照类似子目的单价，由监理人按《水利水电工程标准施工招标文件》第 3.5 款商定或确定变更工作的单价。

第三，已标价工程量清单中无适用或类似子目的单价，可按照成本加利润的原则，由监理人商定或确定变更工作的单价。

二、索赔管理

（一）承包人的索赔

1. 承包人提出索赔程序

第一，承包人应在知道或应当知道索赔事件发生后 28 天内，向监理人递交索赔意向通知书，并说明发生索赔事件的事由。承包人未在前述 28 天内发出索赔意向通知书的，丧失要求追加付款和（或）延长工期的权利。

第二，承包人应在发出索赔意向通知书后 28 天内，向监理人正式递交索赔通知书。索赔通知书应详细说明索赔理由以及要求追加的付款金额和（或）延长的工期，并附必要的记录和证明材料。

第三，索赔事件具有连续影响的，承包人应按合理时间间隔继续递交延续索赔通知，说明连续影响的实际情况和记录，列出累计的追加付款金额和（或）工期延长天数。

第四，在索赔事件影响结束后的 28 天内，承包人应向监理人递交最终索赔通知书，说明最终要求索赔的追加付款金额和延长的工期，并附必要的记录和证明材料

2. 承包人索赔处理程序

第一，监理人收到承包人提交的索赔通知书后，应及时审查索赔通知书的内容、查验承包人的记录和证明材料，必要时监理人可要求承包人提交全部原始记录副本。

第二，监理人应商定或确定追加的付款和（或）延长的工期，并在收到上述索赔通知书或有关索赔的进一步证明材料后的 42 天内，将索赔处理结果答复承包人。

第三，承包人接受索赔处理结果的，发包人应在做出索赔处理结果答复后 28 天内完成赔付。承包人不接受索赔处理结果的，按争议约定办理。

3. 承包人提出索赔的期限

第一，承包人接受了完工付款证书后，应被认为已无权再提出在合同工程完工证书颁发前所发生的任何索赔。

第二，承包人提交的最终结清申请单中，只限于提出合同工程完工证书颁发后发生的索赔。提出索赔的期限自接受最终结清证书时终止。

（二）发包人的索赔

第一，发生索赔事件后，监理人应及时书面通知承包人，详细说明发包人有权得到的索赔金额和（或）延长缺陷责任期的细节与依据。

第二，发包人提出索赔的期限和要求与承包人索赔相同，延长工程质量保修期的通知应在工程质量保修期届满前发出。

第三，监理人商定或确定发包人从承包人处得到赔付的金额和（或）工程质量保修期的延长期。

第四，承包人应付给发包人的金额可从拟支付给承包人的合同价款中扣除，或由承包人以其他方式支付给发包人。

第五，承包人对监理人发出的索赔书面通知内容持异议时，应在收到书面通知后的14天内，将持有异议的书面报告及其证明材料提交监理人。

第六，监理人应在收到承包人书面报告后的14天内，将异议的处理意见通知承包人，并执行赔付。若承包人不接受监理人的索赔处理意见，可按合同争议的规定办理。

第六节 工程完工与保修管理

一、完工付款证书及支付时间

第一，监理人在收到承包人提交的完工付款申请单后的14天内完成核查，提出发包人到期应支付给承包人的价款送发包人审核并抄送承包人。

第二，发包人应在收到后14天内审核完毕，由监理人向承包人出具经发包人签认的完工付款证书。

第三，监理人未在约定时间内核查，又未提出具体意见的，视为承包人提交的完工付款申请单已经监理人核查同意。

第四，发包人未在约定时间内审核又未提出具体意见的，监理人提出发包人到期应支付给承包人的价款视为已经发包人同意。

第五，发包人应在监理人出具完工付款证书后的14天内，将应支付款支付给承包人。发包人不按期支付的，将逾期付款违约金支付给承包人。

第六，承包人对发包人签认的完工付款证书有异议的，发包人可出具完工付款申请单中承包人已同意部分的临时付款证书。

第七，完工付款涉及政府投资资金的，按照国库集中支付等国家相关规定和专用合同条款的约定办理。

二、最终结清

（一）最终结清申请单

工程质量保修责任终止证书签发后，承包人应按监理人批准的格式提交最终结清申请单。

（二）最终结清证书和支付时间

第一，监理人收到承包人提交的最终结清申请单后的 14 天内，提出发包人应支付给承包人的价款送发包人审核并抄送承包人。

第二，发包人应在收到后 14 天内审核完毕，由监理人向承包人出具经发包人签认的最终结清证书。

第三，监理人未在约定时间内核查，又未提出具体意见的，视为承包人提交的最终结清申请已经监理人核查同意。

第四，发包人未在约定时间内审核又未提出具体意见的，监理人提出应支付给承包人的价款视为已经发包人同意。

第五，发包人应在监理人出具最终结清证书后的 14 天内，将应支付款支付给承包人。发包人不按期支付的，将逾期付款违约金支付给承包人。

第六，最终结清付款涉及政府投资资金的，按照国库集中支付等国家相关规定和专用合同条款的约定办理。

第七，最终结清后，发包人的支付义务结束。

三、保修

（一）缺陷责任期（工程质量保修期）的起算时间

第一，除专用合同条款另有约定外，缺陷责任期（工程质量保修期）从工程通过合同工程完工验收后开始计算。

第二，在合同工程完工验收前，已经发包人提前验收的单位工程或部分工程，若未投入使用，其缺陷责任期（工程质量保修期）亦从工程通过合同工程完工验收后开始计算。

第三，若已投入使用，其缺陷责任期（工程质量保修期）从通过单位工程或部分工程投入使用验收后开始计算。缺陷责任期（工程质量保修期）的期限在专用合同条款中约定。

（二）工程质量保修责任终止证书

第一，合同工程完工验收或投入使用验收后，发包人与承包人应办理工程交接手续，承包人应向发包人递交工程质量保修书。

第二，工程质量保修期满后 30 个工作日内，发包人应向承包人颁发工程质量保修责任终止证书，并退还剩余的质量保证金，但保修责任范围内的质量缺陷未处理完成的应除外。

第三，水利水电工程质量保修期通常为一年，河湖疏浚工程无工程质量保修期。

第九章
水利工程施工成本控制

随着市场经济的不断发展，水利工程施工行业间的竞争也日趋激烈，施工企业的利润空间越来越小，这就要求施工企业不断提高项目管理水平。其中，抓好成本管理和成本控制，优化配置资源，最大限度地挖掘企业潜力，是企业在水利工程行业中低成本竞争制胜的关键所在。

随着市场经济体制的逐步完善和国企改革的深入，强化企业管理，提高科学管理水平则是水利施工企业转换经营机制、实现扭亏为盈的重要途径之一。但是水利施工企业由于进入市场比较晚，同国内外其他行业相比成本管理还较为滞后。因此，有必要以成本管理控制理论为依据，提出水利施工企业加强项目成本管理的措施。

第一节　施工成本管理的任务与措施

一、施工成本管理的任务

施工成本是指在建设工程项目的施工过程中所发生的全部生产费用的总和，包括消耗的原材料、辅助材料、构配件等费用，周转材料的摊销费或租赁费，施工机械的使用费或租赁费，支付给生产工人的工资、资金、工资性质的津贴等，以及进行施工组织与管理所发生的全部费用支出。建设工程项目施工成本由直接成本和间接成本组成。

直接成本是指施工过程中耗费的构成工程实体或有助于工程实体形成的各项费用支出，是可以直接计入工程对象的费用，包括人工费、材料费、施工机械使用费和施工措施费等。

间接成本是指为施工准备、组织和管理施工生产的全部费用的支出，是非直接用于也无法直接计入工程对象，但为进行工程施工所必须发生的费用，包括管理人员工资、办公费、差旅交通费等。

施工成本管理就是要在保证工期和质量满足要求的情况下，采取相应管理措施（包括组织措施、经济措施、技术措施、合同措施），把成本控制在计划范围内，并进一步寻求最大限度的成本节约。

（一）施工成本预测

施工成本预测是根据成本信息和施工项目的具体情况，运用一定的专门方法，对未来的成本水平及其可能发展趋势做出科学的估计，其是在工程施工以前对成本进行的估算。通过成本预测，满足业主和本企业要求的前提下，选择成本低、效益好的最佳方案，加强成本控制，克服盲目性，提高预见性。

（二）施工成本计划

施工成本计划是以货币形式编制施工项目的计划期内的生产费用、成本水平、成本降低率，以及为降低成本所采取的主要措施和规划的书面方案，它是建立施工项目成本管理责任制，开展成本控制和核算的基础，它是该项目降低成本的指导性文件，是设立目标成本的依据。可以说，施工成本计划是目标成本的一种形式。

（三）施工成本控制

施工成本控制是指在施工过程中，对影响施工成本的各种因素加强管理，并采取各种有效措施，将施工中实际发生的各种消耗和支出严格控制在成本计划范围内，随时揭示并及时反馈，严格审查各项费用是否符合标准，计算实际成本和计划成本之间的差异并进行分析，进而采取多种措施，消除施工中的损失浪费现象。

建设工程项目施工成本控制应贯穿于项目从投标阶段开始直至竣工验收的全过程，它是企业全面成本管理的重要环节。施工成本控制可分为事先控制、事中控制（过程控制）和事后控制。在项目的施工过程中，需按动态控制原理对实际施工成本的发生过程进行有效控制。

（四）施工成本核算

施工成本核算包括两个基本环节：一是按照规定的成本开支范围对施工费用进行归集和分配，计算出施工费用的实际发生额；二是根据成本核算对象，采用适当的方法，计算出该施工项目的总成本和单位成本。施工成本管理需要正确及时地核算施工过程中发生的各项费用，计算施工项目的实际成本。施工项目成本核算所提供的各种成本信息，是成本预测、成本计划、成本控制、成本分析和成本考核等各个环节的依据。

（五）施工成本分析

施工成本分析是在施工成本核算的基础上，对成本的形成过程和影响成本升降的因素进行分析，以寻求进一步降低成本的途径，包括有利偏差的挖掘和不利偏差的纠正。施工成本分析贯穿于施工成本管理的全过程，是在成本的形成过程中，主要利用施工项目的成本核算资料（成本信息），与目标成本、预算成本以及类似的施工项目的实际成本等进行比较，了解成本的变动情况，同时也要分析主要技术经济指标对成本的影响，系统地研究成本变动的因素，检查成本计划的合理性，并通过成本分析，深入揭示成本变动规律，寻找降低施工项目成本的途径，以便有效地进行成本控制。成本偏差的控制，分析是关键，纠偏是核心，要针对分析得出的偏差发生原因，采取切实措施，加以纠正。

成本偏差分为局部成本偏差和累计成本偏差。局部成本偏差包括项目的月度（或周、天等）核算成本偏差、专业核算成本偏差以及分部分项作业成本偏差等；累计成本偏差是指已完工程在某一时间点上实际总成本与相应的计划总成本的差异。分析成本偏差的原因，应采取定性和定量相结合的方法。

（六）施工成本考核

施工成本考核是指在施工项目完成后，对施工项目成本形成中的各责任者，按施工项目成本目标责任制的有关规定，将成本的实际指标与计划、定额、预算进行对比和考核，评定施工项目成本计划的完成情况和各责任者的业绩，并以此给予相应的奖励和处罚。通过成本考核，做到有奖有惩，赏罚分明，才能有效地调动每一位员工在各自的施工岗位上努力完成目标成本的积极性，为降低施工项目成本和增加企业的积累，做出自己的贡献。

施工成本管理的每一个环节都是相互联系和相互作用的。成本预测是成本决策的前提，成本计划是成本决策所确定目标的具体化。成本计划控制则是对成本计划的实施进行控制和监督，保证决策的成本目标的实现，而成本核算又是对成本计划是否实现的最后检验，它所提供的成本信息又对下一个施工项目成本预测和决策提供基础资料。成本考核是实现成本目标责任制的保证和实现决策目标的重要手段。

二、施工成本管理的措施

为了取得施工成本管理的理想成效，应当从多方面采取措施实施管理，通常可以将这些措施归纳为组织措施、技术措施、经济措施、合同措施。

（一）组织措施

组织措施是从施工成本管理的组织方面采取的措施。施工成本控制是全员的活动，如实行项目经理责任制，落实施工成本管理的组织机构和人员，明确各级施工成本管理人员的任务和职能分工、权利和责任。施工成本管理不仅是专业成本管理人员的工作，各级项目管理人员都负有成本控制责任。

组织措施的另一方面是编制施工成本控制工作计划、确定合理详细的工作流程。要做好施工采购规划，通过生产要素的优化配置、合理使用、动态管理、有效控制实际成本；加强施工定额管理和任务单管理，控制活劳动和物化劳动的消耗；加强施工调度，避免因施工计划不周和盲目调度造成窝工损失、机械利用率降低、物料积压等而使施工成本增加；成本控制工作只有建立在科学管理的基础之上，具备合理的管理体制，完善的规章制度，稳定的作业秩序，完整准确的信息传递，才能取得成效。组织措施是其他各类措施的前提和保证，而且一般不需要增加什么费用，运用得当可以收到良好的效果。

（二）技术措施

技术措施不仅对解决施工成本管理过程中的技术问题是不可缺少的，而且对纠正施工成本管理目标偏差也有相当重要的作用。运用技术纠偏措施的关键，一是要能提出多个不同的技术方案，二是要对不同的技术方案进行技术经济分析。

施工过程中降低成本的技术措施，包括进行技术经济分析，确定最佳的施工方案。结合施工方法，进行材料使用的比选，在满足功能要求的前提下，通过迭代、改变配合比、使用添加剂等方法降低材料消耗的费用。确定最合适的施工机械、设备的使用方案。结合项目的施工组织设计及自然地理条件，降低材料的库存成本和运输成本。先进的施工技术的应用，新材料的运用，新开发机械设备的使用等。在实践中，也要避免仅从技术角度选定方案而忽略对其经济效果的分析论证。

（三）经济措施

经济措施是最易为人们所接受和采取的措施。管理人员应编制资金使用计划，确定、分解施工成本管理目标。对施工成本管理目标进行风险分析，并制定防范性对策。对各项支出，应认真做好资金的使用计划，并在施工中严格控制各项开支。及时准确地记录、收集、整理、核算实际发生的成本。对各种变更，及时做好增减账，及时落实业主签证，及时结算工资款。通过偏差分析和未完工工程预测，可发现一些潜在问题将引起未完工程施工成本的增加，对这些问题应以主动控制为出发点，及时采取预防措施。由此可见，经济措施的运用决不仅仅是财务人员的事情。

（四）合同措施

采取合同措施控制施工成本，应贯穿整个合同周期，包括从合同谈判开始到合同终止的全过程。首先是选用合适的合同结构，对各种合同结果模式进行分析、比较，在合同谈判时，要争取选用适合于工程规模、性质和特点的合同结构模式。其次，在合同条款中应仔细考虑一切影响成本和效益的因素，特别是潜在的风险因素。通过对引起成本变动的风险因素的识别和分析，采取必要的风险对策，如通过合理的方式，增加承担风险的个体数量，降低损失发生的比例，并最终使这些策略反映在合同的具体条款中。在合同执行期间，合同管理的措施既要密切关注对方合同执行情况，与寻求合同索赔的机会、同时也要密切关注自己合同履行的情况，以避免被对方索赔。

第二节 施工成本计划

一、施工成本计划的类型

对于一个施工项目而言，其成本计划的编制是一个不断深化的过程。在这一过程的不同阶段形成深度和作用不同的成本计划，按其作用可分为三类。

（一）竞争性成本计划

竞争性成本计划即工程项目投标及签订合同阶段的估算成本计划。这类成本计划是以招标文件中的合同条件、投标者须知、技术规程、设计图纸或工程量清单等为依据，以有关价格条件说明为基础，结合调研和现场考察获得的情况，根据本企业的工料消耗标准、水平、价格资料和费用指标，对本企业完成招标工程所需要支出的全部费用的估算。在投标报价过程中，虽也着力考虑降低成本的途径和措施，但总体上较为粗略。

（二）指导性成本计划

指导性成本计划即选派项目经理阶段的预算成本计划，是项目经理的责任成本目标。它是以合同标书为依据，按照企业的预算定额标准制订的设计预算成本计划，但一般情况下只是确定责任总成本指标。

（三）实施性计划成本

实施性计划成本即项目施工准备阶段的施工预算成本计划，它以项目实施方案为依据，落实项目经理责任目标为出发点，采用企业的施工定额通过施工预算的编制而形成的实施性施工成本计划。

施工预算和施工图预算虽仅一字之差，但区别较大。

1. 编制的依据不同

施工预算的编制以施工定额为主要依据，施工图预算的编制以预算定额为主要依据，而施工定额比预算定额划分得更详细、更具体，并对其中所包括的内容，如质量要求、施工方法以及所需劳动工日、材料品种、规格型号等均有较详细的规定或要求。

2. 适用的范围不同

施工预算是施工企业内部管理用的一种文件，与建设单位无直接关系；而施工图预算既适用于建设单位，又适用于施工单位。

3. 发挥的作用不同

施工预算是施工企业组织生产、编制施工计划、准备现场材料、签发任务书、考核功效、进行经济核算的依据，它也是施工企业改善经营管理、降低生产成本和推行内部经营承包责任制的重要手段；而施工图预算则是投标报价的主要依据。

二、施工成本计划的编制依据

施工成本计划是施工项目成本控制的一个重要环节，是实现降低施工成本任务的指导性文件。如果针对施工项目所编制的成本计划达不到目标成本要求，就必须组织施工项目管理班子的有关人员重新研究寻找降低成本的途径，重新进行编制。同时，编制成本计划的过程也是动员全体施工项目管理人员的过程，是挖掘降低成本潜力的过程，是检验施工技术质量管理、工期管理、物资消耗和劳动力消耗管理等是否落实的过程。

编制施工成本计划，需要广泛收集相关资料并进行整理，以作为施工成本计划编制的依据。在此基础上，根据有关设计文件、工程承包含同、施工组织设计、施工成本预测资料等，按照施工项目应投入的生产要素，结合各种因素的变化和拟采取的各种措施，估算施工项目生产费用支出的总水平，进而提出施工项目的成本计划控制指标，确定目标总成本。目标成本确定后，应将总目标分解落实到各个机构、班组、便于进行控制的子项目或工序。最后，通过综合平衡，编制完成施工成本计划。

施工成本计划的编制依据包括：

第一，投标报价文件。

第二，企业定额、施工预算。

第三，施工组织设计或施工方案。

第四，人工、材料、机械台班的市场价。

第五，企业颁布的材料指导价、企业内部机械台班价格、劳动力内部挂牌价格。

第六，周转设备内部租赁价格、摊销损耗标准。

第七，已签订的工程合同、分包合同（或估价书）。

第八，结构件外加工计划和合同。

第九，有关财务成本核算制度和财务历史资料。

第十，施工成本预测资料。

第十一，拟采取的降低施工成本的措施。

第十二，其他相关资料。

三、施工成本计划的编制方法

施工成本计划的编制方法有以下三种。

（一）按施工成本组成编制

建筑安装工程费用项目由分部分项工程费、措施项目费、其他项目费、规费和税金组成。

施工成本可以按成本构成分解为人工费、材料费、施工机械使用费、措施项目费和企业管理费等。

（二）按施工项目组成编制

大中型工程项目通常是由若干单项工程构成的，每个单项工程又包含若干单位工程，每个单位工程下面又包含了若干分部分项工程。因此，首先把项目总施工成本分解到单项工程和单位工程中，再进一步分解到分部工程和分项工程中。接下来就要具体地分配成本，编制分项工程的成本支出计划，从而得到详细的成本计划表。

在编制成本支出计划时，要在项目总的方面考虑总的预备费，也要在主要的分项工程中安排适当的不可预见费，避免在具体编制成本计划时，由于某项内容工程量计算有较大出入，使原来的成本预算失实。

（三）按施工进度编制

编制按工程进度的施工成本计划，通常可利用控制项目进度的网络图进一步扩充而得。即在建立网络图时，一方面确定完成各项工作所需花费的时间，另一方面确定完成这一工作的合适的施工成本支出计划。在实践中，将工程项目分解为既能方便地表示时间，又能方便地表示施工成本支出计划，通常如果项目分解程度对时间控制合适的话，则对施工成本支出计划可能分解过细，以至于不可能对每项工作确定其施工成本支出计划。反之亦然。因此，在编制网络计划时，应充分考虑进度控制对项目划分要求的。同时，还要考虑确定施工成本支出计划对项目划分的要求，做到二者兼顾。通过对施工成本目标按时间进行分解，在网络计划基础上，可获得项目进度计划的横道图，并在此基础上编制成本计划。其表示方式有两种：一种是在时标网络图上按月编制的成本计划，另一种是利用时间—成本累积曲线（S形曲线）表示。

以上三种编制施工成本计划的方式并不是相互独立的。在实践中，往往是将这几种方式结合起来使用，从而可以取得扬长避短的效果。例如，将按项目分解总施工成本与按施工成本构成分解总施工成本两种方式相结合，横向按施工成本构成分解，纵向按项目分解，或相反。这种分解方式有助于检查各分部分项工程施工成本构成是否完整，有无重复计算或漏算；同时还有助于检查各项具体的施工成本支出的对象是否明确或落实，并且可以从数字上校核分解的结果有无错误。或者还可将按子项目分解总施工成本计划与按时间分解总施工成本计划结合起来，一般纵向按项目分解，横向按时间分解。

第三节 工程变更价款的确定

由于建设工程项目建设的周期长、涉及的关系复杂、受自然条件和客观因素的影响大，导致项目的实际施工情况与招标投标时的情况相比往往会有一些变化，出现工程变更。工程变更包括工程量变更、工程项目的变更（如发包人提出增加或者删减原项目内容）、进度计划的变更、施工条件的变更等。如果按照变更的起因划分，变更的种类有很多，如：发包人的变更指令（包括发包人对工程有了新的要求、发包人修改项目计划、发包人消减预算、发包人对项目进度有了新的要求等）；由于设计错误，必须对设计图纸做修改；工程环境变化；由于产生了新的技术和知识，有必要改变原设计、实施方案或实施计划；法律法规或者政府对建设工程项目有了新的要求等。

一、工程变更的控制原则

第一，工程变更无论是业主单位、施工单位或监理工程师提出，无论是何内容，工程变更指令均需由监理工程师发出，并确定工程变更的价格和条件。

第二，工程变更，要建立严格的审批制度，切实把投资控制在合理的范围以内。

第三，对设计修改与变更（包括施工单位、业主单位和监理单位对设计的修改意见），应通过现场设计单位代表请设计单位研究。设计变更必须进行工程量及造价增减分析，经设计单位同意，如突破总概算，必须经有关部门审批。严格控制施工中的设计变更，健全设计变更的审批程序，防止任意提高设计标准，改变工程规模，增加工程投资费用。设计变更经监理工程师会签后交施工单位施工。

第四，在一般的建设工程施工承包合同中均包括工程变更的条款，允许监理工程师有权向承包单位发布指令，要求对工程的项目、数量或质量工艺进行变更，对原标书的有关部分进行修改。

工程变更也包括监理工程师提出的“新增工程”，即原招标文件和工程量清单中没有包括的工程项目。承包单位对这些新增工程，也必须按监理工程师的指令组织施工，工期与单价由监理工程师与承包方协商确定。

第五，由于工程变更所引起的工程量的变化，都有可能使项目投资超出原来的预算投资，必须予以严格控制，密切注意其对未完工程投资支出的影响以及对工期的影响。

第六，对于施工条件的变更，往往是指未能预见的现场条件或不利的自然条件，即在施工中实际遇到的现场条件同招标文件中描述的现场条件有本质的差异，使施工单位向业主单位提出施工价款和工期的变化要求，由此引起索赔。

工程变更均会对工程质量、进度、投资产生影响，因此应做好工程变更的审批，合理确定变更工程的单价、价款和工期延长的期限，并由监理工程师下达变更指令。

二、工程变更程序

工程变更程序主要包括提出工程变更、审查工程变更、编制工程变更文件及下达变更指令。工程变更文件要求包括以下内容：

第一，工程变更令。应按固定的格式填写，说明变更的理由、变更概况、变更估价及对合同价款的影响。

第二，工程量清单。填写工程变更前、后的工程量、单价和金额，并对未在合同中规定的方法予以说明。

第三，新的设计图纸及有关的技术标准。

第四，涉及变更的其他有关文件或资料。

三、工程变更价款的确定

对于工程变更的项目，一种类型是不需确定新的单价，仍按原投标单价计划；另一种类型是需变更为新的单价，包括：变更项目及数量超过合同规定的范围；虽属原工程量清单的项目，其数量超过规定范围。变更的单价及价款应由合同双方协商解决。

合同价款的变更价格是在双方协商的时间内，由承包单位提出变更价格，报监理工程师批准后调整合同价款和竣工日期。审核承包单位提出的变更价款是否合理，可考虑以下原则：

第一，合同中有适用于变更工程的价格，按合同已有的价格计算变更合同价款。

第二，合同中只有类似变更情况的价格，可以此作为基础，确定变更价格，变更合同价款。

第三，合同中没有适用和类似的价格，由承包单位提出适当的变更价格，监理工程师批准执行。批准变更价格，应与承包单位达成一致，否则应通过工程造价管理部门裁定。

经双方协商同意的工程变更，应有书面材料，并由双方正式委托的代表签字；涉及设计变更的，还必须有设计部门的代表签字，均作为以后进行工程价款结算的依据。

第四节 建筑安装工程费用的结算

一、建筑安装工程费用的主要结算方式

建筑安装工程费用的结算可以根据不同情况采取多种方式。

（一）按月结算

即先预付部分工程款，在施工过程中按月结算工程进度款，竣工后进行竣工结算。

（二）竣工后一次结算

建设项目或单项工程全部建筑安装工程建设期在 12 个月以内，或者工程承包合同价值在 100 万元以下的，可以实行工程价款每月月中预支，竣工后一次结算。

（三）分段结算

即当年开工，当年不能竣工的单项工程或单位工程按照工程形象进度，划分不同阶段进行结算。分段结算可以按月预支工程款。

（四）结算双方约定的其他结算方式

实行竣工后一次结算和分段结算的工程，当年结算的工程款应与分年度的工作量一致，年终不另清算。

二、工程预付款

工程预付款是建设工程施工合同订立后由发包人按照合同约定，在正式开工前预先支付给承包人的工程款。它是施工准备和所需要材料、结构件等流动资金的主要来源，国内习惯上又称为预付备料款。工程预付款的具体事宜由发、承包双方根据建设行政主管部门的规定，结合工程款、建设工期和包工包料情况在合同中约定。在《建设工程施工合同（示范文本）》中，对有关工程预付款作如下约定：实行工程预付款的，双方应当在专用条款内约定发包人向承包人预付工程款的时间和数额，开工后按约定的时间和比例逐次扣回。预付时间应不迟于约定的开工日期前 7 天。发包人不按约定预付，承包人在约定预付时间 7 天后向发包人发出要求预付的通知，发包人收到通知后仍不能按要求预付，承包人可在发出通知后 7 天停止施工，发包人应从约定应付之日起向承包人支付应付款的贷款利息，并承担违约责任。

工程预付款额度，各地区、各部门的规定不完全相同，主要是保证施工所需材料和构件的正常储备。一般根据施工工期、建安工作量、主要材料和构件费用占建安工作量的比例以及材料储备周期等因素经测算来确定。发包人根据工程的特点、工期长短、市场行情、供求规律等因素，招标时在合同条件中约定工程预付款的百分比。

工程预付款的扣回，扣款的方法有两种：可以从未施工工程尚需的主要材料及构件的价值相当于工程预付款数额时起扣；从每次结算工程价款中，按材料比重扣抵工程价款，竣工前全部扣清。

三、工程进度款

（一）工程进度款的计算

工程进度款的计算，主要涉及两个方面：一是工程量的计量（见《建设工程工程量清单计价规范》；二是单价的计算方法。单价的计算方法，主要根据由发包人和承包人事先约定的工程价格的计价方法决定。目前，我国工程价格的计价方法可以分为工料单价和综合单价两种方法。二者在选择时，既可采取可调价格的方式，即工程价格在实施期间可随价格变化而调整；也可采取固定价格的方式，即工程价格在实施期间不因价格变化而调整，在工程价格中已考虑价格风险因素并在合同中明确了固定价格所包括的内容和范围。

（二）工程进度款的支付

《建设工程施工合同（示范文本）》关于工程款的支付也做出了相应的约定：在确认计量结果后 14 天内，发包人应向承包人支付工程款（进度款）。发包人超过约定的支付时间不支付工程款，承包人可向发包人发出要求付款的通知，发包人接到承包人通知后仍不能按要求付款，可与承包人协商签订延期付款协议，经承包人同意后可延期支付。协议应明确延期支付的时间和从计量结果确认后第 15 天起计算应付款的贷款利息。发包人不按合同约定支付工程款，双方又未达成延期付款协议，导致施工无法进行，承包人可停止施工，由发包人承担违约责任。

四、竣工结算

工程竣工验收报告经发包人认可后 28 天内，承包人向发包人递交竣工结算报告及完整的结算资料，双方按照协议书约定的合同价款及专用条款约定的合同价款调整内容，进行工程竣工结算。专业监理工程师审核承包人报送的竣工结算报表；总监理工程师审定竣工结算报表；与发包人、承包人协商一致后，签发竣工结算文件和最终的工程款支付证书。

发包人收到承包人递交的竣工结算报告及结算资料后 28 天内进行核实，给予确认或者提出修改意见。发包人确认竣工结算报告后通知经办银行向承包人支付竣工结算价款。承包人收到竣工结算价款后 14 天内将竣工工程交付发包人。

发包人收到竣工结算报告及结算资料后 28 天内无正当理由不支付工程竣工结算价款，从第 29 天起按承包人同期向银行贷款利率支付拖欠工程价款的利息，并承担违约责任。

发包人收到竣工结算报告及结算资料后 28 天内无正当理由不支付工程竣工结算价款，承包人可以催告发包人支付结算价款。发包人在收到竣工结算报告及结算资料后 56 天内仍不支付的，承包人可以与发包人协议将该工程折价，也可以由承包人申请人民法院将该工程依法拍卖，承包人就该工程折价或者拍卖的价款优先受偿。

工程竣工验收报告经发包人认可后 28 天内，承包人未能向发包人递交竣工结算报告及完整的结算资料，造成工程竣工结算不能正常进行或工程竣工结算价款不能及时支付，发包人要求交付工程的，承包人应当交付；发包人不要求交付工程的，承包人承担保管责任。

第五节　施工成本控制

一、施工成本控制的依据

施工成本控制的依据包括以下内容。

（一）工程承包合同

施工成本控制要以工程承包合同为依据，围绕降低工程成本这个目标，从预算收入和实际成本两方面，努力挖掘增收节支潜力，以求获得最大的经济效益。

（二）施工成本计划

施工成本计划是根据施工项目的具体情况制订的施工成本控制方案，既包括预定的具体成本控制目标，又包括实现控制目标的措施和规划，是施工成本控制的指导性文件。

（三）进度报告

进度报告提供了每一时刻工程实际完成量、工程施工成本实际支付情况等重要信息。施工成本控制工作正是通过实际情况与施工成本计划相比较，找出二者之间的差别，分析偏差产生的原因，从而采取措施改进以后的工作。此外，进度报告还有助于管理者及时发现工程实施中存在的隐患，并在事态还未造成重大损失之前采取有效措施，尽量避免损失。

（四）工程变更

在项目的实施过程中，由于各方面的原因，工程变更是很难避免的。工程变更一般包括设计变更、进度计划变更、施工条件变更、技术规范与标准变更、施工次序变更、工程数量变更等。一旦出现变更，工程量、工期、成本都必将发生变化，从而使得施工成本控制工作变得更加复杂和困难。因此，施工成本管理人员就应当通过对变更要求当中各类数据的计算、分析，随时掌握变更情况，包括已发生工程量、将要发生工程量、工期是否拖延、支付情况等重要信息，判断变更以及变更可能带来的索赔额度等。

除上述几种施工成本控制工作的主要依据外，有关施工组织设计、分包合同等也都是施工成本控制的依据。

二、施工成本控制的步骤

在确定了施工成本计划之后，必须定期进行施工成本计划值与实际值的比较，当实际值偏离计划值时，分析产生偏差的原因，采取适当的纠偏措施，以确保施工成本控制目标的实现。其步骤如下。

（一）比较

按照某种确定的方式将施工成本的计划值和实际值逐项进行比较，以发现施工成本是否超支。

（二）分析

在比较的基础上，对比较的结果进行分析，以确定偏差的严重性及偏差产生的原因。这一步是施工成本控制工作的核心，其主要目的在于找出产生偏差的原因，从而采取有针对性的措施，避免或减少相同原因的再次发生或减少由此造成的损失。

（三）预测

根据项目实施情况估算整个项目完成时的施工成本。预测的目的在于为决策提供支持。

（四）纠偏

当工程项目的实际施工成本出现了偏差，应当根据工程的具体情况、偏差分析和预测的结果，采用适当的措施，以期达到使施工成本偏差尽可能小的目的。纠偏是施工成本控制中最具实质性的一步。只有通过纠偏，才能最终达到有效控制施工成本的目的。

（五）检查

它是指对工程的进展进行跟踪和检查，及时了解工程进展状况以及纠偏措施的执行情况和效果，为今后的工作积累经验。

三、施工成本控制的方法

施工阶段是控制建设工程项目成本发生的主要阶段，它通过确定成本目标并按计划成本进行施工、资源配置，对施工现场发生的各种成本费用进行有效控制，其具体的控制方法如下。

（一）人工费的控制

人工费的控制实行“量价分离”的方法，将作业用工及零星用工按定额工日的一定比例综合确定用工数量与单价，通过劳务合同进行控制。

（二）材料费的控制

材料费控制同样按照“量价分离”原则，控制材料用量和材料价格。

1. 材料用量的控制

在保证符合设计要求和质量标准的前提下，合理使用材料，通过定额管理、计量管理等手段有效控制材料物资的消耗，具体方法如下：

（1）定额控制

对于有消耗定额的材料，以消耗定额为依据，实行限额发料制度。在规定限额内分期分批领用，超过限额领用的材料，必须先查明原因，经过一定审批手续方可领料。

（2）指标控制

对于没有消耗定额的材料，则实行计划管理和按指标控制的办法。

根据以往项目的实际耗用情况，结合具体施工项目的内容和要求，制定领用材料指标，据以控制发料。超过指标的材料，必须经过一定的审批手续方可领用。

（3）计量控制

准确做好材料物资的收发计量检查和投料计量检查。

（4）包干控制

在材料使用过程中，对部分小型及零星材料（如钢钉、钢丝等）根据工程量计算出所需材料量，将其折算成费用，由作业者包干控制。

2. 材料价格的控制

材料价格主要由材料采购部门控制。由于材料价格由买价、运杂费、运输中的合理损耗等所组成，因此控制材料价格，主要是通过掌握市场信息，应用招标和询价等方式控制材料、设备的采购价格。

施工项目的材料物资，包括构成工程实体的主要材料和结构件，以及有助于工程实体形成的周转使用材料和低值易耗品。从价值角度看，材料物资的价值，约占建筑安装工程造价的 60% 至 70% 以上，其重要程度自然是不言而喻的。由于材料物资的供应渠道和管理方式各不相同，所以控制的内容和所采取的控制方法也将有所不同。

（三）施工机械使用费的控制

合理选择施工机械设备，合理使用施工机械设备对成本控制具有十分重要的意义，尤其是高层建筑施工。据某些工程实例统计，高层建筑地面以上部分的总费用中，垂直运输机械费用占6%~10%。由于不同的起重机械各有不同的用途和特点，因此在选择起重运输机械时，首先应根据工程特点和施工条件确定采取何种不同起重运输机械的组合方式。在确定采用何种组合方式时，首先应满足施工需要，同时要考虑到费用的高低和综合经济效益。

施工机械使用费主要由台班数量和台班单价两方面决定，为有效控制施工机械使用费支出，主要从以下几个方面进行控制：

第一，合理安排施工生产，加强设备租赁计划管理，减少因安排不当引起的设备闲置。

第二，加强机械设备的调度工作，尽量避免窝工，提高现场设备利用率。

第三，加强现场设备的维修保养，避免因不正确使用造成机械设备的停置。

第四，做好机上人员与辅助生产人员的协调与配合，提高施工机械台班产量。

（四）施工分包费用的控制

分包工程价格的高低，必然对项目经理部的施工项目成本产生一定的影响。因此，施工项目成本控制的重要工作之一是对分包价格的控制。项目经理部应在确定施工方案的初期就确定需要分包的工程范围。确定分包范围的因素主要是施工项目的专业性和项目规模。对分包费用的控制，主要是要做好分包工程的询价、订立平等互利的分包合同、建立稳定的分包关系网络、加强施工验收和分包结算等工作。

第六节　施工成本分析

一、施工成本分析的依据

施工成本分析，就是根据会计核算、业务核算和统计核算提供的资料，对施工成本的形成过程和影响成本升降的因素进行分析，以寻求进一步降低成本的途径；另外，通过成本分析，可从账簿、报表反映的成本现象看清成本的实质，从而增强项目成本的透明度和可控性，为加强成本控制，实现项目成本目标创造条件。

（一）会计核算

会计核算主要是价值核算。会计是对一定单位的经济业务进行计量、记录、分析和检查，做出预测，参与决策，实行监督，旨在实现最优经济效益的一种管理活动。它通过设置账户、复式记账、填制和审核凭证、登记账簿、成本计算、财产清查和编制会计报表等一系列有组织有系统的方法，来记录企业的一切生产经营活动，然后据以提出一些用货币来反映的有关各种综合性经济指标的数据。资产、负债、所有者权益、营业收入、成本、利润等会计六要素指标，主要是通过会计来核算。由于会计记录具有连续性、系统性、综合性等特点，所以它是施工成本分析的重要依据。

（二）业务核算

业务核算是各业务部门根据业务工作的需要而建立的核算制度，它包括原始记录和计算登记表，如单位工程及分部分项工程进度登记，质量登记，工效、定额计算登记，物资消耗定额记录，测试记录等。业务核算的范围比会计、统计核算要广，会计和统计核算一般是对已经发生的经济活动进行核算，而业务核算，不但可以对已经发生的，而且可以对尚未发生或正在发生的经济活动进行核算，看是否可以做，是否有经济效果。它的特点是对个别的经济业务进行单项核算。例如各种技术措施、新工艺等项目，可以核算已经完成的项目是否达到原定的目的，取得预期的效果，也可以对准备采取措施的项目进行核算和审查，看是否有效果，值不值得采纳，随时都可以进行。业务核算的目的，在于迅速取得资料，在经济活动中及时采取措施进行调整。

（三）统计核算

统计核算是利用会计核算资料和业务核算资料，把企业生产经营活动客观现状的大量数据，按统计方法加以系统整理，表明其规律性。它的计量尺度比会计宽，可以用货币计算，也可以用实物或劳动量计量。它通过全面调查和抽样调查等特有的方法，不仅能提供绝对数指标，还能提供相对数和平均数指标，可以计算当前的实际水平，确定变动速度，可以预测发展的趋势。

二、施工成本分析的方法

（一）基本方法

施工成本分析的基本方法包括比较法、因素分析法、差额计算法、比率法等。

1. 比较法

比较法，又称指标对比分析法，就是通过技术经济指标的对比，检查目标的完成情况，分析产生差异的原因，进而挖掘内部潜力的方法。这种方法具有通俗易懂、简单易行、便于掌握的特点，因而得到了广泛的应用，但在应用时必须注意各技术经济指标的可比性。比较法的应用，通常有下列形式：

（1）将实际指标与目标指标对比

以此检查目标完成情况，分析影响目标完成的积极因素和消极因素，以便及时采取措施，保证成本目标实现。在进行实际指标与目标指标对比时，还应注意目标本身有无问题。如果目标本身出现问题，则应调整目标，重新正确评价实际工作的成绩。

（2）本期实际指标与上期实际指标对比

通过这种对比，可以看出各项技术经济指标的变动情况，反映施工管理水平的提高程度。

（3）与本行业平均水平、先进水平对比

通过这种对比，可以反映本项目的技术管理和经济管理与行业的平均水平和先进水平的差距，进而采取措施赶超先进水平。

2. 因素分析法

因素分析法又称连环置换法，这种方法可用来分析各种因素对成本的影响程度。在进行分析时，首先要假定众多因素中的一个因素发生了变化，而其他因素则不变，然后逐个替换，分别比较其计算结果，以确定各个因素的变化对成本的影响程度。因素分析法的计算步骤如下：

第一，确定分析对象，并计算出实际与目标数的差异。

第二，确定该指标是由哪几个因素组成的，并按其相互关系进行排序（排序规则是先实物量，后价值量；先绝对值，后相对值）。

第三，以目标数为基础，将各因素的目标数相乘，作为分析替代的基数。

第四，将各个因素的实际数按照上面的排列顺序进行替换计算，并将替换后的实际数保留下来。

第五，将每次替换计算所得的结果，与前一次的计算结果相比较，两者的差异即为该因素对成本的影响程度。

第六，各个因素的影响程度之和，应与分析对象的总差异相等。

3. 差额计算法

差额计算法是因素分析法的一种简化形式，它利用各个因素的目标值与实际值的差额来计算其对成本的影响程度。

4. 比率法

比率法是指用两个以上的指标的比例进行分析的方法。它的基本特点是：先把对比分析的数值变成相对数，再观察其相互之间的关系。常用的比率法有以下几种：

（1）相关比率法

由于项目经济活动的各个方面是相互联系、相互依存，又相互影响的，因而可以将两个性质不同而又相关的指标加以对比，求出比率，并以此来考察经营成果的好坏。例如，产值和工资是两个不同的概念，但它们的关系又是投入与产出的关系。在一般情况下，都希望以最少的工资支出完成最大的产值。因此，用产值工资率指标来考核人工费的支出水平，就很能说明问题。

（2）构成比率法

又称比重分析法或结构对比分析法。通过构成比率，可以考察成本总量的构成情况及各成本项目占成本总量的比重，同时可看出量、本、利的比例关系（即预算成本、实际成本和降低成本的比例关系），从而为寻求降低成本的途径指明方向。

（3）动态比率法

动态比率法，就是将同类指标不同时期的数值进行对比，求出比率，以分析该项指标的发展方向和发展速度。动态比率的计算，通常采用基期指数和环比指数两种方法。

（二）综合成本的分析方法

所谓综合成本，是指涉及多种生产要素，并受多种因素影响的成本费用，如分部分项工程成本，月（季）度成本、年度成本等。由于这些成本都是随着项目施工的进展而逐步形成的，与生产经营有着密切的关系。因此，做好上述成本的分析工作，无疑将促进项目的生产经营管理，提高项目的经济效益。

1. 分部分项工程成本分析

分部分项工程成本分析是施工项目成本分析的基础。分部分项工程成本分析的对象为已完成分部分项工程。分析的方法是：进行预算成本、目标成本和实际成本的“三算”对比，分别计算实际偏差和目标偏差，分析偏差产生的原因，为今后的分部分项工程成本寻求节约途径。

分部分项工程成本分析的资料来源是：预算成本来自投标报价成本，目标成本来自施工预算，实际成本来自施工任务单的实际工程量、实耗人工和限额领料单的实耗材料。

由于施工项目包括很多分部分项工程，不可能也没有必要对每一个分部分项工程都进行成本分析。特别是一些工程量小、成本费用微不足道的零星工程。但是，对于那些主要分部分项工程则必须进行成本分析，而且要做到从开工到竣工进行系统的成本分析。这是一项很有意义的工作，因为通过主要分部分项工程成本的系统分析，可以基本上了解项目成本形成的全过程，为竣工成本分析和今后的项目成本管理提供一份宝贵的参考资料。

2. 月（季）度成本分析

月（季）度成本分析，是施工项目定期的、经常性的中间成本分析。对于具有一次性特点的施工项目来说，有着特别重要的意义。因为通过月（季）度成本分析，可以及时发现问题，以便按照成本目标指定的方向进行监督和控制，保证项目成本目标的实现。月（季）度成本分析的依据是当月（季）的成本报表。

3. 年度成本分析

企业成本要求一年结算一次，不得将本年成本转入下一年度。而项目成本则以项目的寿命周期为结算期，要求从开工到竣工到保修期结束连续计算，最后结算出成本总量及其盈亏。由于项目的施工周期一般较长，除进行月（季）度成本核算和分析外，还要进行年度成本的核算和分析。这不仅是为了满足企业汇编年度成本报表的需要，也是项目成本管理的需要。因为通过年度成本的综合分析，可以总结一年来成本管理的成绩和不足，为今后的成本管理提供经验和教训，从而可对项目成本进行更有效的管理。

年度成本分析的依据是年度成本报表。年度成本分析的内容，除了月（季）度成本分析的六个方面以外，重点是针对下一年度的施工进展情况规划切实可行的成本管理措施，以保证施工项目成本目标的实现。

4. 竣工成本的综合分析

凡是有几个单位工程而且是单独进行成本核算（即成本核算对象）的施工项目，其竣工成本分析应以各单位工程竣工成本分析资料为基础，再加上项目经理部的经营效益（如资金调度、对外分包等所产生的效益）进行综合分析。如果施工项目只有一个成本核算对象（单位工程），就以该成本核算对象的竣工成本资料作为成本分析的依据。

单位工程竣工成本分析，应包括以下三方面内容：

第一，竣工成本分析。

第二，主要资源节超对比分析。

第三，主要技术节约措施及经济效果分析。

第七节　施工成本控制的特点、重要性及措施

一、水利工程成本控制的特点

我国的水利工程建设管理体制自实行改革以来，在建立以项目法人制、招标投标制和建设监理制为中心的建设管理体制上，成本控制是水利工程项目管理的核心。水利工程施工承包合同中的成本可分为两部分：施工成本（具体包括直接费、其他直接费和现场经费）和经营管理费用（具体包括企业管理费、财务费和其他费用），其中施工成本一般占合同总价的70%以上。但是水利工程大多施工周期长，投资规模大，技术条件复杂，产品单件性鲜明，不可能建立和其他制造业一样的标准成本控制系统，而且水利工程项目管理机构是临时组成的，施工人员中民工较多，施工区域地理和气候条件一般又不利，这使有效地对施工成本控制变得更加困难。

二、加强水利工程成本控制的重要性

企业为了实现利润的最大化，必须使产品成本合理化、最小化、最佳化，因此加强成本管理和成本控制是企业提高盈利水平的重要途径，也是企业管理的关键工作之一。加强水利工程施工管理也必须在成本管理、资金管理、质量管理等薄弱环节上狠下功夫，加大整改力度，加快改革的步伐，促进改革成功，从而提高企业的管理水平和经济效益。

水利工程施工项目成本控制作为水利工程施工企业管理的基点、效益的主体、信誉的窗口，只有对其强化管理，加强企业管理的各项基础工作，才能加快水利工程施工企业由生产经营型管理向技术密集型管理、国际化管理转变的进程。而强化项目管理，形成以成本管理为中心的运营机制，提高企业的经济效益和社会效益，加强成本管理是关键。

三、加强水利工程成本控制的措施

（一）增强市场竞争意识

水利工程项目具有投资大、工期长、施工环境复杂、质量要求高等特点，工程在施工中同时受地质、地形、施工环境、施工方法、施工组织管理、材料与设备、人员与素质等不确定因素的影响。在我国正式实行企业改革后，主客观条件都要求水利工程施工企业推广应用实物量分析法编制投标文件。

实物量分析法有别于定额法：定额法根据施工工艺套用定额，体现的是以行业水平为代表的社会平均水平；而实物量分析法则从项目整体角度全面反映工程的规模、进度、资源配置对成本的影响，比较接近于实际成本，这里的“成本”是指个别企业成本，即在特定时期、特定企业为完成特定工程所消耗的物化劳动和活化劳动价值的货币反映。

（二）严格过程控制

承建一个水利工程项目，就必须从人、财、物的有效组合和使用全过程上狠下功夫。例如，对施工组织机构的设立和人员、机械设备的配备，在满足施工需要的前提下，机构要精简直接，人员要精干高效，设备要充分有效利用。同时对材料消耗、配件更换及施工工序控制都要按规范化、制度化、科学化的方法进行，这样既可以避免或减少不可预见因素对施工的干扰，也可以降低自身生产经营状况对工程成本影响的比例，从而有效控制成本，提高效益。过程控制要全员参与、全过程控制。

（三）建立明确的责权利相结合的机制

责权利相结合的成本管理机制，应遵循民主集中制的原则和标准化、规范化的原则加以建立。施工项目经理部包括了项目经理、项目部全体管理人员及施工作业人员，应在这些人员之间建立一个以项目经理为中心的管理体制，使每个人的职责分工明确，赋予相应的权利，并在此基础上建立健全一套物质奖励、精神奖励和经济惩罚相结合的激励与约束机制，使项目部每个人、每个岗位都人尽其才，爱岗敬业。

（四）控制质量成本

质量成本是反映项目组织为保证和提高产品质量而支出的一切费用，以及因未达到质量标准而产生的一切损失费用之和。在质量成本控制方面，要求项目内的施工、质量人员把好质量关，做到“少返工、不重做”。比如在混凝土的浇捣过程中经常会发生跑模、漏浆，以及由于振捣不到位而产生的蜂窝、麻面等现象，而一旦出现这种现象，就不得不在日后的施工过程中进行修补，不仅浪费材料，而且浪费人力，更重要的是影响外观，对企业产生不良的社会影响。但是要注意产品质量并非越高越好，超过合理水平时则属于质量过剩。

（五）控制技术成本

首先是要制订技术先进、经济合理的施工方案，以达到缩短工期、提高质量、保证安全、降低成本的目的。施工方案的主要内容是施工方法的确定、施工机具的选择、施工顺序的安排和流水施工作业的组织。科学合理的施工方案是项目成功的根本保证，更是降低成本的关键所在。其次是在施工组织中努力寻求各种降低消耗、提高工效的新工艺、新技术、新设备和新材料，并在工程项目的施工过程中实施应用，也可以由技术人员与操作员工一起对一些传统的工艺流程和施工方法进行改革与创新，这将对降耗增效起到十分有效的积极作用。

（六）注重开源增收

上述所讲的是控制成本的常见措施，其实为了增收、降低成本，一个很重要的措施就是开源增收措施。水利工程开源增收的一个方面就是要合理利用承包合同中的有利条款。承包合同是项目实施的最重要依据，是规范业主和施工企业行为的准则，但在通常情况下更多体现了业主的利益。合同的基本原则是平等和公正，汉语语义有多重性和复杂性的特点，也造成了部分合同条款可多重理解或者表述不严密，个别条款甚至有利于施工企业，这就为成本控制人员有效利用合同条款创造了条件。在合同条款基础上进行的变更索赔，依据充分，索赔成功的可能性也比较大。建筑招标投标制度的实行，使施工企业中标项目的利润已经很小，个别情况下甚至没有利润，因而项目实施过程中能否依据合同条款进行有效的变更和索赔，也就成为项目能否盈利的关键。

加强成本管理将是水利施工企业进入成本竞争时代的竞争武器，也是成本发展战略的基础。同时，施工项目成本控制是一个系统工程，它不仅需要突出重点，对工程项目的人工费、材料费、施工设备、周转材料租赁费等实行重点控制，而且需要对项目的质量、工期和安全等在施工全过程中进行全面控制，只有这样才能取得良好的经济效果。

第十章
水利工程质量管理

第一节　工程质量管理的基本概念

水利水电工程项目的施工阶段是根据设计图纸和设计文件的要求，通过工程参建各方及其技术人员的劳动形成工程实体的阶段。这个阶段的质量控制无疑是极其重要的，其中心任务是通过建立健全有效的工程质量监督体系，确保工程质量达到合同规定的标准和等级要求。为此，在水利水电工程项目建设中，建立了质量管理的三个体系，即施工单位的质量保证体系、建设（监理）单位的质量检查体系和政府部门的质量监督体系。

一、工程项目质量和质量控制的概念

（一）工程项目质量

质量是反映实体满足明确或隐含需要能力的特性之总和。工程项目质量是国家现行的有关法律、法规、技术标准、设计文件及工程承包合同对工程的安全、适用、经济、美观等特征的综合要求。

从功能和使用价值来看，工程项目质量体现在适用性、可靠性、经济性、外观质量与环境协调等方面。由于工程项目是依据项目法人的需求而兴建的，故各工程项目的功能和使用价值的质量应满足于不同项目法人的需求，并无一个统一的标准。

从工程项目质量的形成过程来看，工程项目质量包括工程建设各个阶段的质量，即可行性研究质量、工程决策质量、工程设计质量、工程施工质量、工程竣工验收质量。

工程项目质量具有两个方面的含义：一是指工程产品的特征性能，即工程产品质量；二是指参与工程建设各方面的工作水平、组织管理等，即工作质量。工作质量包括社会工作质量和生产过程工作质量。社会工作质量主要是指社会调查、市场预测、维修服务等。

生产过程工作质量主要包括管理工作质量、技术工作质量、后勤工作质量等，最终将反映在工序质量上，而工序质量的好坏，直接受人、原材料、机具设备、工艺及环境等五方面因素的影响。因此，工程项目质量的好坏是各环节、各方面工作质量的综合反映，而不是单纯靠质量检验查出来的。

（二）工程项目质量控制

质量控制是指为达到质量要求所采取的作业技术和活动，工程项目质量控制，实际上就是对工程在可行性研究、勘测设计、施工准备、建设实施、后期运行等各阶段、各环节、各因素的全过程、全方位的质量监督控制。工程项目质量有个产生、形成和实现的过程，控制这个过程中的各环节，以满足工程合同、设计文件、技术规范规定的质量标准。在我国的工程项目建设中，工程项目质量控制按其实施者的不同，包括如下三个方面。

1. 项目法人的质量控制

项目法人方面的质量控制，主要是委托监理单位依据国家的法律、规范、标准和工程建设的合同文件，对工程建设进行监督和管理。其特点是外部的、横向的、不间断的控制。

2. 政府方面的质量控制

政府方面的质量控制是通过政府的质量监督机构来实现的，其目的在于维护社会公共利益，保证技术性法规和标准的贯彻执行。其特点是外部的、纵向的、定期或不定期的抽查。

3. 承包人方面的质量控制

承包人主要是通过建立健全质量保证体系，加强工序质量管理，严格施行“三检制”（即初检、复检、终检），避免返工，提高生产效率等方式来进行质量控制。其特点是内部的、自身的、连续的控制。

二、工程项目质量的特点

建筑产品位置固定、生产流动性、项目单件性、生产一次性、受自然条件影响大等特点，决定了工程项目质量具有以下特点。

（一）影响因素多

影响工程质量的因素是多方面的，如人的因素、机械因素、材料因素、方法因素、环境因素等均直接或间接地影响着工程质量。尤其是水利水电工程项目主体工程的建设，一般由多家承包单位共同完成，故其质量形式较为复杂，影响因素多。

（二）质量波动大

由于工程建设周期长，在建设过程中易受到系统因素及偶然因素的影响，产品质量产生波动。

（三）质量变异大

由于影响工程质量的因素较多，任何因素的变异，均会引起工程项目的质量变异。

（四）质量具有隐蔽性

由于工程项目实施过程中，工序交接多，中间产品多，隐蔽工程多，取样数量受到各种因素、条件的限制，产生错误判断的概率增大。

（五）终检局限性大

建筑产品位置固定等自身特点，使质量检验时不能解体、拆卸，所以在工程项目终检验收时难以发现工程内在的、隐蔽的质量缺陷。

此外，质量、进度和投资目标三者之间既对立又统一的关系，使工程质量受到投资、进度的制约。因此，应针对工程质量的特点，严格控制质量，并将质量控制贯穿于项目建设的全过程。

三、工程项目质量控制的原则

在工程项目建设过程中，对其质量进行控制应遵循以下几项原则。

（一）质量第一原则

"百年大计，质量第一"，工程建设与国民经济的发展和人民生活的改善息息相关。质量的好坏，直接关系到国家繁荣富强，关系到人民生命财产的安全，关系到子孙幸福，所以必须树立强烈的"质量第一"的思想。

要确立质量第一的原则，必须弄清并且摆正质量和数量、质量和进度之间的关系。不符合质量要求的工程，数量和进度都将失去意义，也没有任何使用价值，而且数量越多，进度越快，国家和人民遭受的损失也将越大。因此，好中求多，好中求快，好中求省，才是符合质量管理所要求的质量水平。

（二）预防为主原则

对于工程项目的质量，我们长期以来采取事后检验的方法，认为严格检查，就能保证质量，实际上这是远远不够的。应该从消极防守的事后检验变为积极预防的事先管理。因为好的建筑产品是好的设计、好的施工所产生的，不是检查出来的。必须在项目管理的全过程中，事先采取各种措施，消灭种种不符合质量要求的因素，以保证建筑产品质量。如果各质量因素（人、机、料、法、环）预先得到保证，工程项目的质量就有了可靠的前提条件。

（三）为用户服务原则

建设工程项目，是为了满足用户的要求，尤其要满足用户对质量的要求。真正好的质量是用户完全满意的质量。进行质量控制，就是要把为用户服务的原则，作为工程项目管理的出发点，贯穿到各项工作中去。同时，要在项目内部树立“下道工序就是用户”的思想。各个部门、各种工作、各种人员都有个前、后的工作顺序，在自己这道工序的工作一定要保证质量，凡达不到质量要求不能交给下道工序，一定要使“下道工序”这个用户感到满意。

（四）用数据说话原则

质量控制必须建立在有效的数据基础之上，必须依靠能够确切反映客观实际的数字和资料，否则就谈不上科学的管理。一切用数据说话，就需要用数理统计方法，对工程实体或工作对象进行科学的分析和整理，从而研究工程质量的波动情况，寻求影响工程质量的主次原因，采取改进质量的有效措施，掌握保证和提高工程质量的客观规律。

在很多情况下，我们评定工程质量，虽然也按规范标准进行检测计量，也有一些数据，但是这些数据往往不完整，不系统，没有按数理统计要求积累数据，抽样选点，所以难以汇总分析，有时只能统计加估计，抓不住质量问题，既不能完全表达工程的内在质量状态，也不能有针对性地进行质量教育，提高企业素质。所以，必须树立起“用数据说话”的意识，从积累的大量数据中，找出控制质量的规律性，以保证工程项目的优质建设。

四、工程项目质量控制的任务、

工程项目质量控制的任务就是根据国家现行的有关法规、技术标准和工程合同规定的工程建设各阶段质量目标实施全过程的监督管理。由于工程建设各阶段的质量目标不同，因此需要分别确定各阶段的质量控制对象和任务。

（一）工程项目决策阶段质量控制的任务

第一，审核可行性研究报告是否符合国民经济发展的长远规划、国家经济建设的方针政策。

第二，审核可行性研究报告是否符合工程项目建议书或业主的要求。

第三，审核可行性研究报告是否具有可靠的基础资料和数据。

第四，审核可行性研究报告是否符合技术经济方面的规范标准和定额等指标。

第五，审核可行性研究报告的内容、深度和计算指标是否达到标准要求。

（二）工程项目设计阶段质量控制的任务

第一，审查设计基础资料的正确性和完整性。

第二，编制设计招标文件，组织设计方案竞赛。

第三，审查设计方案的先进性和合理性，确定最佳设计方案。

第四，督促设计单位完善质量保证体系，建立内部专业交底及专业会签制度。

第五，进行设计质量跟踪检查，控制设计图纸的质量。在初步设计和技术设计阶段，主要检查生产工艺及设备的选型，总平面布置，建筑与设施的布置，采用的设计标准和主要技术参数；在施工图设计阶段，主要检查计算是否有错误，选用的材料和做法是否合理，标注的各部分设计标高和尺寸是否有错误，各专业设计之间是否有矛盾等。

（三）工程项目施工阶段质量控制的任务

施工阶段质量控制是工程项目全过程质量控制的关键环节。根据工程质量形成的时间，施工阶段的质量控制又可分为质量的事前控制、事中控制和事后控制，其中事前控制为重点控制。

1. 事前控制

第一，审查承包商及分包商的技术资质。

第二，协助承建商完善质量体系，包括完善计量及质量检测技术和手段等，同时对承包商的实验室资质进行考核。

第三，督促承包商完善现场质量管理制度，包括现场会议制度、现场质量检验制度、质量统计报表制度和质量事故报告及处理制度等。

第四，与当地质量监督站联系，争取其配合、支持和帮助。

第五，组织设计交底和图纸会审，对某些工程部位应下达质量要求标准。

第六，审查承包商提交的施工组织设计，保证工程质量具有可靠的技术措施。审核工程中采用的新材料、新结构、新工艺、新技术的技术鉴定书；对工程质量有重大影响的施工机械、设备，应审核其技术性能报告。

第七，对工程所需原材料、构配件的质量进行检查与控制。

第八，对永久性生产设备或装置，应按审批同意的设计图纸组织采购或订货，到场后进行检查验收。

第九，对施工场地进行检查验收。检查施工场地的测量标桩、建筑物的定位放线以及高程水准点，重要工程还应复核，落实现场障碍物的清理、拆除等。

第十，把好开工关。对现场各项准备工作检查合格后，方可发开工令；停工的工程，未发复工令者不得复工。

2. 事中控制

第一，督促承包商完善工序控制措施。工程质量是在工序中产生的，工序控制对工程质量起着决定性的作用。应把影响工序质量的因素都纳入控制状态中，建立质量管理点，及时检查和审核承包商提交的质量统计分析资料和质量控制图表。

第二，严格工序交接检查。主要工作作业包括隐蔽作业需按有关验收规定经检查验收后，方可进行下一工序的施工。

第三，重要的工程部位或专业工程（如混凝土工程）要做试验或技术复核。

第四，审查质量事故处理方案，并对处理效果进行检查。

第五，对完成的分项分部工程，按相应的质量评定标准和办法进行检查验收。

第六，审核设计变更和图纸修改。

第七，按合同行使质量监督权和质量否决权。

第八，组织定期或不定期的质量现场会议，及时分析、通报工程质量状况。

3. 事后控制

第一，审核承包商提供的质量检验报告及有关技术性文件。

第二，审核承包商提交的竣工图。

第三，组织联动试车。

第四，按规定的质量评定标准和办法，进行检查验收。

第五，组织项目竣工总验收。

第六，整理有关工程项目质量的技术文件，并编目、建档。

（四）工程项目保修阶段质量控制的任务

第一，审核承包商的工程保修书。

第二，检查、鉴定工程质量状况和工程使用情况。

第三，对出现的质量缺陷，确定责任者。

第四，督促承包商修复缺陷。

第五，在保修期结束后，检查工程保修状况，移交保修资料。

五、工程项目质量影响因素的控制

在工程项目建设的各个阶段，对工程项目质量影响的主要因素就是“人、机、料、法、环”等五大方面。为此，应对这五个方面的因素进行严格的控制，以确保工程项目建设的质量。

（一）对“人”的因素的控制

人是工程质量的控制者，也是工程质量的“制造者”。工程质量的好与坏，与人的因素是密不可分的。控制人的因素，即调动人的积极性、避免人的失误等，是控制工程质量的关键因素。

1. 领导者的素质

领导者是具有决策权力的人，其整体素质是提高工作质量和工程质量的关键，因此在对承包商进行资质认证和选择时一定要考核领导者的素质。

2. 人的理论和技术水平

人的理论水平和技术水平是人的综合素质的表现，它直接影响工程项目质量，尤其是技术复杂，操作难度大，要求精度高，工艺新的工程对人员素质要求更高，否则，工程质量就很难保证。

3. 人的生理缺陷

根据工程施工的特点和环境，应严格控制人的生理缺陷，如高血压、心脏病的人，不能从事高空作业和水下作业；反应迟钝、应变能力差的人，不能操作快速运行、动作复杂的机械设备等，否则将影响工程质量，引起安全事故。

4. 人的心理行为

影响人的心理行为因素很多，而人的心理因素如疑虑、畏惧、抑郁等很容易使人产生愤怒、怨恨等情绪，使人的注意力转移，由此引发质量、安全事故。所以，在审核企业的资质水平时，要注意企业职工的凝聚力如何，职工的情绪如何，这也是选择企业的一条标准。

5. 人的错误行为

人的错误行为是指人在工作场地或工作中吸烟、打盹、错视、错听、误判断、误动作等，这些都会影响工程质量或造成质量事故。所以，在有危险的工作场所，应严格禁止吸烟、嬉戏等。

6. 人的违纪违章

人的违纪违章是指人的粗心大意、注意力不集中、不履行安全措施等不良行为，会对工程质量造成损害，甚至引起工程质量事故。所以，在使用人的问题上，应从思想素质、业务素质和身体素质等方面严格控制。

（二）对材料、构配件的质量控制

1. 材料质量控制的要点

（1）掌握材料信息，优选供货厂家

应掌握材料信息，优先选有信誉的厂家供货，对主要材料、构配件在订货前，必须经监理工程师论证同意后，才可订货。

（2）合理组织材料供应

应协助承包商合理地组织材料采购、加工、运输、储备。尽量加快材料周转，按质、按量、如期满足工程建设需要。

（3）加强材料检查验收

用于工程上的主要建筑材料，进场时必须具备正式的出厂合格证和材质化验单。否则，应作补检。工程中所有各种构配件，必须具有厂家批号和出厂合格证。

凡是标志不清或质量有问题的材料，对质量保证资料有怀疑或与合同规定不相符的一般材料，应进行一定比例的材料试验，并需要追踪检验。对于进口的材料和设备以及重要工程或关键施工部位所用材料，则应进行全部检验。

2. 材料质量控制的内容

（1）材料质量的标准

材料质量的标准是用以衡量材料标准的尺度，并作为验收、检验材料质量的依据。其具体的材料标准指标可参见相关材料手册。

（2）材料质量的检验、试验

材料质量的检验目的是通过一系列的检测手段，将取得的材料数据与材料的质量标准相比较，用以判断材料质量的可靠性。

（三）对方法的控制

对方法的控制主要是指对施工方案的控制，也包括对整个工程项目建设期内所采用的技术方案、工艺流程、组织措施、检测手段、施工组织设计等的控制。对一个工程项目而言，施工方案恰当与否，直接关系到工程项目质量，关系到工程项目的成败，所以应重视对方法的控制。这里说的方法控制，在工程施工的不同阶段，其侧重点也不相同，但都是围绕确保工程项目质量这个纲。

（四）对施工机械设备的控制

施工机械设备是工程建设不可缺少的设施，目前，工程建设的施工进度和施工质量都与施工机械关系密切。因此，在施工阶段，必须对施工机械的性能、选型和使用操作等方面进行控制。

1. 机械设备的选型

机械设备的选型应因地制宜，按照技术先进、经济合理、生产适用、性能可靠、使用安全、操作和维修方便等原则来选择施工机械。

2. 机械设备的主要性能参数

机械设备的性能参数是选择机械设备的主要依据，为满足施工的需要，在参数选择上可适当留有余地，但不能选择超出需要很多的机械设备，否则，容易造成经济上的不合理。机械设备的性能参数很多，要综合各参数，确定合适的施工机械设备。在这方面，要结合机械施工方案，择优选择机械设备，要严格把关，对不符合需要和有安全隐患的机械，不准进场。

3. 机械设备的使用、操作要求

合理使用机械设备，正确地进行操行，是保证工程项目施工质量的重要环节，应贯彻“人机固定”的原则，实行定机、定人、定岗位的制度。操作人员必须认真执行各项规章制度，严格遵守操作规程，防止出现安全质量事故。

（五）对环境因素的控制

影响工程项目质量的环境因素很多，有工程技术环境、工程管理环境、劳动环境等。环境因素对工程质量的影响复杂而且多变，因此应根据工程特点和具体条件，对影响工程质量的环境因素严格控制。

第二节　质量体系建立与运行

一、施工阶段的质量控制

（一）质量控制的依据

施工阶段的质量管理及质量控制的依据，大体上可分为两类，即共同性依据及专门技术法规性依据。

共同性依据是指那些适用于工程项目施工阶段与质量控制有关的，具有普遍指导意义和必须遵守的基本文件。主要有工程承包合同文件，设计文件，国家和行业现行的有关质量管理方面的法律、法规文件。

工程承包合同中分别规定了参与施工建设的各方在质量控制方面的权利和义务，并据此对工程质量进行监督和控制。

有关质量检验与控制的专门技术法规性依据是指针对不同行业、不同的质量控制对象而制定的技术法规性的文件，主要包括：

第一，已批准的施工组织设计。它是承包单位进行施工准备和指导现场施工的规划性、指导性文件，详细规定了工程施工的现场布置，人员设备的配置，作业要求，施工工序和工艺，技术保证措施，质量检查方法和技术标准等，是进行质量控制的重要依据。

第二，合同中引用的国家和行业的现行施工操作技术规范、施工工艺规程及验收规范。它是维护正常施工的准则，与工程质量密切相关，必须严格遵守执行。

第三，合同中引用的有关原材料、半成品、配件方面的质量依据。如水泥、钢材、骨料等有关产品技术标准；水泥、骨料、钢材等有关检验、取样、方法的技术标准；有关材料验收、包装、标志的技术标准。

第四，制造厂提供的设备安装说明书和有关技术标准。这是施工安装承包人进行设备安装必须遵循的重要技术文件，也是进行检查和控制质量的依据。

（二）质量控制的方法

施工过程中的质量控制方法主要有旁站检查、测量、试验等。

1. 旁站检查

旁站是指有关管理人员对重要工序（质量控制点）的施工所进行的现场监督和检查，以避免质量事故的发生。旁站也是驻地监理人员的一种主要现场检查形式。根据工程施工难度及复杂性，可采用全过程旁站、部分时间旁站两种方式。对容易产生缺陷的部位，或产生了缺陷难以补救的部位，以及隐蔽工程，应加强旁站检查。

在旁站检查中，必须检查承包人在施工中所用的设备、材料及混合料是否符合已批准的文件要求，检查施工方案、施工工艺是否符合相应的技术规范。

2. 测量

测量是对建筑物的尺寸控制的重要手段。应对施工放样及高程控制进行核查，不合格者不准开工。对模板工程、已完工程的几何尺寸、高程、宽度、厚度、坡度等质量指标，按规定要求进行测量验收，不符合规定要求的需进行返工。测量记录，均要事先经工程师审核签字后方可使用。

3. 试验

试验是工程师确定各种材料和建筑物内在质量是否合格的重要方法。所有工程使用的材料，都必须事先经过材料试验，质量必须满足产品标准，并经工程师检查批准后，方可使用。材料试验包括水源、粗骨料、沥青、土工织物等各种原材料，不同等级混凝土的配合比试验，外购材料及成品质量证明和必要的试验鉴定，仪器设备的校调试验，加工后的成品强度及耐用性检验，工程检查等。没有试验数据的工程不予验收。

（三）工序质量监控

1. 工序质量监控的内容

工序质量控制主要包括对工序活动条件的监控和对工序活动效果的监控。

（1）工序活动条件的监控

所谓工序活动条件监控，就是指对影响工程生产因素进行的控制。工序活动条件的控制是工序质量控制的手段。尽管在开工前对生产活动条件已进行了初步控制，但在工序活动中有的条件还会发生变化，使其基本性能达不到检验指标，这正是生产过程产生质量不稳定的重要原因。因此，只有对工序活动条件进行控制，才能达到对工程或产品的质量性能特性指标的控制。工序活动条件包括的因素较多，要通过分析，分清影响工序质量的主要因素，抓住主要矛盾，逐渐予以调节，以达到质量控制的目的。

（2）工序活动效果的监控

工序活动效果的监控主要反映在对工序产品质量性能的特征指标的控制上。通过对工序活动的产品采取一定的检测手段进行检验，根据检验结果分析、判断该工序活动的质量效果，从而实现对工序质量的控制，其步骤如下：首先是工序活动前的控制，主要要求人、材料、机械、方法或工艺、环境能满足要求；然后采用必要的手段和工具，对抽出的工序子样进行质量检验；应用质量统计分析工具（如直方图、控制图、排列图等）对检验所得的数据进行分析，找出这些质量数据所遵循的规律。根据质量数据分布规律的结果，判断质量是否正常；若出现异常情况，寻找原因，找出影响工序质量的因素，尤其是那些主要因素，采取对策和措施进行调整；再重复前面的步骤，检查调整效果，直到满足要求，这样便可达到控制工序质量的目的。

2. 工序质量监控实施要点

对工序活动质量监控，首先应确定质量控制计划，它是以完善的质量监控体系和质量检查制度为基础。一方面，工序质量控制计划要明确规定质量监控的工作程序、流程和质量检查制度；另一方面，需进行工序分析，在影响工序质量的因素中，找出对工序质量产生影响的重要因素，进行主动的、预防性的重点控制。例如，在振捣混凝土这一工序中，振捣的插点和振捣时间是影响质量的主要因素，为此，应加强现场监督并要求施工单位严格予以控制。

同时，在整个施工活动中，应采取连续的动态跟踪控制，通过对工序产品的抽样检验，判定其产品质量波动状态，若工序活动处于异常状态，则应查出影响质量的原因，采取措施排除系统性因素的干扰，使工序活动恢复到正常状态，从而保证工序活动及其产品质量。此外，为确保工程质量，应在工序活动过程中设置质量控制点，进行预控。

3. 质量控制点的设置

质量控制点的设置是进行工序质量预防控制的有效措施。质量控制点是指为保证工程质量而必须控制的重点工序、关键部位、薄弱环节。应在施工前，全面、合理地选择质量控制点，并对设置质量控制点的情况及拟采取的控制措施进行审核。必要时，应对质量控制实施过程进行跟踪检查或旁站监督，以确保质量控制点的施工质量。

设置质量控制点的对象，主要有以下几方面：

（1）关键的分项工程

如大体积混凝土工程，土石坝工程的坝体填筑，隧洞开挖工程等。

（2）关键的工程部位

如混凝土面板堆石坝面板趾板及周边缝的接缝，土基上水闸的地基基础，预制框架结构的梁板节点，关键设备的设备基础等。

（3）薄弱环节

指经常发生或容易发生质量问题的环节，或承包人无法把握的环节，或采用新工艺（材料）施工的环节等。

（4）关键工序

如钢筋混凝土工程的混凝土振捣，灌注桩钻孔，隧洞开挖的钻孔布置、方向、深度、用药量和填塞等。

（5）关键工序的关键质量特性

如混凝土的强度、耐久性，土石坝的干容重、黏性土的含水率等。

（6）关键质量特性的关键因素

如冬季混凝土强度的关键因素是环境（养护温度），支模的关键因素是支撑方法，泵送混凝土输送质量的关键因素是机械，墙体垂直度的关键因素是人等。

控制点的设置应准确有效，因此究竟选择哪些作为控制点，需要由有经验的质量控制人员进行选择。

4. 见证点、停止点的概念

在工程项目实施控制中，通常是由承包人在分项工程施工前制订施工计划时，就选定设置控制点，并在相应的质量计划中进一步明确哪些是见证点，哪些是停止点。所谓见证点和停止点是国际上对于重要程度不同及监督控制要求不同的质量控制对象的一种区分方式。见证点监督也称为 W 点监督。凡是被列为见证点的质量控制对象，在规定的控制点施工前，施工单位应提前 24 小时通知监理人员在约定的时间内到现场进行见证并实施监督。如监理人员未按约定到场，施工单位有权对该点进行相应的操作和施工。停止点也称为待检查点或 H 点，它的重要性高于见证点，是针对那些由于施工过程或工序施工质量不易或不能通过其后的检验和试验而充分得到论证的“特殊过程”或“特殊工序”而言的。凡被列入停止点的控制点，要求必须在该控制点来临之前 24 小时通知监理人员到场实验监控，如监理人员未能在约定时间内到达现场，施工单位应停止该控制点的施工，并按合同规定等待监理方，未经认可不能超过该点继续施工，如水闸闸墩混凝土结构在钢筋架立后，混凝土浇筑之前，可设置停止点。

在施工过程中，应加强旁站和现场巡查的监督检查；严格实施隐蔽式工程工序间交接检查验收、工程施工预检等检查监督；严格执行对成品保护的质量检查。只有这样才能及早发现问题，及时纠正，防患于未然，确保工程质量，避免导致工程质量事故。

为了对施工期间的各分部、分项工程的各工序质量实施严密、细致和有效的监督、控制，应认真地填写跟踪档案，即施工和安装记录。

二、全面质量管理的基本概念

全面质量管理（Total Quality Management，简称 TQM）是企业管理的中心环节，是企业管理的纲领，它和企业的经营目标是一致的。这就是要求将企业的生产经营管理和质量管理有机地结合起来。

（一）全面质量管理的基本概念

全面质量管理是以组织全员参与为基础的质量管理模式，它代表了质量管理的最新阶段，最早起源于美国，菲根堡姆指出：全面质量管理是为了能够在最经济的水平上，并充分考虑到满足用户的要求的条件下进行市场研究、设计、生产和服务，把企业内各部门研制质量，维持质量和提高质量的活动构成为一体的一种有效体系。他的理论经过世界各国的继承和发展，得到了进一步的扩展和深化。ISO9000 族标准中对全面质量管理的定义为：一个组织以质量为中心，以全员参与为基础，目的在于通过让顾客满意和本组织所有成员及社会受益而达到长期成功的管理途径。

（二）全面质量管理的基本要求

1. 全过程的管理

任何一个工程（和产品）的质量，都有一个产生、形成和实现的过程；整个过程是由多个相互联系、相互影响的环节所组成的，每一环节都或重或轻地影响着最终的质量状况。因此，要搞好工程质量管理，必须把形成质量的全过程和有关因素控制起来，形成一个综合的管理体系，做到以防为主，防检结合，重在提高。

2. 全员的质量管理

工程（产品）的质量是企业各方面、各部门、各环节工作质量的反映。每一环节，每一个人的工作质量都会不同程度地影响着工程（产品）最终质量。工程质量人人有责，只有人人都关心工程的质量，做好本职工作，才能生产出好质量的工程。

3. 全企业的质量管理

全企业的质量管理一方面要求企业各管理层次都要有明确的质量管理内容，各层次的侧重点要突出，每个部门应有自己的质量计划、质量目标和对策，层层控制；另一方面就是要把分散在各部门的质量职能发挥出来。如水利水电工程中的“三检制”，就充分反映这一观点。

4. 多方法的管理

影响工程质量的因素越来越复杂：既有物质的因素，又有人为的因素；既有技术因素，又有管理因素；既有内部因素，又有企业外部因素。要搞好工程质量，就必须把这些影响因素控制起来，分析它们对工程质量的不同影响。灵活运用各种现代化管理方法来解决工程质量问题。

（三）全面质量管理的基本指导思想

1. 质量第一、以质量求生存

任何产品都必须达到所要求的质量水平，否则就没有或未实现其使用价值，从而给消费者、给社会带来损失。从这个意义上讲，质量必须是第一位的。贯彻“质量第一”就要求企业全员，尤其是领导层，要有强烈的质量意识；要求企业在确定质量目标时，首先应根据用户或市场的需求，科学地确定质量目标，并安排人力、物力、财力予以保证。当质量与数量、社会效益与企业效益、长远利益与眼前利益发生矛盾时，应把质量、社会效益和长远利益放在首位。

“质量第一”并非“质量至上”。质量不能脱离当前的市场水准，也不能不问成本一味地讲求质量。应该重视质量成本的分析，把质量与成本加以统一，确定最适合的质量。

2. 用户至上

在全面质量管理中，这是一个十分重要的指导思想。“用户至上”就是要树立以用户为中心，为用户服务的思想。要使产品质量和服务质量尽可能满足用户的要求。产品质量的好坏最终应以用户的满意程度为标准。这里，所谓用户是广义的，不仅指产品出厂后的直接用户，而且指在企业内部，下道工序是上道工序的用户。如混凝土工程，模板工程的质量直接影响混凝土浇筑这一下道关键工序的质量。每道工序的质量不仅影响下道工序质量，也会影响工程进度和费用。

3. 质量是设计、制造出来的，而不是检验出来的

在生产过程中，检验是重要的，它可以起到不允许不合格品出厂的把关作用，同时还可以将检验信息反馈到有关部门。但影响产品质量好坏的真正原因并不在检验，而主要在于设计和制造。设计质量是先天性的，在设计的时候就已经决定了质量的等级和水平；而制造只是实现设计质量，是符合性质的。二者不可偏废，都应重视。

4. 强调用数据说话

这就是要求在全面质量管理工作中具有科学的工作作风，在研究问题时不能满足于一知半解和表面，对问题不仅有定性分析还尽量有定量分析，做到心中有“数”，这样才可以避免主观盲目性。

在全面质量管理中广泛地采用了各种统计方法和工具，其中用得最多的有“七种工具”，即因果图、排列图、直方图、相关图、控制图、分层法和调查表。常用的数理统计方法有回归分析、方差分析、多元分析、实验分析、时间序列分析等。

5. 突出人的积极因素

从某种意义上讲，在开展质量管理活动过程中，人的因素是最积极、最重要的因素。与质量检验阶段和统计质量控制阶段相比较，全面质量管理阶段格外强调调动人的积极因素的重要性。这是因为现代化生产多为大规模系统，环节众多，联系密切复杂，远非单纯靠质量检验或统计方法就能奏效的。必须调动人的积极因素，加强质量意识，发挥人的主观能动性，以确保产品和服务的质量。全面质量管理的特点之一就是全体人员参加的管理。“质量第一，人人有责”。

要提高质量意识，调动人的积极因素，一靠教育，二靠规范，需要通过教育培训和考核，同时还要依靠有关质量的立法以及必要的行政手段等各种激励及处罚措施。

（四）全面质量管理的工作原则

1. 预防原则

在企业的质量管理工作中，要认真贯彻预防为主的原则，凡事要防患于未然。在产品制造阶段应该采用科学方法对生产过程进行控制，尽量把不合格品消灭在发生之前。

在产品的检验阶段，不论是对最终产品或是在制品，都要把质量信息及时反馈并认真处理。

2. 经济原则

全面质量管理强调质量，但无论质量保证的水平或预防不合格的深度都是没有止境的，必须考虑经济性，建立合理的经济界限，这就是所谓经济原则。因此，在产品设计制定质量标准时，在生产过程进行质量控制时，在选择质量检验方式为抽样检验或全数检验时等场合，都必须考虑其经济效益。

3. 协作原则

协作是大生产的必然要求。生产和管理分工越细，就越要求协作。一个具体单位的质量问题往往涉及许多部门，如无良好的协作是很难解决的。因此，强调协作是全面质量管理的一条重要原则，也反映了系统科学全局观点的要求。

4. 按照 PDCA 循环组织活动

PDCA 循环是质量体系活动所应遵循的科学工作程序，周而复始，内外嵌套，循环不已，以求质量不断提高。

第三节　工程质量统计与分析

一、质量数据

利用质量数据和统计分析方法进行项目质量控制，是控制工程质量的重要手段。通常，通过收集和整理质量数据，进行统计分析比较，找出生产过程的质量规律，判断工程产品质量状况，发现存在的质量问题，找出引起质量问题的原因，并及时采取措施，预防和纠正质量事故，使工程质量始终处于受控状态。

质量数据是用以描述工程质量特征性能的数据。它是进行质量控制的基础，没有质量数据，就不可能有现代化的科学的质量控制。

（一）质量数据的类型

质量数据按其自身特征，可分为计量值数据和计数值数据；按其收集目的可分为控制性数据和验收性数据。

1. 计量值数据

计量值数据是可以连续取值的连续型数据。如长度、质量、面积、标高等特征，一般都是可以用量测工具或仪器等量测，一般都带有小数。

2. 计数值数据

计数值数据是不连续的离散型数据。如不合格品数、不合格的构件数等，这些反映质量状况的数据是不能用量测器具来度量的，采用计数的办法，只能出现 0、1、2 等非负数的整数。

3. 控制性数据

控制性数据一般是以工序作为研究对象，是为分析、预测施工过程是否处于稳定状态，而定期随机地抽样检验获得的质量数据。

4. 验收性数据

验收性数据是以工程的最终实体内容为研究对象，以分析、判断其质量是否达到技术标准或用户的要求，而采取随机抽样检验而获取的质量数据。

（二）质量数据的波动及其原因

在工程施工过程中常可看到在相同的设备、原材料、工艺及操作人员条件下，生产的同一种产品的质量不同，反映在质量数据上，即具有波动性，其影响因素有偶然性因素和系统性因素两大类。偶然性因素引起的质量数据波动属于正常波动，偶然因素是无法或难以控制的因素，所造成的质量数据的波动量不大，没有倾向性，作用是随机的，工程质量只有偶然因素影响时，生产才处于稳定状态。由系统因素造成的质量数据波动属于异常波动，系统因素是可控制、易消除的因素，这类因素不经常发生，但具有明显的倾向性，对工程质量的影响较大。

质量控制的目的就是要找出出现异常波动的原因，即系统性因素是什么，并加以排除，使质量只受随机性因素的影响。

（三）质量数据的收集

质量数据的收集总的要求应当是随机地抽样，即整批数据中每一个数据都有被抽到的同样机会。常用的方法有随机法、系统抽样法、二次抽样法和分层抽样法。

（四）样本数据特征

为了进行统计分析和运用特征数据对质量进行控制，经常要使用许多统计特征数据。统计特征数据主要有均值、中位数、极值、极差、标准偏差、变异系数，其中均值、中位数表示数据集中的位置；极差、标准偏差、变异系数表示数据的波动情况，即分散程度。

二、质量控制的统计方法简介

通过对质量数据的收集、整理和统计分析，找出质量的变化规律和存在的质量问题，提出进一步的改进措施，这种运用数学工具进行质量控制的方法是所有涉及质量管理的

人员所必须掌握的，它可以使质量控制工作定量化和规范化。下面介绍几种在质量控制中常用的数学工具及方法。

（一）直方图法

1. 直方图的用途

直方图又称频率分布直方图，它们将产品质量频率的分布状态用直方图形来表示，根据直方图形的分布形状和与公差界限的距离来观察、探索质量分布规律，分析和判断整个生产过程是否正常。

利用直方图可以制定质量标准，确定公差范围，可以判明质量分布情况是否符合标准的要求。

2. 注意事项

第一，直方图属于静态的，不能反映质量的动态变化。

第二，画直方图时，数据不能太少，一般应大于 50 个数据，否则画出的直方图难以正确反映总体的分布状态。

第三，直方图出现异常时，应注意将收集的数据分层，然后画直方图。

第四，直方图呈正态分布时，可求平均值和标准差。

（二）排列图法

排列图法又称巴雷特法、主次排列图法，是分析影响质量主要问题的有效方法，将众多的因素进行排列，主要因素就一目了然。

排列图法是由一个横坐标、两个纵坐标、几个长方形和一条曲线组成的。左侧的纵坐标是频数或件数，右侧纵坐标是累计频率，横轴则是项目或因素，按项目频数大小顺序在横轴上自左而右画长方形，其高度为频数，再根据右侧的纵坐标，画出累计频率曲线，该曲线也称巴雷特曲线。

（三）因果分析图法

因果分析图也叫鱼刺图、树枝图，这是一种逐步深入研究和讨论质量问题的图示方法。在工程建设过程中，任何一种质量问题的产生，一般都是多种原因造成的，这些原因有大有小，把这些原因按照大小顺序分别用主干、大枝、中枝、小枝来表示，这样，就可一目了然地观察出导致质量问题的原因，并以此为据，制定相应对策。

（四）管理图法

管理图也称控制图，它是反映生产过程随时间变化而变化的质量动态，即反映生产过程中各个阶段质量波动状态的图形。管理图利用上下控制界限，将产品质量特性控制在正常波动范围内，一旦有异常反映，通过管理图就可以发现，并及时处理。

（五）相关图法

产品质量与影响质量的因素之间，常有一定的相互关系，但不一定是严格的函数关系，这种关系称为相关关系，可利用直角坐标系将两个变量之间的关系表达出来。相关图的形式有正相关、负相关、非线性相关和无相关。

第四节　工程质量事故的处理

工程建设项目不同于一般工业生产活动，其项目实施的一次性、生产组织特有的流动性、综合性、劳动的密集性、协作关系的复杂性和环境的影响，均导致建筑工程质量事故具有复杂性、严重性、可变性及多发性的特点，事故是很难完全避免的。因此，必须加强组织措施、经济措施和管理措施，严防事故发生，对发生的事故应调查清楚，按有关规定进行处理。

需要指出的是，不少事故开始时经常只被认为是一般的质量缺陷，容易被忽视。随着时间的推移，待认识到这些质量缺陷问题的严重性时，则往往处理困难，或难以补救，或导致建筑物失事。因此，除明显的不会有严重后果的缺陷外，对其他的质量问题，均应分析，进行必要处理，并做出处理意见。

一、工程事故的分类

凡水利水电工程在建设中或完工后，由于设计、施工、监理、材料、设备、工程管理和咨询等方面造成工程质量不符合规程、规范和合同要求的质量标准，影响工程的使用寿命或正常运行，一般需作补救措施或返工处理的，统称为工程质量事故。日常所说的事故大多指施工质量事故。

在水利水电工程中，按对工程的耐久性和正常使用的影响程度，检查和处理质量事故对工期影响时间的长短以及直接经济损失的大小，将质量事故分为一般质量事故、较大质量事故、重大质量事故和特大质量事故。

一般质量事故是指对工程造成一定经济损失，经处理后不影响正常使用，不影响工程使用寿命的事故。小于一般质量事故的统称为质量缺陷。

较大质量事故是指对工程造成较大经济损失或延误较短工期，经处理后不影响正常使用，但对工程使用寿命有较大影响的事故。

重大质量事故是指对工程造成重大经济损失或延误较长工期，经处理后不影响正常使用，但对工程使用寿命有较大影响的事故。

特大质量事故是指对工程造成特大经济损失或长时间延误工期，经处理后仍对工程正常使用和使用寿命有较大影响的事故。

《水利工程质量事故处理暂行规定》规定：一般质量事故，它的直接经济损失在 20 万 ~100 万元，事故处理的工期在一个月内，且不影响工程的正常使用与寿命。一般建筑工程对事故的分类略有不同，主要表现在经济损失大小之规定。

二、工程事故的处理方法

（一）事故发生的原因

工程质量事故发生的原因很多，最基本的还是人、机械、材料、工艺和环境几方面。一般可分直接原因和间接原因两类。

直接原因主要有人的行为不规范和材料、机械的不符合规定状态。如设计人员不按规范设计、监理人员不按规范进行监理，施工人员违反规程操作等，属于人的行为不规范；又如水泥、钢材等某些指标不合格，属于材料不符合规定状态。

间接原因是指质量事故发生地的环境条件，如施工管理混乱，质量检查监督失职，质量保证体系不健全等。间接原因往往导致直接原因的发生。

事故原因也可从工程建设的参建各方来寻查，业主、监理、设计、施工和材料、机械、设备供应商的某些行为或各种方法也会造成质量事故。

（二）事故处理的目的

工程质量事故分析与处理的目的主要是：正确分析事故原因，防止事故恶化；创造正常的施工条件；排除隐患，预防事故发生；总结经验教训，区分事故责任；采取有效的处理措施，尽量减少经济损失，保证工程质量。

（三）事故处理的原则

质量事故发生后，应坚持“三不放过”的原则，即事故原因不查清不放过，事故主要责任人和职工未受到教育不放过，补救措施不落实不放过。

发生质量事故，应立即向有关部门（业主、监理单位、设计单位和质量监督机构等）汇报，并提交事故报告。

由质量事故而造成的损失费用，坚持事故责任是谁由谁承担的原则。如责任在施工承包商，则事故分析与处理的一切费用由承包商自己负责；施工中事故责任不在承包商，则承包商可依据合同向业主提出索赔；若事故责任在设计或监理单位，应按照有关合同条款给予相关单位必要的经济处罚。构成犯罪的，移交司法机关处理。

（四）事故处理的程序和方法

1. 事故处理的程序

第一，下达工程施工暂停令；第二，组织调查事故；第三，事故原因分析；第四，事故处理与检查验收；第五，下达复工令。

2. 事故处理的方法

（1）修补

这种方法适用于通过修补可以不影响工程的外观和正常使用的质量事故，此类事故是施工中多发的。

（2）返工

这类事故严重违反规范或标准，影响工程使用和安全，且无法修补，必须返工。

有些工程质量问题，虽严重超过了规程、规范的要求，已具有质量事故的性质，但可针对工程的具体情况，通过分析论证，不需作专门处理，但要记录在案。如混凝土蜂窝、麻面等缺陷，可通过涂抹、打磨等方式处理；欠挖或模板问题使结构断面被削弱，经设计复核验算，仍能满足承载要求的，也可不作处理，但必须记录在案，并有设计和监理单位的鉴定意见。

第五节　工程质量评定与验收

一、工程质量评定

（一）质量评定的意义

工程质量评定是依据国家或部门统一制定的现行标准和方法，对照具体施工项目的质量结果，确定其质量等级的过程。水利水电工程按《水利水电工程施工质量检验与评定规程》执行。其意义在于统一评定标准和方法，正确反映工程的质量，使之具有可比性；同时也考核企业等级和技术水平，促进施工企业提高质量。

工程质量评定以单元工程质量评定为基础，其评定的先后次序是单元工程、分部工程和单位工程。

工程质量的评定在施工单位（承包商）自评的基础上，由建设（监理）单位复核，报政府质量监督机构核定。

（二）评定依据

第一，国家与水利水电部门有关行业规程、规范和技术标准。

第二，经批准的设计文件、施工图纸、设计修改通知、厂家提供的设备安装说明书及有关技术文件。

第三，工程合同采用的技术标准。

第四，工程试运行期间的试验及观测分析成果。

（三）评定标准

1. 单元工程质量评定标准

单元工程质量等级按《水利水电工程施工质量检验与评定规程》进行。当单元工程质量达不到合格标准时，必须及时处理，其质量等级按如下确定：

第一，全部返工重做的，可重新评定等级；

第二，经加固补强并经过鉴定能达到设计要求，其质量只能评定为合格；

第三，经鉴定达不到设计要求，但建设（监理）单位认为能基本满足安全和使用功能要求的，可不补强加固，或经补强加固后，改变外形尺寸或造成永久缺陷的，经建设（监理）单位认为能基本满足设计要求，其质量可按合格处理。

2. 分部工程质量评定标准

（1）分部工程质量合格的条件

第一，单元工程质量全部合格；

第二，中间产品质量及原材料质量全部合格，金属结构及启闭机制造质量合格，机电产品质量合格。

（2）分部工程优良的条件

第一，单元工程质量全部合格，其中有 50% 以上达到优良，主要单元工程、重要隐蔽工程及关键部位的单位工程质量优良，且未发生过质量事故；

第二，中间产品质量全部合格，其中混凝土拌和物质量达到优良，原材料质量、金属结构及启闭机制造质量合格，机电产品质量合格。

3. 工程质量评定标准

单位工程质量全部合格，工程质量可评为合格；如其中 50% 以上的单位工程优良，且主要建筑物单位工程质量优良，则工程质量可评优良。

二、工程质量验收

（一）概述

工程验收是在工程质量评定的基础上，依据一个既定的验收标准，采取一定的手段来检验工程产品的特性是否满足验收标准的过程。水利水电工程验收分为分部工程验收、阶段验收、单位工程验收和竣工验收。按照验收的性质，可分为投入使用验收和完工验收。工程验收的目的是：检查工程是否按照批准的设计进行建设；检查已完工程在设计、施工、设备制造安装等方面的质量，并对验收遗留问题提出处理要求；检查工程是否具备运行或进行下一阶段建设的条件；总结工程建设中的经验教训，并对工程做出评价；及时移交工程，尽早发挥投资效益。

工程验收的依据是：有关法律、规章和技术标准，主管部门有关文件，批准的设计文件及相应设计变更、修改文件，施工合同，监理签发的施工图纸和说明，设备技术说明书等。当工程具备验收条件时，应及时组织验收。未经验收或验收不合格的工程不得交付使用或进行后续工程施工。验收工作应相互衔接，不应重复进行。

工程进行验收时必须有质量评定意见，阶段验收和单位工程验收应有水利水电工程质量监督单位的工程质量评价意见；竣工验收必须有水利水电工程质量监督单位的工程质量评定报告，竣工验收委员会在其基础上鉴定工程质量等级。

（二）工程验收的主要工作

1. 分部工程验收

分部工程验收应具备的条件是该分部工程的所有单元工程已经完建且质量全部合格。分部工程验收的主要工作是：鉴定工程是否达到设计标准；按现行国家或行业技术标准，评定工程质量等级；对验收遗留问题提出处理意见。分部工程验收的图纸、资料和成果是竣工验收资料的组成部分。

2. 阶段验收

根据工程建设需要，当工程建设达到一定关键阶段（如基础处理完毕、截流、水库蓄水、机组启动、输水工程通水等）时，应进行阶段验收。阶段验收的主要工作是：检查已完工程的质量和形象面貌；检查在建工程建设情况；检查待建工程的计划安排和主要技术措施落实情况，以及是否具备施工条件；检查拟投入使用工程是否具备运用条件；对验收遗留问题提出处理要求。

3. 完工验收

完工验收应具备的条件是所有分部工程已经完建并验收合格。完工验收的主要工作是：检查工程是否按批准设计完成；检查工程质量，评定质量等级，对工程缺陷提出处理要求；对验收遗留问题提出处理要求；按照合同规定，施工单位向项目法人移交工程。

4. 竣工验收

工程在投入使用前必须通过竣工验收。竣工验收应在全部工程完建后3个月内进行。进行验收确有困难的，经工程验收主持单位同意，可以适当延长期限。竣工验收应具备以下条件：工程已按批准设计规定的内容全部建成；各单位工程能正常运行；历次验收所发现的问题已基本处理完毕；归档资料符合工程档案资料管理的有关规定；工程建设征地补偿及移民安置等问题已基本处理完毕，工程主要建筑物安全保护范围内的迁建和工程管理土地征用已经完成；工程投资已经全部到位；竣工决算已经完成并通过竣工审计。

竣工验收的主要工作：审查项目法人“工程建设管理工作报告”和初步验收工作组“初步验收工作报告”；检查工程建设和运行情况；协调处理有关问题；讨论并通过“竣工验收鉴定书”。

第十一章

水利工程施工进度控制

施工进度计划是工程项目施工时的时间规划，是在施工方案已经确定的基础上，对工程项目各组成部分的施工起止时间、施工顺序、衔接关系和总工期等做出的安排。在此基础上，可以编制劳动力计划、材料供应计划、成品及半成品计划、机械需用量及设备到货计划等。因此，施工进度计划是控制工期的有效工具。同时，它也是施工准备工作的基本依据，是施工组织设计的重要内容之一。

第一节 施工进度计划的作用和类型

一、施工进度计划的作用

施工进度计划具有以下作用：

第一，控制工程的施工进度，使之按期或提前竣工，并交付使用或投入运转。

第二，通过施工进度计划的安排，加强工程施工的计划性，使施工能均衡、连续、有节奏地进行。

第三，从施工顺序和施工进度等组织措施上保证工程质量和施工安全。

第四，合理使用建设资金、劳动力、材料和机械设备，达到多、快、好、省地进行工程建设的目的。

第五，确定各施工时段所需的各类资源的数量，为施工准备提供依据。

第六，施工进度计划是编制更细一层进度计划（如月、旬作业计划）的基础。

二、施工进度计划的类型

施工进度计划按编制对象的大小和范围不同可分为施工总进度计划、单项工程施工进度计划、单位工程施工进度计划、分部工程施工进度计划和施工作业计划。下面只对常见的几种进度计划作一概述。

（一）施工总进度计划

施工总进度计划是以整个水利水电枢纽工程为编制对象，拟定出其中各个单项工程和单位工程的施工顺序及建设进度，以及整个工程施工前的准备工作和完工后的结尾工作的项目与施工期限。因此，施工总进度计划属于轮廓性（或控制性）的进度计划，在施工过程中主要控制和协调各单项工程或单位工程的施工进度。

施工总进度计划的任务是：分析工程所在地区的自然条件、社会经济资源、影响施工质量与进度的关键因素，确定关键性工程的施工分期和施工程序，并协调安排其他工程的施工进度，使整个工程施工前后兼顾、互相衔接、均衡生产，从而最大限度地合理使用资金、劳动力、设备、材料，在保证工程质量和施工安全的前提下，按时或提前建成投产。

（二）单项工程施工进度计划

单项工程进度计划是以枢纽工程中的主要工程项目（如大坝、水电站等单项工程）为编制对象，并将单项工程划分成单位工程或分部、分项工程，拟定出其中各项目的施工顺序和建设进度以及相应的施工准备工作内容与施工期限。它以施工总进度计划为基础，要求进一步从施工程序、施工方法和技术供应等条件上，论证施工进度的合理性和可靠性，尽可能组织流水作业，并研究加快施工进度和降低工程成本的具体措施。反过来，又可根据单项工程进度计划对施工总进度计划进行局部微调或修正，并编制劳动力和各种物资的技术供应计划。

（三）单位工程施工进度计划

单位工程进度计划是以单位工程（如土坝的基础工程、防渗体工程、坝体填筑工程等）为编制对象，拟定出其中各分部、分项工程的施工顺序、建设进度以及相应的施工准备工作内容和施工期限。它以单项工程进度计划为基础进行编制，属于实施性进度计划。

（四）施工作业计划

施工作业计划是以某一施工作业过程（即分项工程）为编制对象，制定出该作业过程的施工起止日期以及相应的施工准备工作内容和施工期限。它是最具体的实施性进度计划。在施工过程中，为了加强计划管理工作，各施工作业班组都应在单位（单项）工程施工进度计划的要求下，编制出年度、季度或逐月（旬）的作业计划。

第二节 施工总进度计划的编制

施工总进度计划是项目工期控制的指挥棒，是项目实施的依据和向导。编制施工总进度计划必须遵循相关的原则，并准备翔实可靠的原始资料，按照一定的方法去编制。

一、施工总进度计划的编制原则

编制施工总进度计划应遵循以下原则：

认真贯彻执行党的方针政策、国家法令法规、上级主管部门对本工程建设的指示和要求。

加强与施工组织设计及其他各专业的密切联系，统筹考虑，以关键性工程的施工分期和施工程序为主导，协调安排其他各单项工程的施工进度。同时，进行必要的多方案比较，从中选择最优方案。

在充分掌握及认真分析基本资料的基础上，尽可能采用先进的施工技术和设备，最大限度地组织均衡施工，力争全年施工，加快施工进度。同时，应做到实事求是，并留有余地，保证工程质量和施工安全。当施工情况发生变化时，要及时调整和落实施工总进度。

充分重视和合理安排准备工程的施工进度。在主体工程开工前，相应各项准备工作应基本完成，为主体工程开工和顺利进行创造条件。

对高坝、大库容的工程，应研究分期建设或分期蓄水的可能性，尽可能减少第一批机组投产前的工程投资。

二、施工总进度计划的编制方法

（一）基本资料的收集和分析

在编制施工总进度计划之前和编制过程中，要收集和不断完善编制施工总进度所需的基本资料。这些基本资料主要有：

第一，上级主管部门对工程建设的指示和要求，有关工程的合同协议。如设计任务书，工程开工、竣工、投产的顺序和日期，对施工承建方式和施工单位的意见，工程施工机械化程度、技术供应等方面的指示，国民经济各部门对施工期间防洪、灌溉、航运、供水等要求。

第二，设计文件和有关的法规、技术规范、标准。

第三，工程勘测和技术经济调查资料。如地形、水文、气象资料，工程地质与水文地质资料，当地建筑材料资料，工程所在地区和库区的工矿企业、矿产资源、水库淹没和移民安置等资料。

第四，工程规划设计和概预算方面的资料。如工程规划设计的文件和图纸、主管部门的投资分配和定额资料等。

第五，施工组织设计其他部分对施工进度的限制和要求。如施工场地情况、交通运输能力、资金到位情况、原材料及工程设备供应情况、劳动力供应情况、技术供应条件、施工导流与分期、施工方法与施工强度限制以及供水、供电、供风和通信情况等。

第六，施工单位施工技术与管理方面的资料、已建类似工程的经验及施工组织设计资料等。

第七，征地及移民搬迁安置情况。

第八，其他有关资料。如环境保护、文物保护和野生动物保护等。

收集了以上资料后，应着手对各部分资料进行分析和比较，找出控制进度的关键因素。尤其是施工导流与分期的划分，截流时段的确定，围堰挡水标准的拟定，大坝的施工程序及施工强度、加快施工进度的可能性，坝基开挖顺序及施工方法、基础处理方法和处理时间，各主要工程所采用的施工技术与施工方法、技术供应情况及各部分施工的衔接，现场布置与劳动力、设备、材料的供应与使用等。只有把这些基本情况搞清楚，并理顺它们之间的关系，才可能做出既符合客观实际又满足主管部门要求的施工总进度安排。

（二）施工总进度计划的编制步骤

1. 划分并列出工程项目

总进度计划的项目划分不宜过细。列项时，应根据施工部署中分期、分批开工的顺序和相互关联的密切程度依次进行，防止漏项，突出每一个系统的主要工程项目，分别列入工程名称栏内。对于一些次要的零星项目，则可合并到其他项目中去。例如河床中的水利水电工程，若按扩大单项工程列项，可以有准备工作、导流工程、拦河坝工程、溢洪道工程、引水工程、电站厂房、升压变电站、水库清理工程、结束工作等。

2. 计算工程量

工程量的计算一般应根据设计图纸、工程量计算规则及有关定额手册或资料进行。其数值的准确性直接关系到项目持续时间的误差，进而影响进度计划的准确性。当然，设计深度不同，工程量的计算（估算）精度也不一样。在有设计图的情况下，还要考虑工程性质、工程分期、施工顺序等因素，分别按土方、石方、混凝土、水上、水下、开挖、回填等不同情况，分别计算工程量。有时，为了分期、分层或分段组织施工的需要，应分别计算不同高程（如对大坝）、不同桩号（如对渠道）的工程量，做出累计曲线，以便分期、分段组织施工。计算工程量常采用列表的方式进行。工程量的计量单位要与使用的定额单位相吻合。

在没有设计图或设计图不全、不详时，可参照类似工程或通过概算指标估算工程量。

3. 分析确定项目之间的逻辑关系

项目之间的逻辑关系取决于工程项目的性质和轻重缓急、施工组织、施工技术等许多因素，概括说来分为两大类。

工艺关系，即由施工工艺决定的施工顺序关系。在作业内容、施工技术方案确定的情况下，这种工作逻辑关系是确定的，不得随意更改。如一般土建工程项目，应按照先地下后地上、先基础后结构、先土建后安装再调试、先主体后围护（或装饰）的原则安排施工顺序。现浇柱子的工艺顺序为：扎柱筋→支柱模→浇筑混凝土→养护和拆模。土坝坝面作业的工艺顺序为：铺土→平土→晾晒或洒水→压实→刨毛。它们在施工工艺上，都有必须遵循的逻辑顺序，违反这种顺序将付出额外的代价甚至造成巨大损失。

组织关系，即由施工组织安排决定的施工顺序关系。如工艺上没有明确规定先后顺序关系的工作，由于考虑到其他因素（如工期、质量、安全、资源限制、场地限制等）的影响而人为安排的施工顺序关系，均属此类。例如，由导流方案所形成的导流程序，决定了各控制环节所控制的工程项目，从而也就决定了这些项目的衔接顺序。再如，采用全段围堰隧洞导流的导流方案时，通常要求在截流以前完成隧洞施工、围堰进占、库区清理、截流备料等工作，由此形成了相应的衔接关系。又如，由于劳动力的调配、施工机械的转移、建筑材料的供应和分配、机电设备进场等原因，安排一些项目在先，另一些项目滞后，均属组织关系所决定的顺序关系。由组织关系所决定的衔接顺序，一般是可以改变的。只要改变相应的组织安排，有关项目的衔接顺序就会发生相应的变化。

项目之间的逻辑关系，是科学地安排施工进度的基础，应逐项研究，仔细确定。

4. 初拟施工总进度计划

通过对项目之间进行逻辑关系分析，掌握工程进度的特点，理清工程进度的脉络之后，就可以初步拟订出一个施工进度方案。在初拟进度时，一定要抓住关键，分清主次，理清关系，互相配合，合理安排。要特别注意把与洪水有关、受季节性限制较严、施工技术比较复杂的控制性工程的施工进度安排好。

对于堤坝式水利水电枢纽工程，其关键项目一般位于河床，故施工总进度的安排应以导流程序为主要线索。先将施工导流、围堰截流、基坑排水、坝基开挖、基础处理、施工度汛、坝体拦洪、下闸蓄水、机组安装和引水发电等关键性控制进度安排好，其中应包括相应的准备、结束工作和配套辅助工程的进度。这样，构成的总的轮廓进度即进度计划的骨架。然后，再配合安排不受水文条件控制的其他工程项目，形成整个枢纽工程的施工总进度计划草案。

需要注意的是，在初拟控制性进度计划时，对于围堰截流、拦洪度汛、蓄水发电等这样一些关键项目，一定要进行充分论证，并落实相关措施。否则，如果延误了截流时机，影响了发电计划，对工期的影响和造成国民经济的损失往往是非常巨大的。

对于引水式水利水电工程，有时引水建筑物的施工期限成为控制总进度的关键，此时总进度计划应以引水建筑物为主来进行安排，其他项目的施工进度要与之相适应。

5. 调整和优化

初拟进度计划形成以后，要配合施工组织设计其他部分的分析，对一些控制环节、关键项目的施工强度、资源需用量、投资过程等重大问题进行分析计算。若发现主要工程的施工强度过大或施工强度很不均衡（此时也必然引起资源使用的不均衡）时，就应进行调整和优化，使新的计划更加完善，更加切实可行。

必须强调的是，施工进度的调整和优化往往要反复进行，工作量大而枯燥。现阶段已普遍采用优化程序进行电算。

6. 编制正式施工总进度计划

经过调整优化后的施工进度计划，可以作为设计成果整理以后提交审核。施工进度计划的成果可以用横道进度表（又称横道图或甘特图）的形式表示，也可以用网络图（包括时标网络图）的形式表示。此外，还应提交有关主要工种工程施工强度、主要资源需用强度和投资费用动态过程等方面的成果。

第三节　网络进度计划

为适应生产的发展和满足科学研究工作的需要，20 世纪 50 年代中期出现了工程计划管理的新方法——网络计划技术。该技术采用网络图的形式表达各项工作的相互制约和相互依赖关系，故此得名。用它来编制进度计划，具有十分明显的优越性：各项工作之间的逻辑关系严密，主要矛盾突出，有利于计划的调整与优化和电子计算机的应用。目前，国内外对这一技术的研究和应用已经相当成熟，应用领域也越来越广。

网络图是由箭线（用一端带有箭头的实线或虚线表示）和节点（用圆圈表示）组成，用来表示一项工程或任务进行顺序的有向、有序的网状图形。在网络图上加注工作的时间参数，就形成了网络进度计划（一般简称网络计划）。

网络计划的形式主要有双代号与单代号两种。此外，还有时标网络与流水网络等。

一、双代号网络图

用一条箭线表示一项工作（或工序），在箭线首尾用节点编号表示该工作的开始和结束。其中，箭尾节点表示该工作开始，箭头节点表示该工作结束。根据施工顺序和相互关系，将一项计划的所有工作用上述符号从左至右绘制而成的网状图形，称为双代号网络图。用这种网络图表示的计划叫作双代号网络计划。

（一）双代号网络图的内容

双代号网络图是由箭线、节点和线路三个要素所组成的，现将其含义和特性分述如下：

1. 箭线

在双代号网络图中，一条箭线表示一项工作。需要注意的是，根据计划编制的粗细不同，工作所代表的内容、范围是不一样的，但任何工作（虚工作除外）都需要占用一定的时间，并消耗一定的资源（如劳动力、材料、机械设备等）。因此，凡是占用一定时间的施工活动，例如基础开挖、混凝土浇筑、混凝土养护等，都可以看成一项工作。

除表示工作的实箭线外，还有一种虚箭线。它表示一项虚工作，没有工作名称，不占用时间，也不消耗资源，其主要作用是在网络图中解决工作之间的连接或断开关系问题。

另外，箭线的长短并不表示工作持续时间的长短。箭线的方向表示施工过程的进行方向，绘图时应保持自左向右的总方向。

就工作而言，紧靠其前面的工作称为紧前工作，紧靠其后面的工作称为紧后工作，与之平行的工作称为平行工作，该工作本身则称为本工作。

2. 节点

网络图中表示工作开始、结束或连接关系的圆圈称为节点。节点仅为前后诸工作的交接之点，只是一个“瞬间”，它既不消耗时间，也不消耗资源。

网络图的第一个节点称为起点节点，它表示一项计划（或工程）的开始；最后一个节点称为终点节点，它表示一项计划（或工程）的结束；其他节点称为中间节点。任何一个中间节点既是其前面各项工作的结束节点，又是其后面各项工作的开始节点。因此，中间节点可反映施工的形象进度。

节点编号的顺序是：从起点节点开始，依次向终点节点进行。编号的原则是：每一条箭线的箭头节点编号必须大于箭尾节点编号，并且所有节点的编号不能重复出现。

3. 线路

在网络图中，顺箭线方向从起点节点到终点节点所经过的一系列箭线和节点组成的可通路径称为线路。一个网络图可能只有一条线路，也可能有多条线路，各条线路上所有工作持续时间的总和称为该条线路的计算工期。其中，工期最长的线路称为关键线路（即主要矛盾线），其余线路称为非关键线路。位于关键线路上的工作称为关键工作，位于非关键线路上的工作称为非关键工作。关键工作完成的快慢直接影响整个计划的总工期。关键工作在网络图上通常用粗箭线、双箭线或红色箭线表示。当然，在一个网络图上，有可能出现多条关键线路，它们的计算工期是相等的。

在网络图中，关键工作的比重不宜过大，这样才有助于工地指挥者集中力量抓好主要矛盾。

关键线路与非关键线路、关键工作与非关键工作，在一定条件下是可以相互转化的。例如，当采取了一定的技术组织措施，缩短了关键线路上有关工作的作业时间，或使其他非关键线路上有关工作的作业时间延长，就可能出现这种情况。

（二）绘制双代号网络图的基本规则

第一，网络图必须正确地反映各工序的逻辑关系，绘制网络图之前，要正确确定施工顺序，明确各工作之间的衔接关系，根据施工的先后次序逐步把代表各工作的箭线连接起来，绘制成网络图。

第二，一个网络图只允许有一个起点节点和一个终点节点，即除网络的起点和终点外，不得再出现没有外向箭线的节点，也不得再出现没有内向箭线的节点。如果一个网络图中出现多个起点或多个终点，此时可将没有内向箭线的节点全部并为一个节点，把没有外向箭线的节点也全部并为一个节点。

第三，网络图中不允许出现循环线路。在网络图中从某一节点出发，沿某条线路前进，最后又回到此节点，出现循环现象，就是循环线路，循环线路表示的逻辑关系是错误的，在工艺顺序上是相互矛盾的。

第四，网络图中不允许出现代号相同的箭线。网络图中每一条箭线都各有一个开始节点和结束节点的代号，号码不能完全重复。一项工作只能有唯一的代号。

第五，网络图中严禁出现没有箭尾节点的箭线和没有箭头节点的箭线。

第六，网络图中严禁出现双向箭头或无箭头的线段。因为网络图是一种单向图，施工活动是沿着箭头指引的方向去逐项完成的。因此，一条箭线只能有一个箭头，且不可能出现无箭头的线段。

第七，绘制网络图时，宜避免箭线交叉。当交叉不可避免时，可采用过桥法或断线法表示。

第八，如果要表明某工作完成一定程度后，后道工序要插入，可采用分段画法，不得从箭线中引出另一条箭线。

（三）双代号网络图绘制步骤

第一，根据已知的紧前工作，确定出紧后工作，并自左至右先画紧前工作，后画紧后工作。

第二，若没有相同的紧后工作或只有相同的紧后工作，则肯定没有虚箭线；若既有相同的紧后工作，又有不同的紧后工作，则肯定有虚箭线。

第三，到相同的紧后工作用虚箭线，到不同的紧后工作则无虚箭线。

二、单代号网络图

（一）单代号网络图的表示方法

单代号网络图也是由许多节点和箭线组成的，但是节点和箭线的意义与双代号有所不同。单代号网络图的一个节点代表一项工作，而箭线仅表示各项工作之间的逻辑关系。

因此，箭线既不占用时间，也不消耗资源。用这种表示方法，把一项计划的所有施工过程按其先后顺序和逻辑关系从左至右绘制成的网状图形，叫作单代号网络图。用这种网络图表示的计划叫单代号网络计划。

单代号网络图与双代号网络图相比，具有如下优点：工作之间的逻辑关系更为明确，容易表达，且没有虚工作；网络图绘制简单，便于检查、修改。因此，国内单代号网络图正得到越来越广泛的应用，而国外单代号网络图早已取代双代号网络图。

（二）单代号网络图的绘制规则

同双代号网络图一样，绘制单代号网络图也必须遵循一定的规则，这些基本规则主要有：

第一，网络图必须按照已定的逻辑关系绘制。

第二，不允许出现循环线路。

第三，工作代号不允许重复，一个代号只能代表唯一的工作。

第四，当有多项开始工作或多项结束工作时，应在网络图两端分别增加一虚拟的起点节点和终点节点。

第五，严禁出现双向箭头或无箭头的线段。

第六，严禁出现没有箭尾节点或箭头节点的箭线。

（三）单代号网络计划的时间参数计算

1. 计算工作的最早开始时间和最早完成时间

工作 i 的最早开始时间 T_i^{ES} 应从网络图的起点节点开始，顺着箭线方向依次逐个计算。起点节点的最早开始时间 T_i^{ES} 如无规定时，其值等于零，即

$$T_1^{\mathrm{ES}}=0$$

其他工作的最早开始时间等于该工作的紧前工作的最早完成时间的最大值，即

$$T_i^{\mathrm{ES}}=\max\left\{T_h^{\mathrm{EF}}\right\}=\max\left\{T_h^{\mathrm{ES}}+D_h\right\}$$

式中 T_h^{EF}——工作 i 的紧前工作 h 的最早完成时间；

T_h^{ES}——工作 i 的紧前工作 h 的最早开始时间；

D_h——工作 i 的紧前工作 h 的工作持续时间。

工作的最早完成时间 T_i^{EF} 等于工作的最早开始时间加该工作的持续时间，即

$$T_i^{\mathrm{EF}}=T_i^{\mathrm{ES}}+D_i$$

2. 计算网络计划计算工期 T_c

计算工期的公式为

$$T_c=T_n^{\mathrm{EF}}$$

式中 T_n^{EF}——终点节点 n 的最早完成时间。

3. 计算相邻两项工作之间的时间间隔

工作 i 到工作 j 之间的时间间隔 $T_{i,j}^{\mathrm{LAG}}$ 是工作 j 的最早开始时间与工作 i 的最早完成时间

的差值，其大小按下式计算：

$$T_{i,j}^{LA}=T_j^{ES}-T_i^{EF}$$

4. 计算工作最迟开始时间和工作最迟完成时间

工作的最迟完成时间应从网络图的终点节点开始，逆着箭线方向依次逐项计算。终点节点所代表的工作 n 的最迟完成时间 T_n^{LF}，应按网络计划的计划工期 T_p 或计算工期 T_c 确定，即

$$T_n^{LF}=T_p \text{ 或 } T_n^{LF}=T_c$$

工作的最迟完成时间等于该工作的紧后工作的最迟开始时间的最小值，即

$$T_i^{LF}=\min\left\{T_j^{LS}\right\}=\min\left\{T_j^{LF}-D_j\right\}$$

式中 T_j^{LS}——工作 i 的紧后工作 j 的最迟开始时间；

T_j^{LF}——工作 i 的紧后工作 j 的最迟完成时间；

D_j——工作 i 的紧后工作 j 的持续时间。

工作的最迟开始时间等于该工作的最迟完成时间减去工作持续时间，即

$$T_i^{LS}=T_i^{LF}-D_i$$

5. 计算工作的总时差

工作总时差应从网络图的终点节点开始，逆着箭线方向依次逐项计算。

终点节点所代表的工作 n 的总时差 F_n^T 为零，即

$$F_n^T=0$$

其他工作的总时差等于该工作与其紧后工作之间的时间间隔加该紧后工作的总时差所得之和的最小值，即

$$F_i^T=\min\left\{T_{i,j}^{LAG}+F_j^T\right\}$$

式中 F_j^T——工作 i 的紧后工作 j 的总时差。

当已知各项工作的最迟完成时间或最迟开始时间时，工作的总时差也可按下式计算：

$$F_i^T=T_i^{LS}-T_i^{FS}=T_i^{LF}-T_i^{EF}$$

6. 计算工作的自由时差

工作的自由时差等于该工作与其紧后工作之间的时间间隔的最小值或等于其紧后工作最早开始时间的最小值减去本工作的最早完成时间，即

$$F_i^F=\min\left\{T_j^{FS}-T_i^{EF}\right\}=\min\left\{T_j^{ES}-T_i^{FS}-D_i\right\}$$

寻找关键线路的方法有以下几种：

（1）凡是 T_i^{ES} 与 T_i^{LS} 相等（或 T_i^{EF} 与 T_i^{LF} 相等）的工作都是关键工作，把这些关键工作连接起来形成自始至终的线路就是关键线路。

（2）$T_{i,j}^{LAG}=0$，并且由始点至终点能连通的线路，就是关键线路。由终点向始点找比较方便，因为在非关键线路上也有 $T_{i,j}^{LAG}=0$ 的情况。

（3）工作总时差为零的关键工作连成的自始至终的线路，就是关键线路。

第十二章 施工项目安全与环境管理

施工安全与环境管理的目的是最大限度地保护生产者的人身健康和安全，控制影响工作环境内所有人员安全的条件和因素，避免人身伤亡，防止安全事故的发生。

第一节 安全与环境管理体系建立

一、安全管理机构的建立

不论工程大小，必须建立安全管理的组织机构。

第一，成立以项目经理为首的安全生产施工领导小组，具体负责施工期间的安全工作。

第二，项目经理、技术负责人、各科负责人和生产工段的负责人等作为安全小组成员，共同负责安全工作。

第三，必须设立专门的安全管理机构，并配备安全管理负责人和专职安全管理人员。安全管理人员须经安全培训持证（A、B、C 证）上岗，专门负责施工过程中的工作安全。只要施工现场有施工作业人员，安全员就要上岗值班。在每个工序开工前，安全员要检查工程环境和设施情况，认定安全后方可进行工序施工。

第四，各技术及其他管理科室和施工段要设兼职安全员，负责本部门的安全生产预防和检查工作。各作业班组组长要兼本班组的安全检查员，具体负责本班组的安全检查。

第五，建立安全事故应急处置机构，可以由专职安全管理人员和项目经理等组成，实行施工总承包的，由总承包单位统一组织编制水利工程建设生产安全事故应急救援预案。工程总承包单位和分包单位按照应急救援预案，各自建立应急救援组织或者配备应急救援人员，配备救援器材、设备，并定期组织演练。

二、安全生产制度的落实

（一）安全教育培训制度

要树立全员安全意识，安全教育的要求如下：

第一，广泛开展安全生产的宣传教育，使全体员工真正认识到安全生产的重要性和必要性，掌握安全生产的基础知识，牢固树立“安全第一”的思想，自觉遵守安全生产的各项法规和规章制度。

第二，安全教育的主要内容有安全知识、安全技能、设备性能、操作规程、安全法规等。

第三，要建立经常性的安全教育考核制度。考核结果要记入员工人事档案。

第四，特殊工种，如电工、电焊工、架子工、司炉工、爆破工、机操工、起重工、机械司机、机动车辆司机等，除一般安全教育外，还要进行专业技能培训，经考试合格，取得资格后才能上岗工作。

第五，工程施工中采用新技术、新工艺、新设备，或人员调到新工作岗位时，也要进行安全教育和培训，否则不能上岗。

工程项目部应定期召开安全生产工作会议，总结前期工作，找出问题，布置落实后面工作，利用施工空闲时间进行安全生产工作培训。在培训工作中和其他安全工作会议上，安全小组领导成员要讲解安全工作的重要意义，学习安全知识，增强员工安全警觉意识，把安全工作落实在预防阶段。根据工程的具体特点把不安全的因素和相应措施方案装订成册，供全体员工学习和掌握。

（二）制订安全措施计划

对高空作业、地下暗挖作业等专业性强的作业，电器、起重等特殊工种的作业，应制定专项安全技术规程，并对管理人员和操作人员的安全作业资格和身体状况进行合格检查。

对结构复杂、施工难度大、专业性较强的工程项目，除制订总体安全保证计划外，还须制定单位工程和分部（分项）工程安全技术措施。

施工安全技术措施包括安全防护设施和安全预防措施，主要有防火、防毒、防爆、防洪、防尘、防雷击、防触电、防坍塌、防物体打击、防机械伤害、防起重机械滑落、防高空坠落、防交通事故、防寒、防暑、防疫、防环境污染等方面的措施。

（三）安全技术交底制度

对构件和设备吊装、爆破、高空作业、拆除、上下交叉作业、夜间作业、疲劳作业、带电作业、汛期施工、地下施工、脚手架搭设拆除等重要安全环节，必须在开工前进行技术交底、安全交底、联合检查后，确认安全，方可开工。基本要求如下：

第一，实行逐级安全技术交底制度，从上到下，直到全体作业人员；

第二，安全技术交底工作必须具体、明确、有针对性；

第三，交底的内容要针对分部（分项）工程施工中给作业人员带来的潜在危害；

第四，应优先采用新的安全技术措施；

第五，应将施工方法、施工程序、安全技术措施等优先向工段长、班级组长进行详细交底。定期向多个工种交叉施工或多个作业队同时施工的作业队进行书面交底，并保持书面安全技术交底的签字记录。

交底的主要内容有工程施工项目作业特点和危险点、针对各危险点的具体措施、应注意的安全事项、对应的安全操作规程和标准，以及发生事故应及时采取的应急措施。

（四）安全警示标志设置

施工单位在施工现场大门口应设置“五牌一图”，即工程概况牌、管理人员名单及监督电话牌、消防保卫牌、安全生产牌、文明施工牌和施工现场平面图。还应设置安全警示标志，在不安全因素的部位设立警示牌，严格检查进场人员佩戴安全帽、高空作业佩戴安全带情况，严格持证上岗工作，风雨天禁止高空作业，遵守施工设备专人使用制度，严禁在场内乱拉用电线路，严禁非电工人员从事电工工作。

根据《安全色》标准，安全色是表达安全信息、含义的颜色，分为红、黄、蓝、绿四种颜色，分别表示禁止、警告、指令和指示。

根据《安全标志》标准，安全标志是表示特定信息的标志。由图形符号、安全色、几何图形（边框）或文字组成。安全标志分禁止标志、警告标志、指令标志和提示标志。

根据工程特点及施工的不同阶段，在危险部位有针对性地设置、悬挂明显的安全警示标志。危险部位主要是指施工现场入口处、施工起重机械、临时用电设施、脚手架、出入通道口、楼梯口、阳台口、电梯井口、桥梁口、隧道口、基坑边沿、爆破物及有害危险气体和液体存放处等。安全警示标志的类型、数量应当根据危险部位的性质不同设置。

安全警示标志设置和现场管理结合起来，同时进行，防止因管理不善产生安全隐患。工地防风、防雨、防火、防盗、防疾病等预防措施要健全，都要有专人负责，以确保各项措施及时落实到位。

（五）施工安全检查制度

施工安全检查的目的是消除安全隐患，违章操作、违反劳动纪律、违章指挥的“三违”制止，防止安全事故发生、改善劳动条件及提高员工的安全生产意识，是施工安全控制工作的一项重要内容。通过安全检查，可以发现工程中的危险因素，以便有计划地采取相应的措施，保证安全生产的顺利进行。项目的施工生产安全检查应由项目经理组织，定期进行。

1. 安全检查的类型

施工安全检查的类型分为日常性检查、专业性检查、季节性检查、节假日前后检查和不定期检查等。

（1）日常性检查

日常性检查是经常的、普遍的检查，一般每年进行 1~4 次。项目部、科室每月至少进行1次,施工班组每周、每班次都应进行检查,专职安全技术人员的日常性检查应有计划、有部位、有记录、有总结地周期性进行。

（2）专业性检查

专业性检查是指针对特种作业、特种设备、特殊场地进行的检查，如电焊、气焊、起重设备、运输车辆、锅炉压力容器、易燃易爆场所等，由专业检查人员进行检查。

（3）季节性检查

季节性检查是根据季节性的特点，为保障安全生产的特殊要求所进行的检查，如春季空气干燥、风大，重点检查防火、防爆；夏季多雨、雷电、高温，重点检查防暑、降温、防汛、防雷击、防触电；冬季检查防寒、防冻等。

（4）节假日前后检查

节假日前后检查是针对节假期间容易产生麻痹思想的特点而进行的安全检查，包括假前的综合检查和假后的遵章守纪检查等。

（5）不定期检查

不定期检查是指在工程开工前、停工前、施工中、竣工时、试运转时进行的安全检查。

2. 安全生产检查主要内容

安全生产检查的主要内容是做好以下“五查”。

（1）查思想

主要检查企业干部和员工对安全生产工作的认识。

（2）查管理

主要检查安全管理是否有效，包括安全生产责任制、安全技术措施计划、安全组织机构、安全保证措施、安全技术交底、安全教育、持证上岗、安全设施、安全标志、操作规程、违规行为及安全记录等。

（3）查隐患

主要检查作业现场是否符合安全生产的要求，是否存在不安全因素。

（4）查事故

查明安全事故的原因、明确责任、对责任人做出处理，明确落实整改措施等要求。另外，检查对伤亡事故是否及时报告、认真调查、严肃处理等。

（5）查整改

主要检查对过去提出的问题的整改情况。

（六）安全生产考核制度

实行安全问题一票否决制、安全生产互相监督制，增强自检、自查意识，开展科室、班组经验交流和安全教育活动。

三、水利工程施工安全生产管理

《水利工程建设安全生产管理规定》按施工单位、施工单位的相关人员以及施工作业人员等三个方面，从保证安全生产应当具有的基本条件出发，对施工单位的资质等级、机构设置、投标报价、安全责任，施工单位有关负责人的安全责任以及施工作业人员的安全责任等做出了具体规定，主要有：

第一，施工单位从事水利工程的新建、扩建、改建、加固和拆除等活动，应当具备国家规定的注册资本、专业技术人员、技术装备和安全生产等条件，依法取得相应等级的资质证书，并在其资质等级许可的范围内承揽工程。

第二，施工单位依法取得安全生产许可证后，方可从事水利工程施工活动。

第三，施工单位主要负责人依法对本单位的安全生产工作全面负责。施工单位应当建立健全安全生产责任制度和安全生产教育培训制度，制定安全生产规章制度和操作规程，做好安全检查记录制度，对所承担的水利工程进行定期和专项安全检查，制定事故报告处理制度，保证本单位建立和完善安全生产条件所需资金的投入。

第四，施工单位的项目负责人应当由取得相应执业资格的人员担任，对水利工程建设项目的安全施工负责，落实安全生产责任制度、安全生产规章制度和操作规程，确保安全生产费用的有效使用，并根据工程的特点组织制定安全施工措施消除安全事故隐患，及时、如实报告生产安全事故。

第五，施工单位在工程报价中应当包含工程施工的安全作业环境及安全施工措施所需费用。对列入建设工程概算的上述费用，应当用于施工安全防护用具及设施的采购和更新、安全施工措施的落实、安全生产条件的改善，不得挪作他用。

第六，施工单位应当设立安全生产管理机构，按照国家有关规定配备专职安全生产管理人员。施工现场必须有专职安全生产管理人员。

专职安全生产管理人员负责对安全生产进行现场监督检查，发现生产安全事故隐患，应当及时向项目负责人和安全生产管理机构报告；对违章指挥、违章操作的，应当立即制止。

第七，施工单位在建设有度汛要求的水利工程时，应当根据项目法人编制的工程度汛方案、措施制订相应的度汛方案，报项目法人批准；涉及防汛调度或者影响其他工程、设施度汛安全的，由项目法人报有管辖权的防汛指挥机构批准。

第八，垂直运输机械作业人员、安装拆卸工、爆破作业人员、起重信号工、登高架设作业人员等特种作业人员，必须按照国家有关规定经过专门的安全作业培训，并取得特种作业操作资格证书后，方可上岗作业。

第九，施工单位应当在施工组织设计中编制安全技术措施和施工现场临时用电方案，对基坑支护与降水工程，土方和石方开挖工程，模板工程，起重吊装工程，脚手架工程，拆除、爆破工程，围堰工程，达到一定规模的危险性较大的工程应当编制专项施工方案，并附具安全验算结果，经施工单位技术负责人签字以及总监理工程师核签后实施，由专职安全生产管理人员进行现场监督。对所列工程中涉及高边坡、深基坑、地下暗挖工程、高大模板工程的专项施工方案，施工单位还应当组织专家进行论证、审查（其中1/2专家应经项目法人认定）。

第十，施工单位在使用施工起重机械和整体提升脚手架、模板等自升式架设设施前，应当组织有关单位进行验收，也可以委托具有相应资质的检验检测机构进行验收；使用承租的机械设备和施工机具及配件的，由施工总承包单位、分包单位、出租单位和安装单位共同进行验收。验收合格的方可使用。

第十一，施工单位的主要负责人、项目负责人、专职安全生产管理人员应当经水行政主管部门安全生产考核合格后方可任职。

施工单位应当对管理人员和作业人员每年至少进行一次安全生产教育培训，其教育培训情况记入个人工作档案。安全生产教育培训考核不合格的人员，不得上岗。

施工单位在采用新技术、新工艺、新设备、新材料时，应当对作业人员进行相应的安全生产教育培训。

第二节 水利工程生产安全事故的应急救援和调查处理

我国《安全生产法》规定：县级以上地方各级人民政府应当组织有关部门制订本行政区域内特大生产安全事故应急救援预案，建立应急救援体系。危险物品的生产、经营、储存单位以及矿山、建筑施工单位应当建立应急救援组织；生产经营规模较小，可以不建立应急救援组织的，应当指定兼职的应急救援人员。

《建设工程安全生产管理条例》规定：县级以上地方人民政府建设行政主管部门应当根据本级人民政府的要求，制订本行政区域内建设工程特大生产安全事故应急救援预案。施工单位应当制订本单位生产安全事故应急救援预案，建立应急救援组织或者配备应急救援人员，配备必要的应急救援器材、设备，并定期组织演练。

一、安全生产应急救援的要求

《水利工程建设安全生产管理规定》有关水利工程建设安全生产应急救援的要求主要有：

第一，各级地方人民政府水行政主管部门应当根据本级人民政府的要求，制订本行政区域内水利工程建设特大生产安全事故应急救援预案，并报上一级人民政府水行政主管部门备案。流域管理机构应当编制所管辖的水利工程建设特大生产安全事故应急救援预案，并报水利部备案。

第二，项目法人应当组织制订本建设项目的生产安全事故应急救援预案，并定期组织演练。应急救援预案应当包括紧急救援的组织机构、人员配备、物资准备、人员财产救援措施、事故分析与报告等方面的方案。

第三，施工单位应当根据水利工程施工的特点和范围，对施工现场易发生重大事故的部位、环节进行监控，制订施工现场生产安全事故应急救援预案。

二、安全事故的调查处理

（一）国务院规定关于安全事故的划分

《生产安全事故报告和调查处理条例》经国务院第 172 次常务会议通过，自 2007 年 6 月 1 日起施行。《生产安全事故报告和调查处理条例》第三条规定，根据生产安全事故（简称事故）造成的人员伤亡或者直接经济损失，事故一般分为以下等级：

1. 特别重大事故

是指造成 30 人以上死亡，或者 100 人以上重伤（包括急性工业中毒，下同），或者 1 亿元以上直接经济损失的事故。

2. 重大事故

是指造成 10 人以上 30 人以下死亡，或者 50 人以上 100 人以下重伤，或者 5000 万元以上 1 亿元以下直接经济损失的事故。

3. 较大事故

是指造成 3 人以上 10 人以下死亡，或者 10 人以上 50 人以下重伤，或者 1000 万元以上 5000 万元以下直接经济损失的事故。

4. 一般事故

是指造成3人以下死亡，或者10人以下重伤，或者1000万元以下直接经济损失的事故。

国务院安全生产监督管理部门可以会同国务院有关部门，制定事故等级划分的补充性规定。

（二）水利部应急预案安全事故分级

根据水利部《水利工程建设重大质量与安全事故应急预案》的规定，分级响应按事故的严重程度和影响范围，将水利工程建设质量与安全事故分为Ⅰ、Ⅱ、Ⅲ、Ⅳ四级次对应相应事故等级，采取Ⅰ级、Ⅱ级、Ⅲ级、Ⅳ级应急响应行动。

1. Ⅰ级（特别重大质量与安全事故）

已经或者可能导致死亡（含失踪）30 人以上（含本数，下同），或重伤（中毒）100 人以上，或需要紧急转移安置 10 万人以上，或直接经济损失 1 亿元以上的事故。

2. Ⅱ级（特大质量与安全事故）

已经或者可能导致死亡（含失踪）10 人以上、30 人以下（不含本数，下同），或重伤（中毒）50 人以上、100 人以下，或需要紧急转移安置 1 万人以上、10 万人以下，或直接经济损失 5000 万元以上、1 亿元以下的事故。

3. Ⅲ级（重大质量与安全事故）

已经或者可能导致死亡（含失踪）3 人以上、10 人以下，或重伤（中毒）30 人以上、50 人以下，或直接经济损失 1000 万元以上、5000 万元以下的事故。

4. Ⅳ级（较大质量与安全事故）

已经或者可能导致死亡（含失踪）3 人以下，或重伤（中毒）30 人以下，或直接经济损失 1000 万元以下的事故

根据国家有关规定和水利工程建设实际情况，事故分级将适时做出调整。

（三）水利工程安全事故报告制度

1. 施工报告的程序

施工单位发生生产安全事故，应当按照国家有关伤亡事故报告和调查处理的规定，及时、如实地向负责安全生产监督管理的部门以及水行政主管部门或者流域管理机构报告；特种设备发生事故的，还应当同时向特种设备安全监督管理部门报告。接到报告的部门应当按照国家有关规定，如实上报实行施工总承包的建设工程，由总承包单位负责上报事故。发生生产安全事故，项目法人及其他有关单位应当及时、如实地向负责安全生产监督管理的部门以及水行政主管部门或者流域管理机构报告。

发生生产安全事故后，有关单位应当采取措施防止事故扩大，保护事故现场，需要移动现场物品时，应当做出标记和书面记录，妥善保管有关证物。

水利工程建设重大质量与安全事故发生后，事故现场有关人员应当立即报告本单位负责人。项目法人、施工等单位应当立即将事故情况按项目管理权限如实向流域机构或水行政主管部门和事故所在地人民政府报告，最迟不得超过 4 小时。流域机构或水行政主管部门接到事故报告后，应当立即报告上级水行政主管部门和水利部工程建设事故应急指挥部。水利工程建设过程中发生生产安全事故的，应当同时向事故所在地安全生产监督局报告；特种设备发生事故，应当同时向特种设备安全监督管理部门报告。接到报告的部门应当按照国家有关规定，如实上报。

报告的方式可先采用电话口头报告，随后递交正式书面报告。在法定工作日向水利部工程建设事故应急指挥部办公室报告，夜间和节假日向水利部总值班室报告，总值班室归口负责向国务院报告。

各级水行政主管部门接到水利工程建设重大质量与安全事故报告后,应当遵循“迅速、准确”的原则，立即逐级报告同级人民政府和上级水行政主管部门。

对于水利部直管的水利工程建设项目以及跨省（自治区、直辖市）的水利工程项目，在报告水利部的同时应当报告有关流域机构。

特别紧急的情况下，项目法人和施工单位以及各级水行政主管部门可直接向水利部报告。

2. 事故报告内容

（1）事故发生后及时报告的内容

第一,发生事故的工程名称、地点、建设规模和工期,事故发生的时间、地点、简要经过、事故类别和等级、人员伤亡及直接经济损失初步估算。

第二,有关项目法人、施工单位、主管部门名称及负责人联系电话,施工等单位的名称、资质等级。

第三，事故报告的单位、报告签发人及报告时间和联系电话等。

（2）根据事故处置情况及时续报的内容

第一，有关项目法人、勘察、设计、施工、监理等工程参建单位名称、资质等级情况，单位以及项目负责人的姓名以及相关执业资格。

第二，事故原因分析。

第三，事故发生后采取的应急处置措施及事故控制情况。

第四，抢险交通道路可使用情况。

第五，其他需要报告的有关事项等。

各级应急指挥部应当明确专人对组织、协调应急行动的情况进行详细记录。

3. 安全事故处理

安全事故处理坚持以下四原则：

第一，事故原因不清楚不放过。

第二，事故责任者和员工没受教育不放过。

第三，事故责任者没受处理不放过。

第四，没有制定防范措施不放过。

水利工程建设生产安全事故的调查、对事故责任单位和责任人的处罚与处理，按照有关法律、法规的规定执行。

三、突发安全事故应急预案

为提高应对水利工程建设重大质量与安全事故能力，做好水利工程建设重大质量与安全事故应急处置工作，有效预防、及时控制和消除水利工程建设重大质量与安全事故的危害，最大限度减少人员伤亡和财产损失，保证工程建设质量与施工安全以及水利工程建设顺利进行，根据我国《安全生产法》《国家突发公共事件总体应急预案》和《水利工程建设安全生产管理规定》等法律、法规和有关规定，结合水利工程建设实际，水利部制订了《水利工程建设重大质量与安全事故应急预案》。

（一）应急预案分类

根据国务院第 79 次常务会议通过的《国家突发公共事件总体应急预案》，按照不同的责任主体，国家突发公共事件应急预案体系设计为国家总体应急预案、专项应急预案、部门应急预案、地方应急预案、企事业单位应急预案五个层次。

《水利工程建设重大质量与安全事故应急预案》属于部门预案，是关于事故灾难的应急预案。《水利工程建设重大质量与安全事故应急预案》适用于水利工程建设过程中突然发生且已经造成或者可能造成重大人员伤亡、重大财产损失，有重大社会影响或涉及公共安全的重大质量与安全事故的应急处置工作。按照水利工程建设质量与安全事故发生的过程、性质和机理，水利工程建设重大质量与安全事故主要包括：

第一，施工中土石方塌方和结构坍塌安全事故；第二，特种设备或施工机械安全事故；第三，施工围堰坍塌安全事故；第四，施工爆破安全事故；第五，施工场地内道路交通安全事故；第六，施工中发生的各种重大质量事故；第七，其他原因造成的水利工程建设重大质量与安全事故

水利工程建设中发生的自然灾害（如洪水、地震等）、公共卫生事件、社会安全等事件，依照国家和地方相应应急预案执行。

应急工作应当遵循“以人为本，安全第一；分级管理、分级负责；属地为主，条块结合；集中领导、统一指挥；信息准确、运转高效；预防为主，平战结合”的原则。

（二）应急组织指挥体系

水利工程建设重大质量与安全事故应急组织指挥体系由水利部及流域机构、各级水行政主管部门的水利工程建设重大质量与安全事故应急指挥部、地方各级人民政府、水利工程建设项目法人以及施工等工程参建单位的质量与安全事故应急指挥部组成水利工程建设重大质量与安全事故应急组织指挥体系中：

第一，水利部设立水利工程建设重大质量与安全事故应急指挥部，水利部工程建设事故应急指挥部在水利部安全生产领导小组的领导下开展工作。

第二，水利部工程建设事故应急指挥部下设办公室，作为其日常办事机构。水利部工程建设事故应急指挥部办公室设在水利部建设与管理司。

第三，水利部工程建设事故应急指挥部下设专家技术组、事故调查组等若干个工作组，各工作组在水利部工程建设事故应急指挥部的组织协调下，为事故应急救援和处置提供专业支援与技术支撑，开展具体的应急处置工作。

（三）安全事故应急处置指挥部与主要职责

1. 应急处置指挥部

在本级水行政主管部门的指导下，水利工程建设项目法人应当组织制订本工程项目建设质量与安全事故应急预案（水利工程项目建设质量与安全事故应急预案应当报工程所在地县级以上水行政主管部门以及项目法人的主管部门备案）。建立工程项目建设质量与安全事故应急处置指挥部。工程项目建设质量与安全事故应急处置指挥部的组成如下：

指挥：项目法人主要，负责人。

副指挥：工程各参建单位主要负责人。

成员：工程各参建单位有关人员。

2. 工程项目建设质量与安全事故应急处置指挥部的主要职责

第一，制订工程项目质量与安全事故应急预案（包括专项应急预案），明确工程各参建单位的责任，落实应急救援的具体措施。

第二，事故发生后，执行现场应急处置指挥机构的指令，及时报告并组织事故应急救援和处置，防止事故的扩大和后果的蔓延，尽力减少损失。

第三，及时向地方人民政府、地方安全生产监督管理部门和有关水行政主管部门应急指挥机构报告事故情况。

第四，配合工程所在地人民政府有关部门划定并控制事故现场的范围、实施必要的交通管制及其他强制性措施、组织人员和设备撤离危险区等。

第五，按照应急预案，做好与工程项目所在地有关应急救援机构和人员的联系沟通。

第六，配合有关水行政主管部门应急处置指挥机构及其他有关主管部门发布和通报有关信息。

第七，组织事故善后工作，配合事故调查、分析和处理。

第八，落实并定期检查应急救援器材、设备情况。

第九，组织应急预案的宣传、培训和演练。

第十，完成事故救援和处理的其他相关工作。

（四）施工质量与安全事故应急预案制订

承担水利工程施工的施工单位应当制订本单位施工质量与安全事故应急预案，建立应急救援组织或者配备应急救援人员，配备必要的应急救援器材、设备，并定期组织演练。水利工程施工企业应明确专人维护救援器材、设备等。在工程项目开工前，施工单位应当根据所承担的工程项目施工特点和范围，制订施工现场施工质量与安全事故应急预案，建立应急救援组织或配备应急救援人员并明确职责。在承包单位的统一组织下，工程施工分包单位（包括工程分包和劳务作业分包）应当按照施工现场施工质量与安全事故应急预案，建立应急救援组织或配备应急救援人员并明确职责。施工单位的施工质量与安全事故应急预案、应急救援组织或配备的应急救援人员和职责应当与项目法人制订的水利工程项目建设质量与安全事故应急预案协调一致，并将应急预案报项目法人备案。

（五）预警预防行动

施工单位应当根据建设工程的施工特点和范围，加强对施工现场易发生重大事故的部位、环节进行监控，配备救援器材、设备，并定期组织演练。对可能导致重大质量与安全事故后果的险情，项目法人和施工等知情单位应当按项目管理权限立即报告流域机构或水行政主管部门和工程所在地人民政府，必要时可越级上报至水利部工程建设事故应急指挥部办公室；对可能造成重大洪水灾害的险情，项目法人和施工单位等知情单位应当立即报告所在地防汛指挥部，必要时可越级上报至国家防汛抗旱总指挥部办公室。项目法人、各级水行政主管部门接到能导致水利工程建设重大质量与安全事故的信息后，及时确定应对方案，通知有关部门、单位采取相应行动预防事故发生，并按照预案做好应急准备。

（六）事故现场指挥协调和紧急处置

第一，水利工程建设发生质量与安全事故后，在工程所在地人民政府的统一领导下，迅速成立事故现场应急处置指挥机构负责统一领导、统一指挥、统一协调事故应急救援工作。事故现场应急处置指挥机构由到达现场的各级应急指挥部和项目法人、施工等工程参建单位组成。

第二，水利工程建设发生重大质量与安全事故后，项目法人和施工等工程参建单位必须迅速、有效地实施先期处置，防止事故进一步扩大，并全力协助开展事故应急处置工作。

各级水行政主管部门要按照有关规定，及时组织有关部门和单位进行事故调查，认真吸取教训，总结经验，及时进行整改。重大质量与安全事故调查应当严格按照国家有关规定进行。其中，重大质量事故调查应当执行《水利工程质量事故处理暂行规定》的有关规定。

（七）应急保障措施

应急保障措施包括通信与信息保障、应急支援与装备保障、经费与物资保障。

1. 通信与信息保障

第一，各级应急指挥机构部门及人员通信方式应当报上一级应急指挥部备案，其中省级水行政主管部门以及国家重点建设项目的项目法人应急指挥部的通信方式报水利部和流域机构备案。通信方式发生变化的，应当及时通知水利部工程建设事故应急指挥部办公室以便及时更新。

第二，正常情况下，各级应急指挥机构和主要人员应当保持通信设备24小时正常畅通。

2. 应急支援与装备保障

（1）工程现场抢险及物资装备保障

第一，根据可能突发的重大质量与安全事故性质、特征、后果及其应急预案要求，项目法人应当组织工程有关施工单位配备适量应急机械、设备、器材等物资装备，以保障应急救援调用。

第二，重大质量与安全事故发生时，应当首先充分利用工程现场既有的应急机械、设备、器材。同时，在地方应急指挥部的调度下，动用工程所在地公安、消防、卫生等专业应急队伍和其他社会资源。

（2）应急队伍保障

各级应急指挥部应当组织好三支应急救援基本队伍：

第一，工程设施抢险队伍，由工程施工等参建单位的人员组成，负责事故现场的工程设施抢险和安全保障工作。

第二，专家咨询队伍，由从事科研、勘察、设计、施工、监理、质量监督、安全监督、质量检测等工作的技术人员组成，负责事故现场的工程设施安全性能评价与鉴定，研究应急方案，提出相应应急对策和意见，并负责从工程技术角度对已发事故还可能引起或产生的危险因素进行及时分析预测。

第三，应急管理队伍，由各级水行政主管部门的有关人员组成，负责接收同级人民政府和上级水行政主管部门的应急指令、组织各有关单位对水利工程建设重大质量与安全事故进行应急处置，并与有关部门进行协调和信息交换。

（3）经费与物资保障

经费与物资保障应当做到地方各级应急指挥部确保应急处置过程中的资金和物资供给。

（八）宣传、培训和演练

公众信息宣传交流应当做到：水利部应急预案及相关信息公布范围至流域机构、省级水行政主管部门。项目法人制订的应急预案应当公布至工程各参建单位及相关责任人，并向工程所在地人民政府及有关部门备案。

培训应当做到：

第一，水利部负责对各级水行政主管部门以及国家重点建设项目的项目法人应急指挥机构有关工作人员进行培训。

第二，项目法人应当组织水利工程建设各参建单位人员进行各类质量与安全事故及应急预案教育，对应急救援人员进行上岗前培训和常规性培训。培训工作应结合实际，采取多种形式，定期与不定期相结合，原则上每年至少组织一次。

（九）监督检查

水利部工程建设事故应急指挥部对流域机构、省级水行政主管部门应急指挥部实施应急预案进行指导和协调。按照水利工程建设管理事权划分，由水行政主管部门应急指挥部对项目法人以及工程项目施工单位应急预案进行监督检查，对工程各参建单位实施应急预案进行督促检查。

第三节　施工安全技术

《水利水电工程施工通用安全技术规程》《水利水电工程土建施工安全技术规程》《水利水电工程金属结构与机电设备安装安全技术规程》及《水利水电工程施工作业人员安全操作规程》，4个标准在内容上各有侧重、互为补充，形成一个相对完整的水利水电工程建筑安装安全技术标准体系。在处理解决具体问题时，4个标准应相互配套使用。

一、汛期安全技术

水利水电工程度汛是指从工程开工到竣工期间由围堰及未完成的大坝坝体拦洪或围堰过水及未完成的坝体过水，使永久建筑不受洪水威胁。施工度汛是保护跨年度施工的水利水电工程在施工期间安全度过汛期，而不遭受洪水损害的措施。此项工作由建设单位负责计划、组织、安排和统一领导。

建设单位应组织成立有施工、设计、监理等单位参加的工程防汛机构，负责工程安全度汛工作。应组织制订度汛方案及超标准洪水的度汛预案。建设单位应做好汛期水情预报工作，准确提供水文气象信息，预测洪峰流量及到来时间和过程，及时通告各单位。设计单位应于汛前提出工程度汛标准、工程形象面貌及度汛要求。

施工单位应按设计要求和现场施工情况制定度汛措施，报建设（监理）单位审批后成立防汛抢险队伍，配置足够的防汛抢险物质，随时做好防汛抢险的准备工作。

二、施工道路及交通

第一，施工生产区内机动车辆临时道路应符合道路纵坡不宜大于8%，进入基坑等特殊部位的个别短距离地段最大纵坡不得超过15%；道路最小转变半径不得小于15 m，路面宽度不得小于施工车辆宽度的1.5倍，且双车道路面宽度不宜窄于7.0 m，单车道不宜窄于4.0 m。单车道应在可视范围内设有会车位置等要求。

第二，施工现场临时性桥梁应根据桥梁的用途、承重载荷和相应技术规范进行设计修建，并符合宽度应不小于施工车辆最大宽度的1.5倍；人行道宽度应不小于1.0 m，并应设置防护栏杆等要求。

第三，施工现场架设临时性跨越沟槽的便桥和边坡栈桥应符合以下要求：①基础稳固、平坦、畅通；②人行便桥、栈桥宽度不得小于 1.2 m；③手推车便桥、栈桥宽度不得小于 1.5 m；④机动翻斗车便桥、栈桥，应根据荷载进行设计施工，其最小宽度不得小于 2.5 m；⑤设有防护栏杆。

第四，施工现场工作面、固定生产设备及设施处所等应设置人行通道，并符合宽度不小于 0.6 m 等要求。

三、工地消防

第一，根据施工生产防火安全的需要，合理布置消防通道和各种防火标志，消防通道应保持通畅，宽度不得小于 3.5m。

第二，闪点在 45℃以下的桶装、罐装易燃液体不得露天存放，存放处应有防护栅栏，通风良好。

第三，施工生产作业区与建筑物之间的防火安全距离应遵守下列规定：①用火作业区距所建的建筑物和其他区域不得小于 25 m；②仓库区、易燃可燃材料堆集场距所建的建筑物和其他区域不小于 20 m；③易燃品集中站距所建的建筑物和其他区域不小于 30 m。

第四，加油站、油库，应遵守下列规定：①独立建筑，与其他设施、建筑之间的防火安全距离应不小于 50 m；②周围应设有高度不低于 2.0 m 的围墙、栅栏；③库区内道路应为环形车道，路宽应不小于 3.5m，并设有专门消防通道，保持畅通；④罐体应装有呼吸阀、阻火器等防火安全装置；⑤应安装覆盖库（站）区的避雷装置，且应定期检测，其接地电阻不大于 10Ω ⑥罐体、管道应设防静电接地装置，接地网、线用 40 mm×4 mm 扁钢或如 ϕ10 圆钢埋设，且应定期检测，其接地电阻不大于 30Ω；⑦主要位置应设置醒目的禁火警示标志及安全防火规定标志；⑧应配备相应数量的泡沫、干粉灭火器和砂土等灭火器材；⑨应使用防爆型动力和照明电气设备；⑩库区内严禁一切火源、吸烟及使用手机；⑪工作人员应熟练使用灭火器材和掌握消防常识；⑫运输使用的油罐车应密封，并有防静电设施。

第五，木材加工厂（场、车间）应遵守下列规定：①独立建筑，与周围其他设施、建筑之间的安全防火距离不小于 20 m；②安全消防通道保持畅通；③原材料、半成品、成品堆放整齐有序，并留有足够的通道，保持畅通；④木屑、刨花、边角料等废弃物及时清除，严禁置留在场内，保持场内整洁；⑤设有 10 m^3 以上的消防水池、消火栓及相应数量的灭火器材；⑥作业场所内禁止使用明火和吸烟；⑦明显位置设置醒目的禁火警示标志及安全防火规定标志。

四、季节施工

昼夜平均气温低于5℃或最低气温低于-3℃时，应编制冬期施工作业计划，并应制定防寒、防毒、防滑、防冻、防火、防爆等安全措施。

五、施工排水

（一）基坑排水

土方开挖应注重边坡和坑槽开挖的施工排水。坡面开挖时，应根据土质情况，间隔一定高度设置戗台，台面横向应为反向排水坡，并在坡脚设置护脚和排水沟。

石方开挖工区施工排水应合理布置，选择适当的排水方法，并应符合以下要求：

第一，一般建筑物基坑(槽)的排水，采用明沟或明沟与集水井排水时，应在基坑周围，或在基坑中心位置设排水沟，每隔30~40 m设一个集水井，集水井应低于排水沟至少1 m左右，井壁应做临时加固措施。

第二，厂坝基坑（槽）深度较大，地下水位较高时，应在基坑边坡上设置2~3层明沟，进行分层抽排水。

第三，大面积施工场区排水时，应在场区适当位置布置纵向深沟作为干沟，干沟沟底应低于基坑1~2 m，使四周边沟、支沟与干沟连通将水排出。

第四，岸坡或基坑开挖应设置截水沟，截水沟距离坡顶安全距离不小于5 m；明沟距道路边坡距离应不小于1 m。

第五，工作面积水、渗水的排水，应设置临时集水坑，集水坑面积宜为2~3 m，深1~2 m，并安装移动式水泵排水。

第六，采用深井（管井）排水方法时，应符合以下要求：①管井水泵的选用应根据降水设计对管井的降深要求和排水量来选择，所选择水泵的出水量与扬程应大于设计值的20%~30%；②管井宜沿基坑或沟槽一侧或两侧布置，井位距基坑边缘的距离应不小于1.5 m，管埋置的间距应为15~20 m。

第七，采用井点排水方法时，应满足以下要求：①井点布置应选择合适方式及地点；②井点管距坑壁不得小于1.0~1.5 m，间距应为1.0~2.5 m；③滤管应埋在含水层内并较所挖基坑底低0.9~1.2 m；④集水总管标高宜接近地下水位线，且沿抽水水流方向有2‰~5‰的坡度。

（二）边坡工程排水

边坡工程排水应遵守下列规定：

第一，周边截水沟一般应在开挖前完成，截水沟深度及底宽不宜小于0.5 m，沟底纵坡不宜小于 0.5%；长度超过 500 m 时，宜设置纵排水沟、跌水或急流槽。

第二，急流槽与跌水，急流槽的纵坡不宜超过 1 ∶ 1.5；急流槽过长时宜分段，每段不宜超过 10 m；土质急流槽纵度较大时，应设多级跌水。

第三，边坡排水孔宜在边坡喷护之后施工，坡面上的排水孔宜上倾 10% 左右，孔深 3~10 m，排水管宜采用塑料花管。

第四，挡土墙宜设有排水设施，防止墙后积水形成静水压力，导致墙体坍塌。

第五，采用渗沟排除地下水措施时，渗沟顶部宜设封闭层，寒冷地区沟顶回填土层小于冻层厚度时，宜设保温层；渗沟施工应边开挖、边支撑、边回填，开挖深度超过 6 m 时，应采用框架支撑；渗沟每隔 30~50 m 或平面转折和坡度由陡变缓处宜设检查井。

（三）料场排水

土质料场的排水宜采取截、排结合，以截为主的排水措施对地表水宜在采料高程以上修截水沟加以拦截，对开采范围的地表水应挖纵横排水沟排出，立采料区可采用排水洞排水。

六、施工用电要求

施工单位应编制施工用电方案及安全技术措施从事电气作业的人员，应持证上岗；非电工及无证人员禁止从事电气作业从事电气安装、维修作业的人员应掌握安全用电基本知识和所用设备的性能，按规定穿戴和配备好相应的劳动防护用品，定期进行体检。

（一）安全用电距离

旋转臂架式起重机的任何部位或被吊物边缘与 10 kV 以下的架空线路边线最小水平距离不得小于 2 m。

施工现场开挖非热管道沟槽的边缘与埋地外电缆沟槽边缘之间的距离不得小于0.5m。

对达不到规定的最小距离的部位，应采取停电作业或增设屏障、遮栏、围栏、保护网等安全防护措施，并悬挂醒目的警示标志牌。

用电场所电气灭火应选择适用于电气的灭火器材，不得使用泡沫灭火器。

（二）现场临时变压器安装

施工用的 10 kV 及以下变压器装于地面时，应有 0.5 m 的高台，高台的周围应装设栅栏，其高度不低于 1.7 m，栅栏与变压器外廓的距离不得小于 1 m，杆上变压器安装的高度应不低于 2.5 m，并挂“止步、高压危险”的警示标志。变压器的引线应采用绝缘导线。

（三）施工照明

现场照明宜采用高光效、长寿命的照明光源，对需要大面积照明的场所，宜采用高压汞灯、高压钠灯或混光用的卤钨灯。照明器具的选择应遵守下列规定：

第一，正常湿度时，选用开启式照明器。

第二，潮湿或特别潮湿的场所，应选用密闭型防水防尘照明器或配有防水灯头的开启式照明器。

第三，含有大量尘埃但无爆炸和火灾危险的场所，应采用防尘型照明器。

第四，对有爆炸和火灾危险的场所，应按危险场所等级选择相应的防爆型照明器。

第五，在振动较大的场所，应选用防振型照明器。

第六，对有酸碱等强腐蚀的场所，应采用耐酸碱型照明器。

第七，照明器具和器材的质量均应符合有关标准、规范的规定，不得使用绝缘老化或破损的器具和器材。

第八，照明变压器应使用双绕组型，严禁使用自耦变压器。

一般场所宜选用额定电压为 220 V 的照明器，对特殊场所地下工程，有高温、导电灰尘，且灯具离地面高度低于 2.5 m 等场所的照明，电源电压应不大于 36 V；地下工程作业、夜间施工或自然采光差等场所，应设一般照明、局部照明或混合照明，并应装设自备电源的应急照明在潮湿和易触及带电体场所的照明电源电压不得大于 24 V；在特别潮湿的场所、导电良好的地面、锅炉或金属容器内工作的照明电源电压不得大于 12 V。

行灯电源电压不超过 36 V；灯体与手柄连接坚固、绝缘良好并耐热耐潮湿；灯头与灯体结合牢固，灯头无开关；灯泡外部有金属保护网；金属网、反光罩、悬吊挂钩固定在灯具的绝缘部位上。

七、高处作业

（一）高处作业分类

凡在坠落高度基准面 2 m 和 2 m 以上有可能坠落的高处进行作业，均称为高处作业。高处作业的种类分为一般高处作业和特殊高处作业两种。

一般高处作业是指特殊高处作业以外的高处作业。高处作业的级别：高度在 2~5 m 时，称为一级高处作业；高度在 5~15 m 时，称为二级高处作业；高度在 15~30 m 时，称为三级高处作业；高度在 30 m 以上时，称为特级高处作业。

特殊高处作业分为以下几个类别：强风高处作业、异温高处作业、雪天高处作业、雨天高处作业、夜间高处作业、带电高处作业、悬空高处作业、抢救高处作业。

（二）安全防护措施

进行三级、特级、悬空高处作业时，应事先制定专项安全技术措施。施工前，应向所有施工人员进行技术交底。

高处作业下方或附近有煤气、烟尘及其他有害气体，应采取排除或隔离等措施，否则不得施工。在坝顶、陡坡、屋顶、悬崖、杆塔、吊桥、脚手架以及其他危险边沿进行悬空高处作业时，临空面应搭设安全网或防护栏杆。

高处作业前，应检查排架、脚手板、通道、马道、梯子和防护设施，符合安全要求方可作业。高处作业使用的脚手架平台，应铺设固定脚手板，临空边缘应设高度不低于1.2 m的防护栏杆。安全网应随着建筑物的升高而提高，安全网距离工作面的最大高度不超过3m。安全网搭设外侧比内侧高 0.5 m，长面拉直拴牢在固定的架子或固定环上。

在 2 m 以下高度进行工作时，可使用牢固的梯子、高凳或设置临时小平台，禁止站在不牢固的物件（如箱子、铁桶、砖堆等物）上进行工作。

从事高处作业时，作业人员应系安全带。高处作业的下方，应设置警戒线或隔离防护棚等安全措施。特殊高处作业，应有专人监护，并有与地面联系信号或可靠的通信装置。遇有六级及以上的大风，禁止从事高处作业。

上下脚手架、攀登高层构筑物，应走斜马道或梯子，不得沿绳、立杆或栏杆攀爬。

高处作业时，不得坐在平台、孔洞、井口边缘，不得骑坐在脚手架栏杆、躺在脚手板上或安全网内休息，不得站在栏杆外的探头板上工作和凭借栏杆起吊物件。

在石棉瓦、木板条等轻型或简易结构上施工及进行修补、拆装作业时，应采取可靠的防止滑倒、踩空或因材料折断而坠落的防护措施。

高处作业周围的沟道、孔洞井口等，应用固定盖板盖牢或设围栏。

（三）常用安全工具

安全帽、安全带、安全网等施工生产使用的安全防护用具，应符合国家规定的质量标准，具有厂家安全生产许可证、产品合格证和安全鉴定合格证书，否则不得采购、发放和使用。

高处临空作业应按规定架设安全网，作业人员使用的安全带，应挂在牢固的物体或可靠的安全绳上，安全带严禁低挂高用。拴安全带用的安全绳不宜超过 3 m。

在有毒有害气体可能泄漏的作业场所，应配置必要的防毒护具，以备急用，并及时检查维修更换，保证其处在良好的待用状态。

电气操作人员应根据工作条件选用适当的安全电工用具和防护用品，电工用具应符合安全技术标准并定期检查，凡不符合技术标准要求的绝缘安全用具、登高作业安全工具、携带式电压和电流指示器，以及检修中的临时接地线等，均不得使用。

八、工程爆破安全技术

（一）爆破器材的运输

禁止用翻斗车、自卸汽车、拖车、机动三轮车、人力三轮车、摩托车和自行车等运输爆破器材。运输炸药雷管时，装车高度要低于车厢 10 cm。车厢、船底应加软垫。雷管箱不许倒放或立放，层间也应垫软垫。气温低于 10℃运输易冻的硝化甘油炸药时，应采取防冻措施；气湿低于 -15℃运输难冻硝化甘油炸药时，也应采取防冻措施。汽车运输爆破器材，汽车的排气管宜设在车前下侧，并应设置防火罩装置。

水路运输爆破器材，停泊地点距岸上建筑物不得小于 250 m。汽车在视线良好的情况下行驶时，时速不得超过 20 km（工区内不得超过 15 km）；在弯多坡陡、路面狭窄的山区行驶，时速应保持在 5 km 以内。行车间距：平坦道路应大于 50m，上下坡应大于 300 m。

（二）爆破施工安全技术

1. 明挖爆破音响信号

（1）预告信号

间断鸣三次长声，即鸣 30 s、停，鸣 30 s、停，鸣 30 s。此时，现场停止作业，人员迅速撤离。

（2）准备信号

在预告信号 20 min 后发布，间断鸣一长、一短三次，即鸣 20 s、鸣 10 s、停，鸣 20 s、鸣 10 s、停，鸣 20 s、鸣 10 s。

（3）起爆信号

准备信号 10 min 后发出，连续三短声，即鸣 10 s、停，鸣 10 s、停，鸣 10 s。

（4）解除信号

应根据爆破器材的性质及爆破方式，确定炮响后到检查人员进入现场所需等待的时间。检查人员确认安全后，由爆破作业负责人通知警报方发出解除信号：一次长声，鸣 60 s。

在特殊情况下，如准备工作尚未结束，应由爆破负责人通知警报方拖后发布起爆信号，并用广播器通知现场全体人员。装药和堵塞应使用木、竹制作的炮棍。严禁使用金属棍棒装填。

地下相向开挖的两端在相距 30 m 以内时，装炮前应通知另一端暂停工作，退到安全地点。当相向开挖的两端相距 15 m 时，一端应停止掘进，单头贯通，斜井相向开挖，除遵守上述规定外，并应对距贯通尚有 5 m 长地段自上端向下打通。

2. 起爆安全技术

（1）火花起爆应遵守的规定

火花起爆应遵守下列规定：

深孔、竖井、倾角大于 30° 的斜井、有瓦斯和粉尘爆炸危险等工作面的爆破，禁止采用火花起爆：炮孔的排距较密时，导火索的外露部分不得超过 10 m。以防止导火索互相交错而起火。一人连续单个点火的火炮，暗挖不得超过 5 个，明挖不得超过 10 个，并应在爆破负责人指挥下，做好分工及撤离工作。点燃导火索应使用香或专用点火工具，禁止使用火柴、香烟和打火机。

（2）电力起爆应遵守的规定

电力起爆应遵守下列规定：

同一爆破网路内的电雷管，电阻值应相同。康铜桥丝雷管的电阻极差不得超过 0.25 Ω，镍铬桥丝雷管的电阻极差不得超过 0.5 Ω。测量电阻只许使用经过检查的专用爆破测试仪表或线路电桥。严禁使用其他电气仪表进行量测。网路中的支线、区域线和母线彼此连接之前，各自的两端应短路、绝缘。装炮前，工作面一切电源应切除，照明至少设于距工作面 30 m 以外，只有确认炮区无漏电、感应电后，才可装炮。雷雨天严禁采用电爆网路：网路中全部导线应绝缘。有水时，导线应架空。各接头应用绝缘胶布包好，两条线的搭接口禁止重叠，至少应错开 0.1 m。供给每个电雷管的实际电流应大于准爆电流，具体要求是：

①直流电源

一般爆破不小于 2.5 A；对于洞室爆破或大规模爆破不小于 3 A；

②交流电源

一般爆破不小于 3 A；对于洞室爆破或大规模爆破不小于 4 A。

起爆开关箱钥匙应由专人保管，起爆之前不得打开起爆箱。通电后若发生拒爆，应立即切断母线电源，将母线两端拧在一起，锁上电源开关箱进行检查。进行检查的时间：对于即发电雷管，至少在 10 min 以后；对于延发电雷管，至少在 15 min 以后。

（3）导爆索起爆应遵守的规定

导爆索起爆应遵守下列规定：

导爆索只准用快刀切割，不得用剪刀剪断导爆索，支线要顺主线传爆方向连接，搭接长度不应少于 15 cm，支线与主线传爆方向的夹角应不大于 90° 。起爆导爆索的雷管，其聚能穴应朝向导爆索的传爆方向。导爆索交叉敷设时，应在两根交叉导爆索之间设置厚度不小于 10 cm 的木质垫板。导爆索不应出现断裂破皮、打结或打圈现象。

（4）导爆管起爆应遵守的规定

导爆管起爆应遵守下列规定：

用导爆管起爆时，应首先设计起爆网路，并进行传爆试验网路中所使用的连接元件应经检验合格，禁止导爆管打结，禁止在药包上缠绕网路的连接处应牢固，两元件应相距 2 m。敷设后，应严加保护，防止冲击或损坏，一个 8 号雷管起爆导爆管的数量不宜超过 40 根，层数不宜超过 3 层。只有确认网路连接正确，与爆破无关人员已经撤离，才准许接入引爆装置。

九、堤防工程施工安全技术

（一）堤防基础施工

第一，堤防地基开挖较深时，应制定防止边坡坍塌和滑坡的安全技术措施。对深基坑支护应进行专项设计，作业前应检查安全支撑和挡护设施是否良好，确认符合要求后，方可施工。

第二，当地下水位较高或在黏性土、湿陷性黄土上进行强夯作业时，应在表面铺设一层厚 50~200 cm 的砂、砂砾或碎石垫层，以保证强夯作业安全。

第三，强夯夯击时，应做好安全防范措施，现场施工人员应戴好安全防护用品。夯击时，所有人员应退到安全线以外，应对强夯周围建筑物进行监测，以指导强夯参数的调整。

第四，地基处理采用砂井排水固结法施工时，为加快堤基的排水固结，应在堤基上分级进行加载，加载时应加强现场监测，防止出现滑动破坏等失稳事故。

第五，软弱地基处理采用抛石挤淤法施工时，应经常对机械作业部位进行检查。

（二）防护工程施工

第一，人工抛石作业时，应按照计划制订的程序进行，严禁随意抛掷，以防意外事故发生。

第二，抛石所使用的设备应安全可靠、性能良好，严禁使用没有安全保险装置的机具进行作业。

第三，抛石护脚时，应注意石块体重心位置，严禁起吊有破裂、脱落、危险的石块体。起重设备回转时，严禁起重设备工作范围和抛石工作范围内进行其他作业和有人员停留。

第四，抛石护脚施工时除操作人员外，严禁有人停留。

（三）堤防加固施工

第一，砌石护坡加固，应在汛期前完成；当加固规模、范围较大时，可拆一段砌一段，但分段宜大于 50 m；垫层的接头处应确保施工质量，新、老砌体应结合牢固，连接平顺。确需汛期施工时，分段长度可根据水情预报情况及施工能力而定，防止意外事故发生。

第二，护坡石沿坡面运输时，使用的绳索、刹车等设施应满足负荷要求，牢固可靠，在吊运时不应超载，发现问题及时检修：垂直运送料具时，应有联系信号，专人指挥。

第三，堤防灌浆机械设备作业前应检查是否良好，安全设施防护用品是否齐全，警示标志设置是否标准，经检查确认符合要求后，方可施工。

（四）防汛抢险施工

堤防防汛抢险施工的抢护原则为前堵后导、强身固脚、减载平压、缓流消浪。施工中应遵守各项安全技术要求，不应违反程序作业。

第一，堤身漏洞险情的抢护应遵守下列规定：①堤身漏洞险情的抢护以“前截后导，临重于背”为原则。在抢护时，应在临水侧截断漏水来源，在背水侧漏洞出水口处采用反滤围井的方法，防止险情扩大。②堤身漏洞险情在临水侧抢护以人力施工为主时，应配备足够的安全设施，且由专人指挥和专人监护，确认安全可靠后，方可施工。③堤身漏洞险情在临水侧抢护以机械设备为主时，机械设备应靠站或行驶在安全或经加固可以确认为较安全的堤身上，防止因漏洞险情导致设备下陷、倾斜或失稳等其他安全事故。

第二，管涌险情的抢护宜在背水面，采取反滤导渗，控制涌水，给渗水以出路。以人力施工为主进行抢护时，应注意检查附近堤段水浸后变形情况，如有坍塌危险，应及时加固或采取其他安全有效的方法。

第三，当遭遇超标准洪水或有可能超过堤坝顶时，应迅速进行加高抢护，同时做好人员撤离安排，及时将人员、设备转移到安全地带。

第四，为削减波浪的冲击力，应在靠近堤坡的水面设置芦柴、柳枝、湖草和木料等材料的捆扎体，并设法锚定，防止被风浪水流冲走。

第五，当发生崩岸险情时，应抛投物料，如石块、石笼、混凝土多面体、土袋和柳石枕等，以稳定基础，防止崩岸进一步发展；应密切关注险情发展的动向，时刻检查附近堤身的变形情况，及时采取正确的处理措施，并向附近居民示警。

第六，堤防决口抢险应遵守下列规定：①当堤防决口时，除有关部门快速通知附近居民安全转移外，抢险施工人员应配备足够的安全救生设备；②堤防决口施工应在水面以上进行，并逐步创造静水闭气条件，确保人身安全；③当在决口抢筑裹头时，应在水浅流缓、土质较好的地带采取打桩、抛填大体积物料等安全裹护措施，防止裹头处突然坍塌将人员与设备冲走；④决口较大采用沉船截流时，应采取有效的安全防护措施，防止沉船底部不平整发生移动而给作业人员造成安全隐患。

十、水闸施工安全技术

（一）土方开挖

第一，建筑物的基坑土方开挖应本着先降水、后开挖的施工原则，并结合基坑的中部开挖明沟加以明排。

第二，降水措施应视地质条件而定，在条件许可时，提前进行降水试验，以验证降水方案的合理性。

第三，降水期间必须对基坑边坡及周围建筑物进行安全监测，发现异常情况及时研究处理措施，保证基坑边坡和周围建筑物的安全，做到信息化施工。

第四，若原有建筑物距基坑较近，视工程的重要性和影响程度，可以拆迁或进行适当的支护处理。基坑边坡视地质条件，可以采用适当的防护措施。

第五，在雨季，尤其是汛期必须做好基坑的排水工程，安装足够的排水设备。

第六，基坑土方开挖完成或基础处理完成，应及时组织基础隐蔽工程验收，及时浇筑垫层混凝土以对基础进行封闭。

第七，基坑降水时应符合下列规定：①基坑底、排水沟底、集水坑底应保持一定深差。②集水坑和排水沟应设置在建筑物底部轮廓线以外一定距离。③基坑开挖深度较大时，应分级设置马道和排水设施。④流砂、管涌处应采取反滤导渗措施。

第八，基坑开挖时，在负温下，挖除保护层后应采取可靠的防冻措施，

（二）土方填筑

第一，填筑前，必须排除基坑底部的积水、清除杂物等，宜采用降水措施将基底水位降至 0.5 m 以下。

第二，填筑土料，应符合设计要求。

第三，岸墙、翼墙后的填土应分层回填、均衡上升。靠近岸墙、翼墙、岸坡的回填土宜用人工或小型机具夯压密实，铺土厚度宜适当减薄。

第四，高岸、翼墙后的回填土应按通水前后分期进行回填，以减小通水前墙体后的填土压力。

第五，高岸、翼墙后应布置排水系统，以减小填土中的水压力。

（三）地基处理

第一，原状土地基开挖到基底前预留 30~50 cm 保护层，在基础施工前，宜采用人工挖出，并将基底平整，对局部超挖或低洼区域宜采用碎石回填。基底开挖之前，宜做好降排水，保证开挖在干燥状态下施工。

第二，对加固地基，基坑降水应降至基底面以下 50 cm，保证基底干燥平整，以利于地基处理设备施工安全。施工作业和移机过程中，应将设备支架的倾斜度控制在其规定值之内，严防设备倾覆事故的发生。

第三，对桩基施工设备操作人员，应进行操作培训，取得合格证书后方可上岗。

第四，在正式施工前，应先进行基础加固的工艺试验，工艺及参数批准后开始施工。成桩后，应按照相关规范的规定抽样，进行单桩承载力和复合地基承载力试验，以验证加固地基的可靠性。

（四）预制构件制作与吊装

第一，每天应对锅炉系统进行检查，每批蒸养混凝土构件之前，应对通汽管路、阀门进行检查，一旦损坏及时更换。

第二，应定期对蒸养池的顶盖的提升桥机或吊车进行检查和维护。

第三，在蒸养过程中，锅炉或管路发现异常情况，应及时停止蒸汽的供应。同时，无关人员不应站在蒸养池附近。

第四，浇筑后，构件应停放 2~6 h，停放温度一般为 10~20℃。

第五，升温速率：当构件表面系数大于等于6时，不宜超过15℃/h；表面系数小于6时，不宜超过 10℃/h。

第六，恒温时的混凝土温度，不宜超过 80℃，对湿度应为 90%~100%。

第七，降温速率：表面系数大于等于 6 时，不应超过 10℃/h；表面系数小于 6 时，不应超过 5℃/h；出池后构件表面与外界温差不应大于 20℃。

第八，大件起吊运输应有单项技术措施。起吊设备操作人员必须具有特种操作许可。

第九，起吊前，应认真检查所用一切工具设备，均应良好

第十，起吊设备起吊能力应有一定的安全储备。必须对起吊构件的吊点和内力进行详细的内力复核验算，非定型的吊具和索具均应验算，符合有关规定后才能使用。

第十一，各种物件正式起吊前，应先试吊，确认可靠后方可正式起吊。

第十二，起吊前，应先清理起吊地点及运行通道的障碍物，通知无关人员避让，并应选择恰当的位置及随物护送的路线。

第十三，应指定专人负责指挥操作人员进行协同的吊装作业各种设备的操作信号必须事先统一规定。

第十四，在闸室上、下游混凝土防渗铺盖上行驶重型机械或堆放重物时，必须经过验算。

（五）永久缝施工

第一，一切预埋件应安装牢固，严禁脱落伤人。

第二，采用紫铜止水片时，接缝必须焊接牢固，焊接后应采用柴油渗透法检验是否渗漏，并须遵守焊接的有关安全技术操作规程。采用塑料和橡胶止水片时，应避免油污和长期暴晒，并应有保护措施。

第三，结构缝使用柔性材料嵌缝处理时，应搭设稳定牢固的安全脚手架，系好安全带，逐层作业。

十一、泵站施工安全技术

（一）水泵基础施工

第一，水泵基础施工有度汛要求时，应按设计及施工需要，汛前完成度汛工程。

第二，水泵基础应优先选用天然地基承载力不足时，宜采取工程加固措施进行基础处理。

第三，水泵基础允许沉降量和沉降差，应根据工程具体情况分析确定，满足基础结构安全和不影响机组的正常运行。

第四，水泵基础地基如为膨胀土地基，在满足水泵布置和稳定安全要求的前提下，应减小水泵基础底面积，增大基础埋置深度，也可将膨胀土挖除，换填无膨胀性土料垫层，或采用桩基础。膨胀土地基的处理应遵守下列规定：①膨胀土地基上泵站基础的施工，应安排在冬旱季节进行，力求避开雨季，否则应采取可靠的防雨水措施。②基坑开挖前，应布置好施工场地的排水设施，天然地表水不应流入基坑。③应防止雨水浸入坡面和坡面土中水分蒸发，避免干湿交替，保护边坡稳定可在坡面喷水泥砂浆保护层或用土工膜覆盖地面。④基坑开挖至接近基底设计标高时，应留 0.3 m 左右的保护层，待下道工序开始前再挖除保护层。基坑挖至设计标高后，应及时浇筑素混凝土垫层保护地基，待混凝土达到 50% 以上强度后，及时进行基础施工。⑤泵站四周回填应及时分层进行。填料应选用非膨胀土、弱膨胀土或掺有石灰的膨胀土；选用弱膨胀土时，其含水量宜为 1.1~1.2 倍塑限含水量。

（二）固定式泵站施工

第一，泵房水下混凝土宜整体浇筑。对于安装大、中型立式机组或斜轴泵的泵房工程，可按泵房结构并兼顾进、出水流道的整体性设计分层，由下至上分层施工。

第二，泵房浇筑混凝土，在平面上一般不再分块。如泵房底板尺寸较大，可以采用分期分段浇筑。

（三）金属输水管道制作与安装

金属输水管道制作与安装应遵守下列规定：

第一，钢管焊缝应达到标准，且应通过超声波或射线检验，不应有任何渗漏水现象。

第二，钢管各支墩应有足够的稳定性，保证钢管在安装阶段不发生倾斜和沉陷变形。

第三，钢管壁在对接接头的任何位置表面的最大错位：纵缝不应大于 2 mm，环缝不应大于 3 mm。

第四，直管外表直线平直度可用任意平行轴线的钢管外标一条线与钢管直轴线间的偏差确定：长度为 4 m 的管段，其偏差不应大于 3.5 mm。

第五，钢管的安装偏差值：对于鞍式支座的顶面弧度，间隙不应大于 2 mm；滚轮式和摇摆式支座垫板高程与纵横向中心的偏差不应超过 ±5 mm。

十二、围堰拆除

围堰拆除应制订应急预案，成立组织机构，并应配备抢险救援器材。

（一）机械拆除

机械拆除应遵守下列规定：

第一，拆除土石围堰时，应从上至下逐层、逐段进行。

第二，施工中应由专人负责监测被拆除围堰的状态，并应做好记录。当发现有不稳定状态的趋势时，应立即停止作业，并采取有效措施，消除隐患。

第三，机械拆除时，严禁超载作业或任意扩大使用范围作业。

第四，拆除混凝土围堰、岩坎围堰、混凝土心墙围堰时，应先按爆破法破碎混凝土（或岩坎、混凝土心墙），再采用机械拆除的顺序进行施工。

第五，拆除混凝土过水围堰时，宜先按爆破法破碎混凝土护面后，再采用机械进行拆除。

第六，拆除钢板（管）桩围堰时，宜先采用振动拔桩机拔出钢板（管）桩后，再采用机械进行拆除。振动拔桩机作业时，应垂直向上，边振边拔；拔出的钢板（管）桩应码放整齐、稳固；应严格遵守起重机和振动拔桩机的安全技术规程。

（二）爆破法拆除

爆破法拆除应遵守下列规定：

第一，一、二、三级水利水电枢纽工程的围堰、堤坝和挡水岩坎的拆除爆破，设计文件除按正常设计外还应经过以下论证：①爆破区域与周围建（构）筑物的详细平面图、爆破对周围被保护建（构）筑物和岩基影响的详细论证。②爆破后需要过流的工程，应有确保过流的技术措施，以及流速与爆渣关系的论证。

第二，一、二、三级水电枢纽工程的围堰、堤坝和挡水岩坎需要爆破拆除时，宜在修建时就提出爆破拆除的方案或设想，收集必要的基础资料和采取必要的措施。

第三，从事围堰爆破拆除工程的施工单位，应持有爆破资质证书。爆破拆除设计人员应具有承担爆破拆除作业范围和相应级别的爆破工程技术人员作业证。从事爆破拆除施工的作业人员应持证上岗。

第四，围堰爆破拆除工程起爆，宜采用导爆管起爆法或导爆管与导爆索混合起爆法，严禁采用火花起爆法，应采用复式网络起爆。

第四节　文明施工与环境管理

一、文明施工

水利部颁布实施了《水利建设工程文明工地创建管理暂行办法》，该办法共20条。该办法进一步规范了文明工地创建工作。

（一）文明工地建设标准

1. 质量管理

质量保证体系健全，工程质量得到有效控制，工程内外观质量优良，质量事故和缺陷处理及时，质量管理档案规范、真实、归档及时等。

2. 综合管理

文明工地创建计划周密、组织到位、制度完善、措施落实，参建各方信守合同，严格按照基本建设程序，遵纪守法、爱岗敬业，职工文体活动丰富、学习气氛浓厚，信息管理规范，关系融洽，能正确处理周边群众关系、营造良好的施工环境。

3. 安全管理

安全管理制度和责任制度完善，应急预案有针对性和可操作性，实行定期安全检查制度，无生产安全事故。

4. 施工区环境

现场材料堆放、机械停放有序整齐，施工道路布置合理、畅通，做到完工清场，安全设施和警示标志规范，办公生活区等场所整洁、卫生，生态保护及职业健康条件符合国家有关规定标准，防止或减少粉尘、噪声、废弃物、照明、废气、废水对人和环境的危害，防止污染措施得当。

（二）文明工地申报

1. 有下列情况之一的，不得申报文明工地：

第一，干部职工发生刑事和经济案件被处主刑的，违法乱纪受到党纪政纪处分的。

第二，出现过重大质量事故和一般安全事故、环保事件。

第三，被水行政主管部门或有关部门通报批评或处罚。

第四，拖欠工程款、民工工资或与当地群众发生重大冲突等事件，造成严重社会影响。

第五，未严格实行项目法人责任制、招标投标制、建设监理制“三项制度”。

第六，建设单位未按基本建设程序办理有关事宜。

第七，发生重大合同纠纷，造成不良影响。

2. 申报条件

第一，已完工程量一般应达全部建安工程量的 20% 及以上或主体工程完工一年以内。

第二，创建文明建设工地半年以上。

第三，工程进度满足总进度要求。

（三）申报程序

工程在项目法人党组织统一领导下，主要领导为第一责任人，各部门齐抓共管，全员参与的文明工地创建活动，实行届期制，每两年命名一次。上一届命名“文明工地”的，如果符合条件，可继续申报下一届。

1. 自愿申报

以建设管理单位所管辖一个项目，或其中的一个项目、一个标段、几个标段为一个文明工地由项目法人申报。

2. 逐级推荐

县级水行政主管部门负责对申报单位的现场考核，并逐级向省、市水行政文明办会同建管单位考核，优中选优向本单位文明委推荐申报名单。

流域机构所属项目由流域机构文明委会同建设与管理单位考核推荐。中央和水利部项目直接向水利部文明办申报。

3. 考核评审

水利部文明办会同建设与管理司组织审核、评定，报水利部文明委。

4. 公示评议

水利部文明委审议通过后，在水利部有关媒体上公示一周。

5. 审定命名

对符合标准的文明工地项目，由水利部文明办授予“文明工地”称号。

二、施工环境管理

（一）施工现场空气污染的防治

施工大气污染防治主要包括：土石方开挖、爆破、砂石料加工、混凝土拌和、物料运输和储存及废渣运输、倾倒产生的粉尘、扬尘的防治；燃油、施工机械、车辆及生活燃煤排放废气的防治。

地下厂房、引水隧洞等土石方开挖、爆破施工应采取喷水、设置通风设施、改善地下洞室空气扩散条件等措施，减少粉尘和废气污染；砂石料加工宜采用湿法破碎的低尘工艺，降低转运落差，密闭尘源。

水泥、石灰、粉煤灰等细颗粒材料运输应采用密封罐车；采用敞篷车运输的，应用篷布遮盖。装卸、堆放中应防止物料流散，水泥临时备料场宜建在有排浆引流的混凝土搅拌场或预制场内，就近使用。

施工现场公路应定期养护，配备洒水车或采用人工洒水防尘；施工运输车辆宜选用安装排气净化器的机动车，使用符合标准的油料或清洁能源，减少尾气排放。

第一，施工现场垃圾、渣土要及时清理出现场。

第二，上部结构清理施工垃圾时，要使用封闭式的容器或者采取其他措施处理高空废弃物，严禁临空随意抛撒。

第三，施工现场道路应指定专人定期洒水清扫，形成制度，防止道路扬尘。

第四，对于细颗粒散体材料（如水泥、粉煤灰、白灰等）的运输、储存要注意遮盖、密封，防止和减少飞扬。

第五，车辆开出工地要做到不带泥沙，基本做到不洒土、不扬尘，减少对周围环境的污染。

第六，除设有符合规定的装置外，禁止在施工现场焚烧油毡、橡胶、塑料、皮革、树叶、枯草、各种包装物等废弃物品以及其他会产生有毒、有害烟尘和恶臭气体的物质。

第七，机动车都要安装减少尾气排放的装置，确保符合国家标准。

第八，工地锅炉应尽量采用电热水器。若只能使用烧煤锅炉，应选用消烟除尘型锅炉，大灶应选用消烟节能回风炉灶，使烟尘降至允许排放范围内。

第九，在离村庄较近的工地应当将搅拌站封闭严密，并在进料仓上方安装除尘装置，采用可靠措施控制工地粉尘污染。

第十，拆除旧建筑物时，应适当洒水，防止扬尘。

（二）施工现场水污染的防治

水利水电工程施工废污水的处理应包括施工生产废水和施工人员生活污水处理，其中施工生产废水主要包括砂石料加工系统废水、混凝土拌和系统废水等。

砂石料加工系统废水的处理应根据废水量、排放量、排放方式、排放水域功能要求和地形等条件确定。采用自然沉淀法进行处理时，应根据地形条件布置沉淀池，并保证有足够的沉淀时间，沉淀池应及时进行清理；采用絮凝沉淀法处理时，应符合下列技术要求：废水经沉淀，加入絮凝剂，上清液收集回用，泥浆自然干化，滤池应及时清理。

混凝土拌和系统废水处理应结合工程布置，就近设置冲洗废水沉淀池，上清液可循环使用。废水宜进行中和处理。

生活污水不应随意排放，采用化粪池处理污水时，应及时清运。

在饮用水水源一级保护区和二级保护区内，不应设置施工废水排污口。生活饮用水水源取水点上游 1000 m 和下游 100 m 以内的水域，不得排入施工废污水。

施工过程水污染的防治措施如下：

第一，施工现场搅拌站废水、现制水磨石的污水、电石（碳化钙）的污水必须经沉淀池沉淀合格后再排放，最好将沉淀水用于工地洒水降尘或采取措施回收利用。

第二，现场存放油料的，必须对库房地面进行防渗处理，如采取防渗混凝土地面、铺油毡等措施。使用时，要采取防止油料跑、冒、滴、漏的措施，以免污染水体。

第三，施工现场 100 人以上的临时食堂的污水排放可设置简易有效的隔油池，定期清理，防止污染。

第四，工地临时厕所、化粪池应采取防渗漏措施。中心城市施工现场的临时厕所可采用水冲式厕所，并有防蝇、灭蛆措施，防止污染水体和环境。

（三）施工现场噪声的控制

施工噪声控制应包括施工机械设备固定噪声、运输车辆流动噪声、爆破瞬时噪声控制。

固定噪声的控制：应选用符合标准的设备和工艺，加强设备的维护和保养，减少运行时的噪声。主要机械设备的布置应远离敏感点，并根据控制目标要求和保护对象，设置减噪、减振设施。

流动噪声的控制：应加强交通道路的维护和管理禁止使用高噪声车辆；在集中居民区、学校、医院等路段设禁止高声鸣笛标志，减缓车速，禁止夜间鸣放高音喇叭。

施工现场噪声的控制措施可以从声源、传播途径、接收者的防护等方面来考虑。

从噪声产生的声源上控制，尽量采用低噪声设备和工艺代替高噪声设备和工艺，如低噪声振捣器、风机、电机空压机、电锯等。在声源处安装消声器消声，即在通风机、压缩机、燃气机、内燃机及各类排气放空装置等进出风管的适当位置设置消声器

从噪声传播的途径上控制：

第一，吸声。利用吸声材料（大多由多孔材料制成）或由吸声结构形成的共振结构（金属或木质薄板钻制成的空腔体）吸收声能，降低噪声。

第二，隔声。应用隔声结构，阻碍噪声向空间传播，将接收者与噪声声源分隔。隔声结构包括隔声室、隔声罩、隔声屏障、隔声墙等。

第三，消声。利用消声器阻止传播，通过消声器降低噪声，如控制空气压缩机、内燃机产生的噪声等。

第四，减振。对来自振动引起的噪声，可通过降低机械振动减小噪声，如将阻尼材料涂在振动源上，或改变振动源与其他刚性结构的连接方式等。

对接收者的防护可采用让处于噪声环境下的人员使用耳塞、耳罩等防护用品，减少相关人员在噪声环境中的暴露时间，以减轻噪声对人体的危害。

严格控制人为噪声，进入施工现场不得高声呐喊、无故摔打模板、乱吹口哨，限制高音喇叭的使用，最大限度地减少噪声扰民。

凡在居民稠密区进行强噪声作业的，严格控制作业时间，设置高度不低于 1.8 m 噪声

围挡。控制强噪声作业的时间，施工车间和现场 8 h 作业，噪声不得超过 85 dB（A）。交通敏感点设置禁鸣标示，工程爆破应采用低噪声爆破工艺，并避免夜间爆破。

（四）固体废弃物的处理

固体废弃物的处理应包括生活垃圾、建筑垃圾、生产废料的处置。

施工营地应设置垃圾箱或集中垃圾堆放点，将生活垃圾集中收集、专人定期清运；施工营地厕所，应指定专人定期清理或农用井四周消毒灭菌建筑垃圾应进行分类，宜回收利用的回收利用；不能回收利用的，应集中处置危险固体废弃物必须执行国家有关危险废弃物处理的规定。临时垃圾堆放场地应利用天然洼地、沟壑、废坑等，应避开生活饮用水水源、渔业用水水域，并防止垃圾进入河流、库、塘等天然水域。

固体废弃物的处理和处置措施如下：

1. 回收利用

是对固体废弃物进行资源化、减量化处理的重要手段之一。建筑渣土可视其情况加以利用，废钢可按需要用作金属原材料，废电池等废弃物应分散回收，集中处理。

2. 减量化处理

是对已经产生的固体废弃物进行分选、破碎、压实浓缩、脱水等，减少其最终处置量，从而降低处理成本，减少环境污染，在减量化处理的过程中，也包括和其他处理技术相关的工艺方法，如焚烧、热解、堆肥等。

3. 焚烧

用于不适合再利用且不宜直接予以填埋处理的废弃物，尤其是对于已受到病菌、病毒污染的物品，可以用焚烧的方法进行无害化处理。焚烧处理应使用符合环境要求的处理装置，注意避免对大气的二次污染。

4. 固化

利用水泥、沥青等胶结材料，将松散的废弃物包裹起来，减少废弃物的毒性和可迁移性，减小二次污染。

5. 填埋

填埋是固体废弃物处理的最终技术，经过无害化、减量化处理的废弃物残渣集中在填埋场进行处置。填埋场利用天然或人工屏障，尽量使需要处理的废弃物与周围的生态环境隔离，并注意废弃物的稳定性和长期安全性。

（五）生态保护

生态保护应遵循预防为主、防治结合、维持生态功能的原则，其措施包括水土流失防治和动植物保护。

1. 施工区水土流失防治的主要内容

施工场地应合理利用施工区内的土地，宜减少对原地貌的扰动和损毁植被。

料场取料应按水土流失防治要求减少植被破坏，剥离的表层熟土宜临时堆存作回填覆土。取料结束，应根据料场的性状、土壤条件和土地利用方式，及时进行土地平整，因地制宜恢复植被。

弃渣应及时清运至指定渣场，不得随意倾倒，采用先挡后弃的施工顺序，及时平整渣面、覆土。渣场应根据后期土地利用方式，及时进行植被恢复或作其他用地。

施工道路应及时排水、护坡，永久道路宜及时栽种行道树。

大坝区、引水系统及电站厂区应根据工程进度要求及时绿化，并结合景观美化，合理布置乔、灌、花、草坪等。

2. 动植物保护的主要内容

工程施工不得随意损毁施工区外的植被，捕杀野生动物和破坏野生动物生存环境。

工程施工区的珍稀濒危植物，采取迁地保护措施时，应根据生态适宜性要求，迁至施工区外移栽；采取就地保护措施时，应挂牌登记，建立保护警示标志。

施工人员不得伤害、捕杀珍稀、濒危陆生动物和其他受保护的野生动物。施工人员在工程区附近发现受威胁或伤害的珍稀、濒危动物等受保护的野生动物时，应及时报告管理部门，采取抢救保护措施。

工程在重要经济鱼类、珍稀濒危水生生物分布水域附近施工时，不得捕杀受保护的水生生物。

工程施工涉及自然保护区，应执行国家和地方关于自然保护区管理的规定。

（六）人群健康保护

施工期人群健康保护的主要内容包括施工人员体检、施工饮用水卫生及施工区环境卫生防疫。

1. 施工人员体检

施工人员应定期进行体检，预防异地病原体传入，避免发生相互交叉感染。体检应以常规项目为主，并根据施工人员健康状况和当地疫情，增加有针对性的体检项目。体检工作应委托有资质的医疗卫生机构承担，对体检结果提出处理意见并妥善保存。施工区及附近地区发生疫情时，应对原住人群进行抽样体检。

工程建设各单位应建立职业卫生管理规章制度和施工人员职业健康档案，对从事尘、毒、噪声等职业危害的人员应每年进行一次职业体检，对确认职业病的职工应及时给予治疗，并调离原工作岗位。

2. 施工饮用水卫生

生活饮用水水源水质应满足水利工程施工强制性条文引用的《地表水环境质量标准》

中的要求。施工现场应定期对生活饮用水取水区、净水池（塔）、供水管道末端进行水质监测。

3. 施工区环境卫生防疫

施工进场前，应对一般疫源地和传染性疫源地进行卫生清理。施工区环境卫生防疫范围应包括生活区、办公区及邻近居民区。施工生活区、办公区环境卫生防疫应包括定期防疫、消毒，建立疫情报告和环境卫生监督制度，防止自然疫源性疾病、介水传染病、虫媒传染病等疾病暴发流行。当发生疫情时，应对邻近居民区进行卫生防疫。

根据《水利血防技术导则（试行）》的规定，水利血防工程施工应根据工程所在区域的钉螺分布状况和血吸虫病流行情况，制定有关规定，采取相应的预防措施，避免参建人员被感染。在疫区施工，应采取措施，改善工作和生活环境，同时设立醒目的血防警示标志。

参考文献

[1] 史志鹏，何婷婷 . 工程水文与水利计算 [M]. 北京：中国水利水电出版社，2020.

[2] 葛朝霞，曹丽青 . 高等学校水利学科专业规范核心课程教材水文与水资源工程气象学与气候学教程第 2 版 [M]. 北京：中国水利水电出版社，2020.

[3] 李蒲健 . 水利水电工程中西英常用词汇 [M]. 北京：中国水利水电出版社，2020.

[4] 王文川，和吉，魏明华 . 水利计算 [M]. 北京：中国水利水电出版社，2020.

[5] 王金亭，张艳萍 . 工程水力水文学 [M]. 郑州：黄河水利出版社，2020.

[6] 李建林主编 . 水文统计学 [M]. 应急管理出版社，2019.

[7] 李丽，王加虎，金鑫 . 分布式水文模型应用与实践 [M]. 青岛：中国海洋大学出版社，2019.

[8] 白涛 . 水利工程概论 [M]. 北京：中国水利水电出版社，2019.

[9] 董哲仁 . 生态水利工程学 [M]. 北京：中国水利水电出版社，2019.

[10] 张亮 . 新时期水利工程与生态环境保护研究 [M]. 北京：中国水利水电出版社，2019.

[11] 叶镇国 . 水力学与桥涵水文第 3 版 [M]. 北京：人民交通出版社，2019.

[12] 隋彩虹，赵平 . 高等职业教育水利类“十三五”规划教材工程水文与水利计算 [M]. 北京：中国水利水电出版社，2019.

[13] 张永波，郭亮亮 . 全国水利行业“十三五”规划教材矿床水文地质学 [M]. 北京：中国水利水电出版社，2019.

[14] 许新宜，尹宪文，孙世友，等 . 数字流域和智慧水利系列丛书水文现代化体系建设与实践 [M]. 北京：中国水利水电出版社，2019.

[15] 赵丽平，邢西刚 . 系统响应参数优化方法及其在水文模型中的应用 [M]. 北京：中国水利水电出版社，2019.

[16] 王海雷，王力，李忠才 . 水利工程管理与施工技术 [M]. 北京：九州出版社，2018.

[17] 沈凤生 . 节水供水重大水利工程规划设计技术 [M]. 郑州：黄河水利出版社，2018.

[18] 谢向文，马若龙，涂善波，等 . 水利水电工程地下岩体综合信息采集技术钻孔地

球物理技术原理与应用[M]. 郑州：黄河水利出版社，2018.

[19] 张世殊，许模 . 水电水利工程典型水文地质问题研究[M]. 北京：中国水利水电出版社，2018.

[20] 麻媛 . 水利工程与地质研究[M]. 天津：天津科学技术出版社，2018.

[21] 陈吉琴，拜存有，香天元 . 水文信息测报与整编[M]. 北京：中国水利水电出版社，2018.

[22] 拜存有，江淯 . 工程水文与水力计算基础[M]. 北京：中国水利水电出版社，2018.

[23] 余新晓，贾国栋，赵阳 . 流域生态水文过程与机制[M]. 北京：科学出版社 .2018.

[24] 徐冬梅，王文川，袁秀忠 . 普通高等教育“十三五”规划教材水文分析与计算[M]. 北京：中国水利水电出版社，2018.

[25] 解莹，王立明，刘晓光，等 . 海河流域典型河流生态水文过程与生态修复研究[M]. 北京：中国水利水电出版社，2018.

[26] 熊立华，郭生练，江聪 . 非一致性水文概率分布估计理论和方法[M]. 北京：科学出版社，2018.

[27] 刘世煌 . 水利水电工程风险管控[M]. 北京：中国水利水电出版社 .2018.

[28] 江凌，张建华，刘波，等 . 峡江水利枢纽工程设计与实践[M]. 北京：中国水利水电出版社，2018.

[29] 梁建林，高秀清，费成效 . 全国水利行业规划教材水利工程施工组织与管理第 3 版[M]. 郑州：黄河水利出版社，2017.

[30] 张智涌，双学珍 . 全国水利行业“十三五”规划教材职业技术教育水利水电工程施工组织与管理[M]. 北京：中国水利水电出版社，2017.

[31] 齐跃明 . 水资源规划与管理[M]. 徐州：中国矿业大学出版社，2017.

[32] 杨侃 . 水资源规划与管理[M]. 南京：河海大学出版社，2017.